图解代数

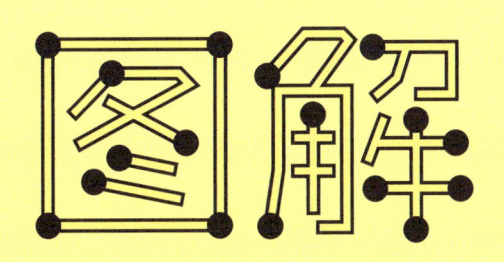

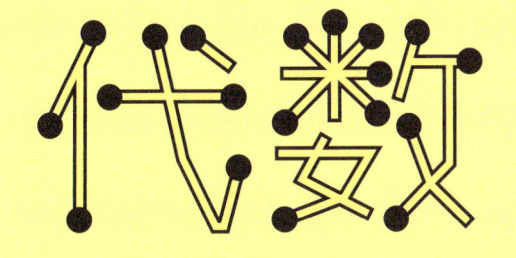

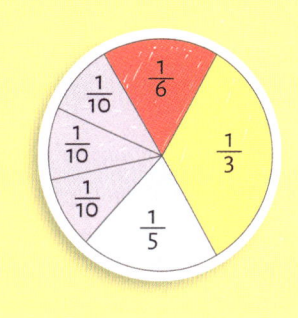

ALGEBRA IN GRAPHICS

VISUAL LEARNING FOR STUDENTS AND GROWN UPS

[英] 凯蒂·斯特克尔斯（Katie Steckles） 著

李永学 译

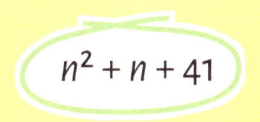

$n^2 + n + 41$

中信出版集团 | 北京

图书在版编目（CIP）数据

图解代数 /（英）凯蒂·斯特克尔斯著；李永学译.
北京：中信出版社，2025.7.--ISBN 978-7-5217
-7745-1

I. O15-49

中国国家版本馆CIP数据核字第 20252HR852 号

Algebra in Graphics by Katie Steckles
Copyright © UniPress Books 2024
Simplified Chinese translation copyright © 2025 by CITIC Press Corporation
ALL RIGHTS RESERVED
本书仅限中国大陆地区发行销售

图解代数

著者：　　[英] 凯蒂·斯特克尔斯
译者：　　李永学
出版发行：中信出版集团股份有限公司
　　　　　（北京市朝阳区东三环北路 27 号嘉铭中心　邮编　100020）
承印者：　北京启航东方印刷有限公司

开本：787mm×1092mm 1/16　　印张：13.25　　字数：150 千字
版次：2025 年 7 月第 1 版　　　　印次：2025 年 7 月第 1 次印刷
京权图字：01-2025-1582　　　　　书号：ISBN 978-7-5217-7745-1
　　　　　　　　　　　　　　　　　定价：79.00 元

版权所有·侵权必究
如有印刷、装订问题，本公司负责调换。
服务热线：400-600-8099
投稿邮箱：author@citicpub.com

CONTENTS

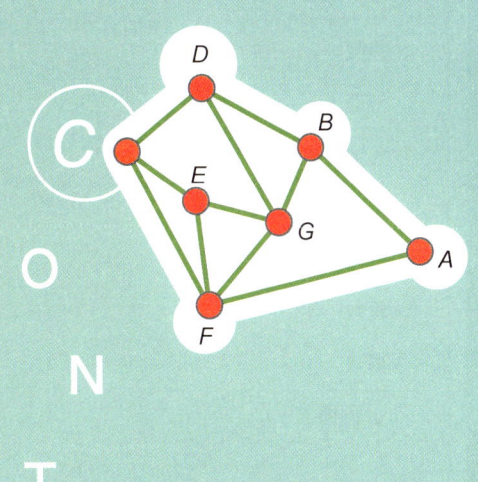

目录

→

引言		IV

第1章 数 — 1
整数 — 3
位值 — 4
分数 — 6
无理数 — 8
数轴与无限 — 10
复数 — 14
基数 — 16
√ 回顾 — 18

第2章 算术 — 21
四则运算 — 23
混合运算 — 27
运算顺序 — 29
图解算术 — 30
√ 回顾 — 32

第3章 数的规律 — 35
素数 — 37
其他类型的数 — 41
数列 — 44
斐波那契数列 — 47
用网格找规律 — 50
多边形数 — 52
计算技巧 — 55
√ 回顾 — 58

第4章 表示法和图表 — 61
数的表示法 — 63
代数式 — 65
数学符号 — 68
图解抽象概念 — 70
图论 — 72
√ 回顾 — 76

第5章 算法和函数 — 79
什么是函数? — 81
函数的类型 — 83
多项式函数 — 85
分析函数 — 87
算法 — 89
√ 回顾 — 92

第6章 图表和数据 — 95
函数什么样? — 97
现实世界中的函数 — 99
图解数据 — 103
概率 — 105
统计学 — 108
√ 回顾 — 112

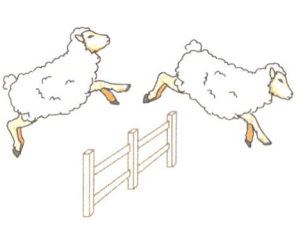

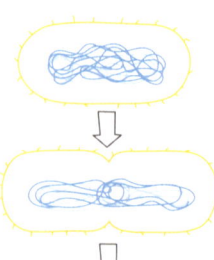

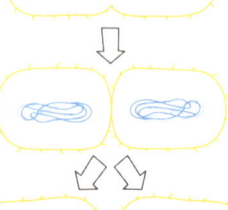

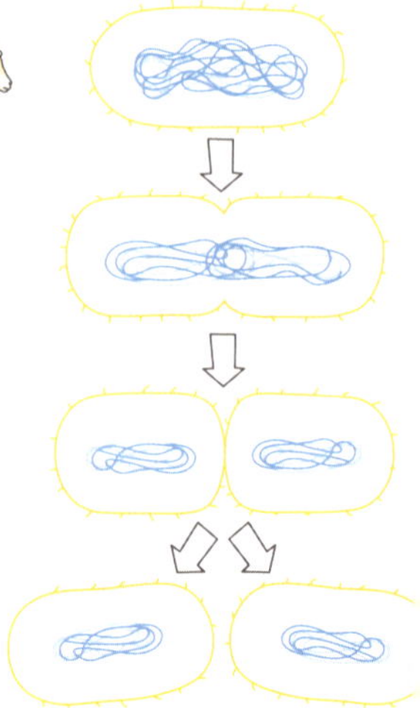

第 7 章	逻辑和证明	115
	什么是数学证明?	117
	数学逻辑	119
	证明的类型	121
	图解证明	125
	集合论	127
	√ 回顾	130

第 8 章	数学简史	133
	数学的起源	135
	数字的演变	137
	文字数学	141
	青史留名的数学家	144
	√ 回顾	146

第 9 章	建模	149
	什么是数学模型?	151
	为现实世界的系统建模	153
	费米问题	157
	向量与向量场	158
	抛体运动	161
	金融数学	162
	√ 回顾	164

第 10 章	动力学	167
	动力系统	169
	不动点与轨道	171
	图解动力学	173
	分形与动力学	175
	√ 回顾	178

第 11 章	离散数学	181
	什么是离散数学?	183
	组合学	184
	最优化问题	186
	装箱问题	187
	计算复杂性	188
	√ 回顾	190

第 12 章	抽象结构	193
	线性代数	195
	排列	196
	群	198
	取模运算	200
	√ 回顾	202

致谢 204

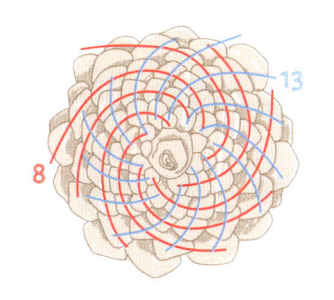

引言

代数是数学的主要分支之一，支撑着数学的许多主题和概念，让我们能够描述数字信息、几何形状、数学关系和抽象结构。"代数"这个术语可以用于表达事物之间联系的特定方法，也可以更广泛地用于定义符号系统和推理过程。

许多人认为，代数只是一种数学形式，它同时使用数字和字母，或者用字母代替数字。但这种方法极有威力，可以使代数变成理解数学的重要工具。代数的基本原理是简化复杂概念，如未知变量系统，描述两个事物之间关系，说明某种事物随时间变化的规律，以及阐述简单想法背后机制的复杂结构。

在本书中，我们将从定义代数基本工具——数与算术开始，探索比你原来所知的更严格的定义。随后，我们将进一步探讨其他激发数学思维的关键想法，比如寻找数的规律，以及如何用代数语言描述它们。我们还将深入考察代数中的书写形式，使用各种符号和表示法，并了解如何利用有用的图表表达数学思想。我们将从古希腊早期（某些地区甚至更早）开始，审视数学思想的发展路径，并思索如何利用数学表示法来理解和描述现实生活的情境，甚至预测

$$\frac{1}{1} \quad \frac{2}{1} \quad \frac{3}{1} \quad \frac{4}{1} \quad \frac{5}{1} \quad \frac{6}{1} \quad \frac{7}{1} \quad \frac{8}{1} \quad \frac{9}{1}$$

$$\frac{1}{2} \quad \frac{2}{2} \quad \frac{3}{2} \quad \frac{4}{2} \quad \frac{5}{2} \quad \frac{6}{2} \quad \frac{7}{2} \quad \frac{8}{2} \quad \frac{9}{2}$$

$$\frac{1}{3} \quad \frac{2}{3} \quad \frac{3}{3} \quad \frac{4}{3} \quad \frac{5}{3} \quad \frac{6}{3} \quad \frac{7}{3} \quad \frac{8}{3} \quad \frac{9}{3}$$

$$\frac{1}{4} \quad \frac{2}{4} \quad \frac{3}{4} \quad \frac{4}{4} \quad \frac{5}{4} \quad \frac{6}{4} \quad \frac{7}{4} \quad \frac{8}{4} \quad \frac{9}{4}$$

未来。

如果没有引入逻辑，任何阐述数学思想的书籍都不是完整的。我们将在本书中看到，人们是如何用代数符号表达逻辑命题的。离散数学是一个数学分支，它将数视为独立的个体对象，而不是数轴上的连续点。我们会发现，如果将自己置于这一数学分支的世界之内，就可以发掘出一些有趣的问题，让我们能够模拟数量惊人的现实世界情境。若没有这类模拟，你不会意识到这些现实情境竟然会如此简单。最后，我们将看到在代数变得抽象时会发生什么，以及我们如何在想象中构建迷人的理论结构。这些结构在理解现实世界时相当有用。

欢迎来到《图解代数》的世界！

第1章

数

数是数学思维的关键部分，是许多数学思想的基础，与数学这一学科有着千丝万缕的联系。数包括我们从小就知道的自然数，还有小数、分数，甚至像圆周率π这类更特殊的数。数让我们能够描述与理解宇宙。十进制是常用的计数系统，但其他计数系统可以为数的应用开辟更广阔的天地。例如，使用虚数可以让我们解出以前无法求解的方程。

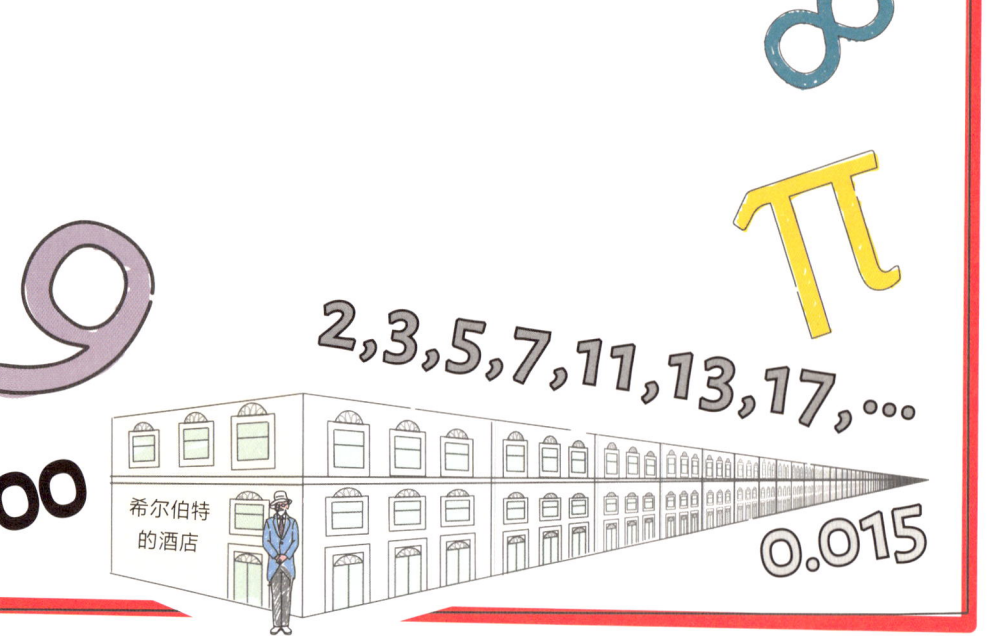

整数

数是绝大多数数学思维的基础。数学中的大部分想法都涉及某种形式的计数或测量，而我们在很小的时候就学会了计数。我们用于计数的数是整数，它们在数学中非常重要。通过整数的组合，我们可以创造出其他各种类型的数。

使用整数计数

你可以用整数为完整的物体计数。无论是数羊还是数手指，你都可以认为，计数就是让一组物体与一组对等的整数匹配。

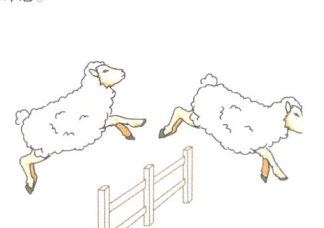

我们用一对花括号（或称大括号）表示括号内存在着物体（或数）的一个集合（有关数学集合的更多内容，见第 127 页）。请看下图，上面的括号内是 5 只羊的集合，下面的括号内是 1~5 的整数的集合。由于这两个集合大小相等，我们可以说，羊的数量等于列表中的最大数字 5。

$$\{1, 2, 3, 4, 5\}$$

数轴

在数轴上，整数按照从小到大的次序排列。数轴上的一个小标记表示一个数的位置。整数在数轴上以相等的间距分布。你可以在第 10 页看到有关数轴的更多内容。

1 2 3 4 5 6 7 8 9

因为整数是等间距分布的，所以任意两个相邻整数之间的距离是相等的。

这也说明，我们可以把两个整数之间的间距分得更小，这一点将在第 13 页讨论。

自然数

我们用字母 **N** 表示全体**自然数**的集合，它是所有正整数和零的集合。你可以将自然数写为 **N** = {0, 1, 2, 3, 4, 5, …}，其中的"…"表示我们可以罗列大于 5 的一切自然数。

整数集

如果你把数轴向另一个方向，即向左边扩展，数轴将包含负数。每一个正数都有一个对应的负数。

−4 −3 −2 −1 0 1 2 3 4

N
Z

我们用字母 **Z** 表示整数的集合，其中包括全体正整数、负整数和零

第 1 章 数 **3**

位值

在书写多位数时，我们使用一种叫作"位值"的系统：数字在数中的位置决定它代表的数量。我们使用十进制计数法，这意味着数是以 10 的倍数来书写的，这很可能是因为人类有 10 根手指用来计数。

数位

写数时，我们将数字放在相应的位置上。数字在数中的位置很重要，如果我们改变数字的顺序，就可能会得到另一个数。

在每一个数中，你可以使用从 0 到 9 的任何数字。1 128 意味着这是由一个 1 000、一个 100、两个 10 和八个 1 组成的数。我们从根本上认为，数就是以这种方式拆分的，我们读数时也是这样表达的。

1 千位　**1** 百位　**2** 十位　**8** 个位

十进制计数法

使用十进制计数法写数，意味着每一数位的位值是其右侧数位位值的 10 倍。

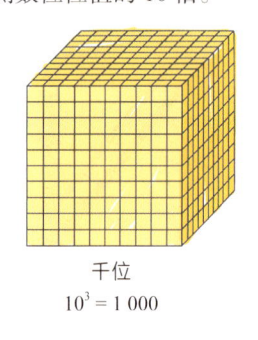

每一数位的位值（1、10、100、1 000 等）可表示为 10 的幂，写成 $1 = 10^0$，$10 = 10^1$，$100 = 10^2$，$1\,000 = 10^3$。

由于我们可以不断地找到更大的 10 的幂，因此可以在左侧添加数字，写出我们需要的任何数。

左边这组积木图也代表 1 128，因为有一个 1 000、一个 100、两个 10 和八个 1，总共由 1 128 个小立方体组成。

千位 $10^3 = 1\,000$　　百位 $10^2 = 100$　　十位 $2 \times 10^1 = 20$　　个位 $8 \times 10^0 = 8$

"3"代表的值取决于它在数中的位置。例如，个位上的"3"代表 3，百位上的"3"则代表 300。

3 000 毫米：一辆汽车的长度

300 毫米：一张纸的长度

300 000 毫米：埃菲尔铁塔的高度

30 000 毫米：一头蓝鲸的长度

30 毫米：一颗草莓的宽度

3 毫米：钉头的直径

如何写小数？

如果我们想写出整数之间的数字，也可以通过位值系统做到这一点。**小数点**是一个点，用来分隔数的整数部分（小数点左边）与小数部分（小数点右边）。用十进制计数法写数时，如果从百位向右移动到十位、个位，则位值每次都会除以 10。你可以继续在小数点的右侧写出**十分位、百分位、千分位**，以此类推。通过这种方式，我们可以根据需要，使用这些**小数位数**精确地写数。

整数被认为在小数点右侧有无限多个零，但我们通常不会写出这些零。即使是有限小数，后面也跟着无穷多的零。

其实，任何数字的左侧都有一组无限延伸的零。

3.14159

百分位
千分位
十分位

0000000000000005.00000000000000000

小数点

近似数

将 1 932 四舍五入精确到百位会得到 1 900，这种方法在你想减少存储信息量时很有用。

在测量太空内行星间的距离时，人们可能只能给出精确到千米的结果，因此与精确到米相比，可以将存储的数减少 3 位。

而人们如果要制造航天飞机的重要部件，就会希望在测量部件时尽可能精确，因此可能会存储大量数字，以获得更精确的数值。

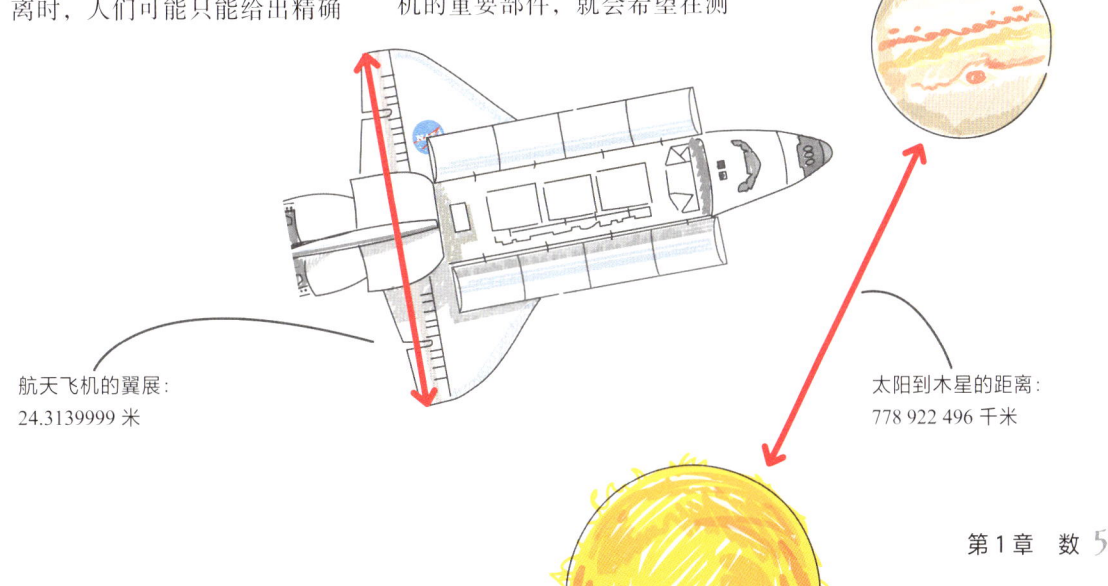

航天飞机的翼展：
24.3139999 米

太阳到木星的距离：
778 922 496 千米

第 1 章 数 5

分数

除了用小数表示非整数,我们也可以使用分数表示,这就需要将其视为比,即一个数与另一个数的倍数关系。

分数和小数

分数由两个数组成,分别叫作"分子"和"分母"。分子位于分母之上,二者用一条水平线分隔,这条线叫作"分数线"。

$$\frac{17}{4}$$ ——分子 / 分数线 / 分母

分数代表的值是分子除以分母的结果。每个分数都有一个等值的小数。某些分数的小数等值会在一定的小数位数后停止(之后的数字全为零),叫作"有限小数"。在十进制计数法中,有限小数是那些分母仅由 10 的因数(2 和 5)相乘得到的分数,例如 2×2=4,2×2×2×2=16,或 2×5×5=50。

$$\frac{17}{4} = 4.25$$

$$\frac{1}{16} = 0.0625$$

$$\frac{12}{50} = 0.24$$

循环小数

如果一个分数最简形式的分母带有 2 与 5 以外的因数,它的值的小数部分从某一位起,一个或几个数字不断重复出现,我们称这样的数为"循环小数"。

循环小数可以从小数部分开始时重复,或者在循环开始前有一段不循环的初始数字。

$$\frac{1}{9} = 0.11111111\cdots = 0.\dot{1}$$

如果某个数的小数部分从某一位开始不断重复出现前一个数字,我们可以在这个数字上方加一个点,说明它是循环的部分

$$\frac{1}{2\,200} = 0.000454545\cdots = 0.000\overline{45}$$

如果循环出现的位数多于一位,我们在这一段循环节上方画一条线,说明它是循环的部分

$$\frac{1}{52} = 0.0\overline{192307}6 = 0.0\dot{1}9230\dot{7}6$$

我们也可以在循环节两端的位数上方各加一个点

你可以在小数部分中看到一些有趣的模式。比如,有 6 个以 7 为分母的不同分数,即 1/7 到 6/7,它们的值的小数部分都是以同样的顺序使用同一组 6 个数字,但每个小数的循环部分都以不同数字开始。

$$\frac{1}{7} = 0.\overline{142857}$$

$$\frac{2}{7} = 0.\overline{285714}$$

…

确定循环节的位数

可以通过分母来计算循环节的位数,以及循环节开始前那部分的位数。

在十进制计数法中,初始非循环节部分的位数由分母整除 2 或 5 的最大次数决定。例如,52 可以被 2 整除两次,得到 13,所以在循环节之前有两个初始数字。2 200 可以被 2 整除三次,或者被 5 整除两次:这里最大次数是被 2 整除三次,所以初始非循环节部分有 3 个数字。

以下方法可以确定循环节的位数:

(1)尽可能多地将分母整除 2 或 5,保留剩下的数。

(2)找出这个数比 10 的某次幂小 1 的最小倍数。这个幂的指数就是循环节的位数。

我们以 1/2 200 为例,由于 2 200 = 2×2×2×5×5×11,去掉所有的 2 和 5,剩下的是 11。然后,11×9 = 99,99 比 100(10^2)少 1,所以循环节的位数是 2。

我们可以再想想 1/52,52 = 2×2×13,去掉所有的 2 和 5,剩下 13。符合要求的 13 的最小倍数是 13×76 923 = 999 999,999 999 比 1 000 000(10^6)少 1,所以 1/52 的值的循环节的位数是 6。

比与比例

我们也用分数和比来描述比例。例如,世界上大约有 1/10 的人是左利手。如果让一群人分享一组物品,分数可以表示每个人得到的份额。

因为比是两个数相除的关系,所以我们也可以用它来描述矩形。例如,我们可以用 4∶3 表示一个边长比等于 4∶3 的矩形。这说明,如果这个矩形的长是 4 个单位,则它的宽是 3 个单位。由于 4/3 = 1.333⋯,因此这个矩形的长是宽的 1.333⋯倍。

旧款电视机荧光屏的宽与高之比为 4∶3,而新款电视机宽荧光屏的宽与高之比为 16/9 = 1.777⋯,即 16∶9。如果用新款电视机看老电影,或者用旧款电视机看新电影,荧光屏两侧或者上下就会出现黑色边框,因为矩形画面无法覆盖整个荧光屏。

4∶3 的图像在 16∶9 的屏幕上

16∶9 的图像在 4∶3 的屏幕上

无理数

许多数都可以表示为分数，但也有一些数无法用分数表示。被称为"无理数"的数是无限不循环小数。无理数包括一些我们在数学计算中经常使用的重要的数。我们也可以将无理数定义为不能表示为两个整数 a 和 b 之比的实数。

不尽根

许多整数的平方根是无理数。如果一个数是完全平方数（例如 4 或 81），它的平方根（$\sqrt{\ }$）将是一个整数（有理数）。如果一个数不是完全平方数（例如 2 或 3），它的平方根将是一个无理数，无法用分数表示。我们称这些数为"不尽根"。

2 的平方根为 1.41421⋯，自古希腊时期以来就被认为是无理数。人们认为，希帕索斯是首次证明 $\sqrt{2}$ 是无理数的人。

有许多方法证明 $\sqrt{2}$ 是无理数，反证法就是其中的一种（更多内容见第 122 页）。

首先假设 $\sqrt{2}$ 是有理数，并且可以写成一个分数：设 $\sqrt{2} = p/q$，其中 p 和 q 是**互质**的（它们除 1 之外没有公因数）。

将方程两边同时平方，得到 $2 = p^2/q^2$。

将方程两边同时乘 q^2，得到 $2q^2 = p^2$。

接下来，我们考虑方程两边各项的**素因数**。左边有奇数个素因数，分别是 2、q 和 q，q 以平方的形式出现，因而算两次。而右边则有偶数个素因数，即素因数 p，也出现两次。

$$\sqrt{2} \stackrel{?}{=} \frac{p}{q}$$

平方两边

$$2 = \frac{p^2}{q^2}$$

两边同乘 q^2

$$2q^2 = p^2$$

奇数个素因数的乘积 ≠ 偶数个素因数的乘积 !

由于每个数字都有唯一的素因数分解（见第 37 页），这两个数字永远不可能相等，因此 $\sqrt{2}$ 不能写成分数形式。

$\sqrt{2}$ 是一个无理数，任何非完全平方数的平方根都是无理数，它们的小数展开是无限不循环的。

如果我们构建一个直角三角形，两条直角边的边长都是 1，则斜边的长度是 $\sqrt{2}$。

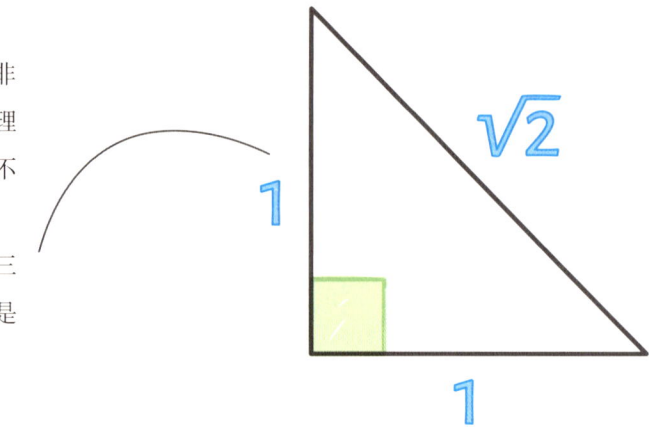

圆周率（π）

另一个无理数是圆周率π。它被定义为圆的周长与直径之间的比值，适用于任何圆：

$$\pi = \frac{圆的周长}{圆的直径}$$

π = 3.14159…是一个无限不循环小数。约翰·海因里希·兰贝特于18世纪60年代首次发表了π是无理数的证明。π在数学这门学科中非常重要，尤其是在数论、几何学中，在物理学中也有广泛应用。

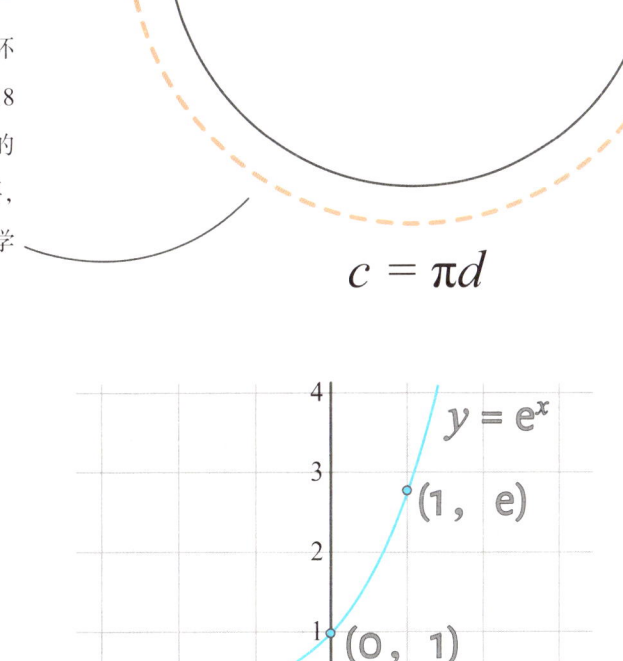

$$c = \pi d$$

自然对数的底（e）

另一个著名的无理数是e，它的值约为2.71828。e广泛应用于三角学和对数学中，且与复利的计算有关。如果你绘制 $y = e^x$（e的x次幂）的图象，它将通过点（0，1）和（1，e），并具有以下性质：曲线在任意点的切线的斜率等于该点的函数值。

一切无理数都属于如下两类之一：

（1）代数数，如不尽根，它们是多项式方程的解，如 $x^2 = 2$ 的解为 $\sqrt{2}$；

（2）超越数，它们不是任何此类方程的解。

超越数有无限多个，其中包括π和e。超越数很神秘，比如目前我们还不知道π + e是不是超越数！

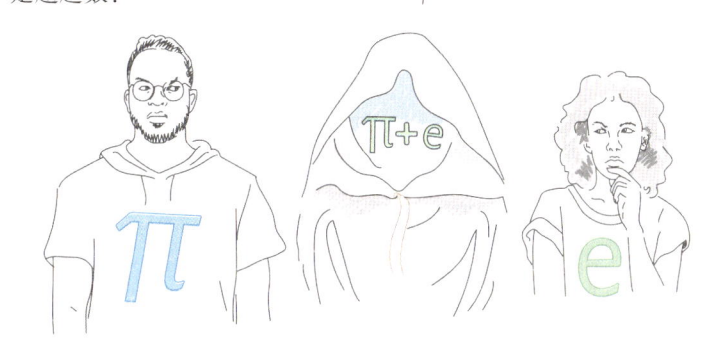

数轴与无限

正如我们在"整数"一节中看到的那样,可以将整数视为数轴上的等间距点。这些数值之间,其他各类数构成了一个叫作"连续统"的空间,即一条由无穷多个点构成的直线,它具有一些令人惊讶的性质。

可数集合

在我们考虑无限集合(如全体自然数集合)时,用计数的方式思考会很有帮助。实际上,无限集合的大小不同,我们可以用"可数"和"不可数"来描述它们的差异。

整数是一个可数的无限集合。整数有无限多个:无论你想到多大的有限整数,总有比它更大的整数。一个有用的类比是希尔伯特的酒店,这是戴维·希尔伯特在 1924 年举办的有关无限的演讲中提出的。

想象一座有无限多个房间的酒店,其中的房间从 1 开始用自然数编号。目前,酒店的所有房间都已满员。但是,由于无限具有的奇特性质,满员并不意味着我们不能再接待更多的客人了!

现在假定又来了一位客人。酒店的门房只需要请 1 号房的客人搬到 2 号房,2 号房的客人搬到 3 号房,以此类推。每个房间 n 的客人都搬到房间 $n+1$,这样新来的客人就可以入住空出的 1 号房,每个人仍然有房间!

希尔伯特的酒店

现在假设一辆载有 100 位客人的大巴车到达。我们仍然可以用同样的方法来安置所有的客人。这次，第 n 号房间的客人搬到第 $n+100$ 号房间。这样，1~100 号房间就空出来了。

让我们再次增加难度：假设一辆载有无限多客人的大巴车到达。对我们聪明的门房来说，这仍然不是问题。他只需要让 1 号房的客人搬到 2 号房，2 号房的客人搬到 4 号房，以此类推，第 n 号房的客人搬到第 $2n$ 号房。现在，酒店中所有住客都住在偶数号房间，所有的奇数号房间都腾出来了。

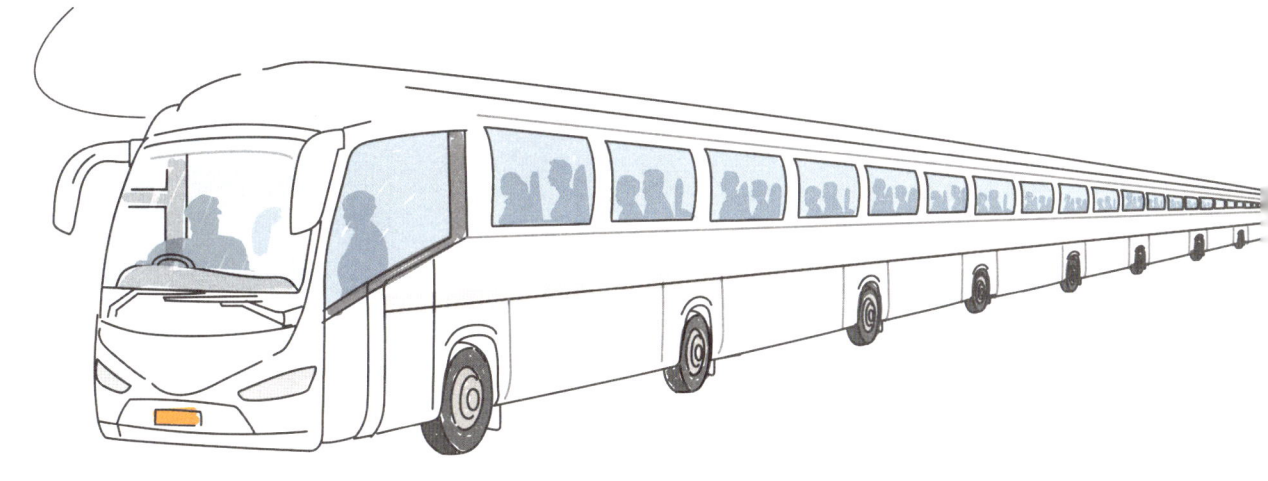

希尔伯特的酒店甚至可以接待无限多辆无限长的大巴车，每辆车上都有无限多的客人！这些方法之所以有效，是因为到达的人数是可数的：你可以将到达的客人排序，并将每个人与一个整数匹配，不论是有限集合还是无限集合。希尔伯特的酒店的类比对理解无限集合很有帮助，只要你能找到一种描述所需的房间变动方式，就会让这座无限大的酒店中永远都有空房间。这也说明了有关数的一些反直觉事实，例如奇数集合的大小与所有整数集合的大小是相等的，尽管直觉上它似乎只有整数集合的 1/2。

第 1 章 数

有理数是可数的无限集合吗？

除了整数，我们还可以考虑数轴上整数之间数的集合的可数性。例如，所有分数的集合，即任意两数之间的比值。这是一个无限集合，但它是可数的吗？

如果我们想要列出所有分数，一种方法是使用一个无限网格：分子与列数对应，从第一列的 1 开始向右递增。分母与行数对应，从第一行的 1 开始，逐行递增。

你可能注意到了，这个网格包括了许多整数值。第一行中的任何数都是 n/1，也就是 n。还有很多构成其他整数的分数，比如 4/2 = 2。而且，因为任何分数都可以用多种方式表示，所以除了 1/2，我们还会有 2/4、3/6 等，它们都代表相同的值。

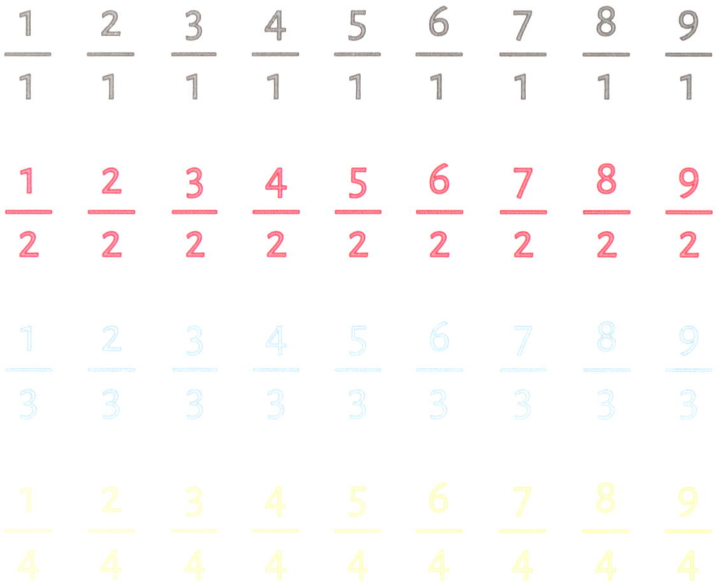

通过这种方式列出分数，我们肯定会囊括一切分数，也就是说，包含每一个可能的分子和每一个可能的分母。我们可以忽略重复项。现在，只需要把这些数按顺序排列，我们就可以计数。在希尔伯特的酒店类比中，我们可以在这座无限大的酒店里给每个分数分配一个房间。可以通过下图的方法做到这一点。

$$\frac{1}{1} \quad \frac{2}{1} \quad \frac{3}{1} \quad \frac{4}{1} \quad \frac{5}{1} \quad \frac{6}{1} \quad \frac{7}{1} \quad \frac{8}{1} \quad \frac{9}{1}$$

$$\frac{1}{2} \quad \frac{2}{2} \quad \frac{3}{2} \quad \frac{4}{2} \quad \frac{5}{2} \quad \frac{6}{2} \quad \frac{7}{2} \quad \frac{8}{2} \quad \frac{9}{2}$$

$$\frac{1}{3} \quad \frac{2}{3} \quad \frac{3}{3} \quad \frac{4}{3} \quad \frac{5}{3} \quad \frac{6}{3} \quad \frac{7}{3} \quad \frac{8}{3} \quad \frac{9}{3}$$

$$\frac{1}{4} \quad \frac{2}{4} \quad \frac{3}{4} \quad \frac{4}{4} \quad \frac{5}{4} \quad \frac{6}{4} \quad \frac{7}{4} \quad \frac{8}{4} \quad \frac{9}{4}$$

如果我们按这个顺序列出所有分数并跳过已经列出的重复数，全体分数的集合就可以像整数一样，与自然数配对。这个集合包含了所有可能的有理数，这就意味着，有理数是一个可数的无限集合。

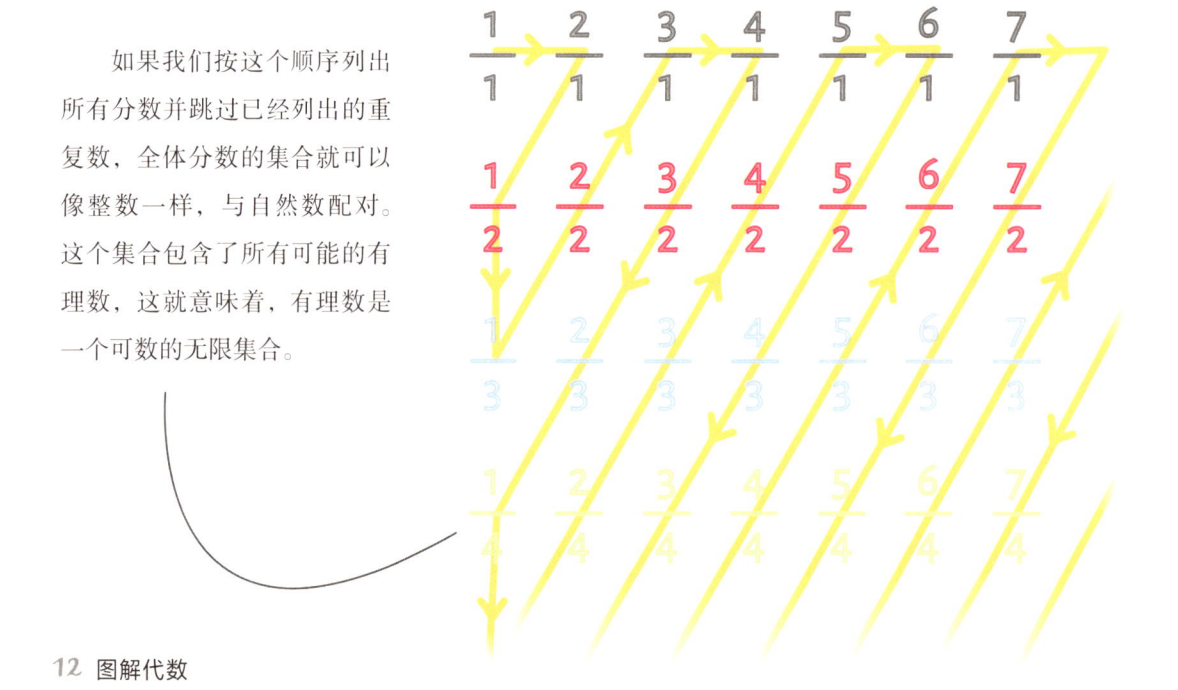

实数是可数的无限集合吗？

如果想要一个不可数集合的例子，我们需要再进一步。有理数和无理数一起，构成叫作"实数"的集合。实数位于一条两端无限延伸的数轴上，包括所有整数和整数之间的分数（有理数）。而在这些分数之间是无理数，即所有可以用无限不循环小数表示的数，其中包括不尽根及π和e这类特殊数。

"实数集是不可数的"这一命题是由数学家格奥尔格·康托尔于1891年证明的，他使用了一种叫作"对角论证法"的方法，认为任何可数的有序列表必定会遗漏一些实数。

实数集可以视为一个连续统，即一条连续的线。这是因为，无论你如何"放大"数轴上的任何部分，其中总会有未被发现的数字。假定你选择数轴上两个接近的值，比如0.5和0.6，在这两个数之间会有另一个值，如0.55。你可以继续这个游戏，通过进一步放大来找到更多的数。

事实上，在任意两个实数之间，都有无数个有理数和无数个无理数。我们说有理数和无理数在实数中都是稠密的。由于实数集是一个连续统，我们可以无限地放大数轴，在放大的过程中总会有新实数出现。

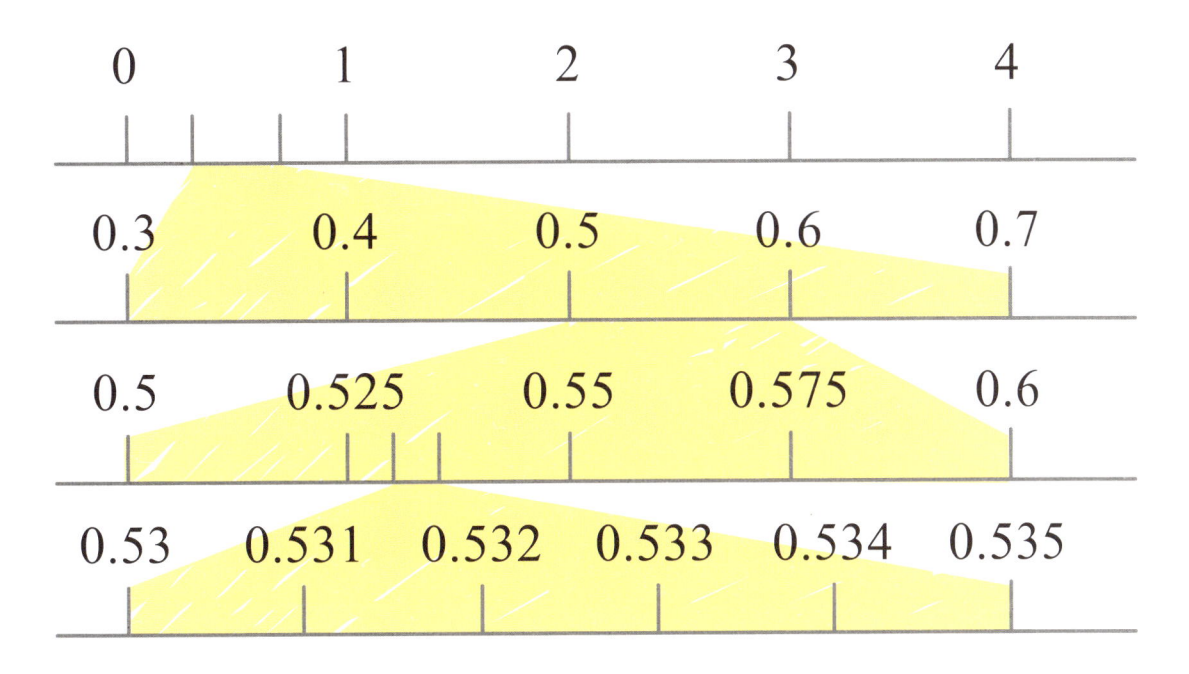

复数

除了自然数、有理数和实数，数学家还提出了扩展到简单一维数轴之外的概念。它涉及负数的平方根——这在实数范围内通常是不可能的，除非引入虚数的概念。

虚数

任何数的平方，结果都是正数：2的平方是4，–2的平方也是4，因为负数乘负数的结果为正数。

这意味着，任何实数的平方都不是负数。如果真的想定义负数的平方根，则需要引入虚数的概念。这一概念由意大利数学家杰罗拉莫·卡尔达诺首次提出，发表在他1545年出版的著作《大术》中。我们将i定义为–1的平方根。

然后，我们可以用i来定义任何负数的平方根。例如，我们知道$-4 = 4 \times (-1)$，然后分别对每一部分求平方根来找到–4的平方根。

$$i^2 = -1$$

$$\sqrt{-4} = \sqrt{4 \times (-1)}$$
$$= \sqrt{4} \times \sqrt{-1}$$
$$= 2 \times i$$
$$= 2i$$

这就是说，我们现在可以解$x^2 + 1 = 0$这样的方程，而这些方程以前是无法求解的。彼时，卡尔达诺和其他最先考虑虚数可能性的数学家也正试图求解这类方程，这些方程曾被认为是无解的。

复数

通过定义一个本不该存在的数，我们打开了一个崭新的领域。我们可以考虑一条完全独立的数轴，由与每个实数对应的虚数组成，后者只要对前者乘 i 即可。

我们通常认为这条所谓的**虚轴**与实轴垂直，而且它们在 0 点相交。这样，我们就有了一个二维平面，叫作"复平面"，其中实轴左右延伸，虚轴上下延伸。

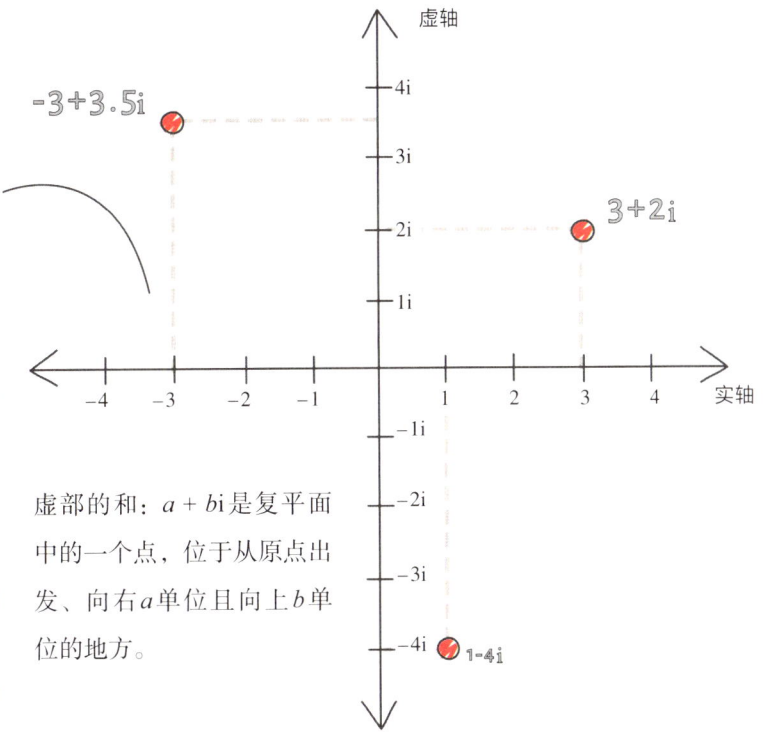

复平面中的数写作实部和虚部的和：$a + bi$ 是复平面中的一个点，位于从原点出发、向右 a 单位且向上 b 单位的地方。

你可以用实数完成一切计算，如加法、乘法、乘方等，也可以用复数完成计算。事实证明，它们在数学和科学的多个领域中用途广泛。

除了求解以前无法解决的方程，复数还在三角学、物理学、电磁学、音频处理、计算机图形学和量子物理等领域获得了广泛应用，甚至可以用来研究空气如何在机翼上流动。

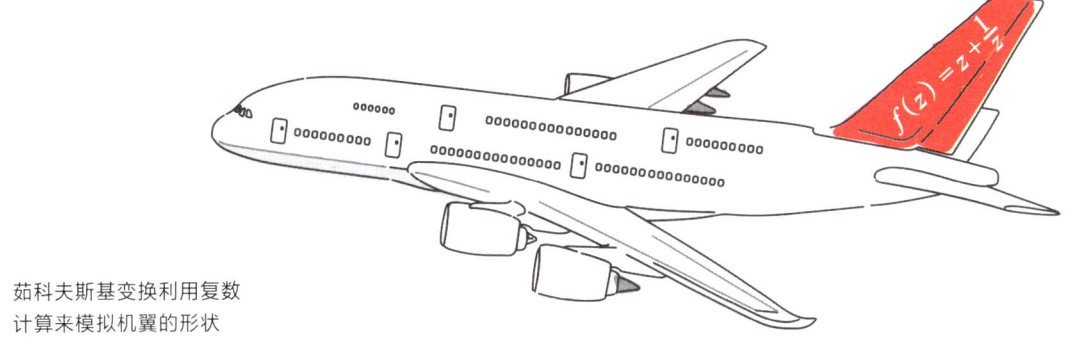

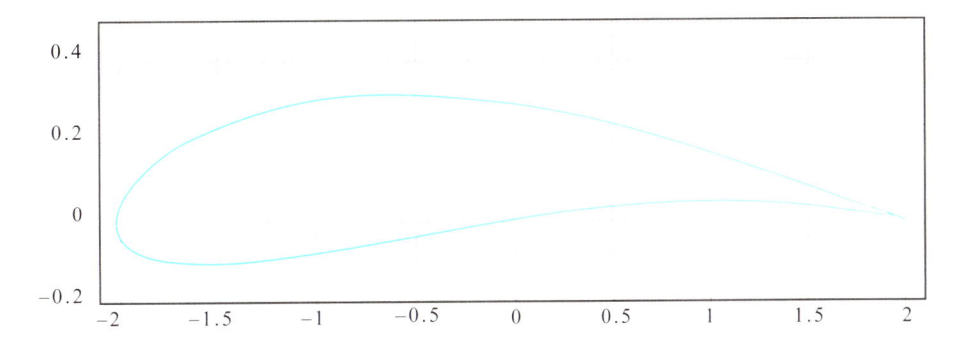

茹科夫斯基变换利用复数计算来模拟机翼的形状

第 1 章　数　15

基数

迄今为止,我们讨论的数的许多性质都与它们的书写方式,即以 10 为基数的计数系统相关,这一系统也叫"十进制计数法"。但这并不是书写数的唯一方式,以其他数为基数的计数法也具有一些有趣的性质。

在十进制计数法中,数字系统的基数是 10。也就是说,每个数位上的位值是 10 的幂(1、10、100 等),而且用从 0 至 9 的数字来代表它们的值。我们也可以用其他数作为基数,并相应地使用幂和符号来组成数。

以 2 为基数的计数系统:二进制

在以 2 为基数的计数系统,即二进制中,各数位的位值是 2 的幂(1、2、4、8、16 等,其中每一个数都是它前面那个数的 2 倍),而且该计数系统中只使用 0 和 1 两个数字。我们可以把任何数写成 2 的幂之和,而且每一个数都有定义完善的独特表达。

由于二进制中每个数位的位值小于十进制的,因此用它表示一个数字所需的位数会多于十进制。然而,每个数位可能的数字只有两个,所以为这些信息编码更简单,而且不需要存储或理解 10 个不同的符号。

利用这些 2 的幂(每个幂的使用次数不超过 1 次),我们可以表示任何数字。

0 和 1 这两个值可以通过高压或低压、灯的开关状态,或者像无线电波这样的信号来表示。正因如此,二进制在技术和计算中得到了广泛应用。

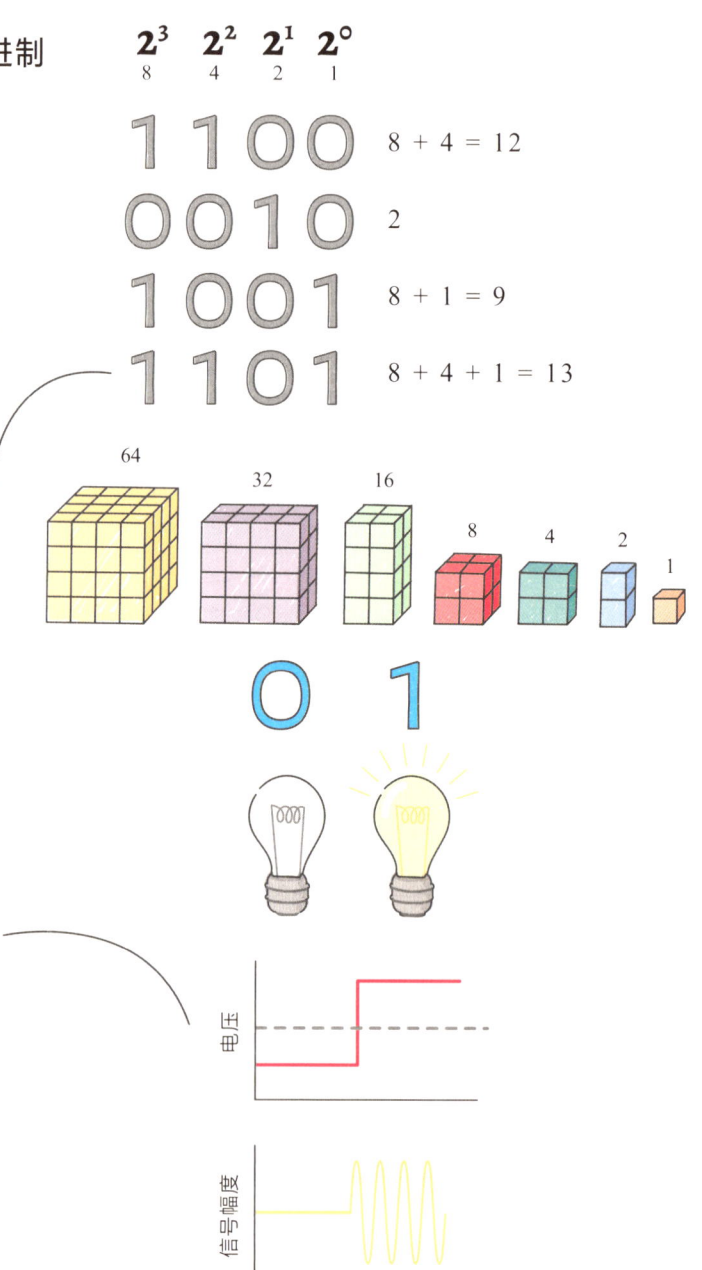

2^3 2^2 2^1 2^0
8　4　2　1

1 1 0 0　　8 + 4 = 12

0 0 1 0　　2

1 0 0 1　　8 + 1 = 9

1 1 0 1　　8 + 4 + 1 = 13

以 16 为基数的计数系统：十六进制

另一个被广泛使用的基数是 16，由此有了十六进制，常用英文 H 代表。这种计数方法使用的是 16 的幂而不是 10 的幂，有 16 个不同的符号。但因为我们只有 10 个不同的阿拉伯数字（0~9），所以用字母 A（10）、B（11）、C（12）、D（13）、E（14）、F（15）加以补充。例如，我们可以把 75 分解为 4 个 16 和 11 个 1，进而写成 4B。

由于基数较大，十六进制数要比二进制数或者十进制数紧凑得多。它被用于计算机编程，部分原因是 16 是 2 的幂，易于在二进制与十六进制之间直接转换。每 4 个二进制数位可以唯一地表示一个十六进制数位，转换效率很高。

十进制	二进制	十六进制
16	00010000	10
9	00001001	9
25	00011001	19
7	00000111	7
192	11000000	C0
199	11000111	C7
7 732	0001111000110100	1E34
1 729	011011000001	6C1

十进制	二进制	十六进制
0	0000	0
1	0001	1
2	0010	2
3	0011	3
4	0100	4
5	0101	5
6	0110	6
7	0111	7
8	1000	8
9	1001	9
10	1010	A
11	1011	B
12	1100	C
13	1101	D
14	1110	E
15	1111	F

十六进制数十分紧凑，所以常被用于存储信息。例如，颜色信息可以使用 0~255 之间的 3 个值来存储，以指定在计算机屏幕上显示颜色时应使用的红色、绿色和蓝色光各占多大的比例。这意味着，图像或视频的每个像素，以及网页或应用程序中的每个元素都有颜色，可以通过 RGB（红、绿、蓝）的值来指定。

粉
R229, G153, B162
#E599A2

橙
R237, G177, B98
#EDB162

黄
R241, G201, B76
#F1C94C

青绿
R51, G157, B133
#339D85

红
R223, G112, B89
#DF7059

蓝
R54, G138, B169
#368AA9

这 3 个数字中的每一个都可以仅用两位十六进制数来表示，而十六进制颜色代码有 6 位（通常前面会再加一个#），可以记录大约 1 600 万种不同的色值。由于每个十六进制数需要 4 个二进制数来精确表示相同范围的值，因此相比于每个像素需要的 24 个二进制数，使用十六进制表示颜色的效率更高。

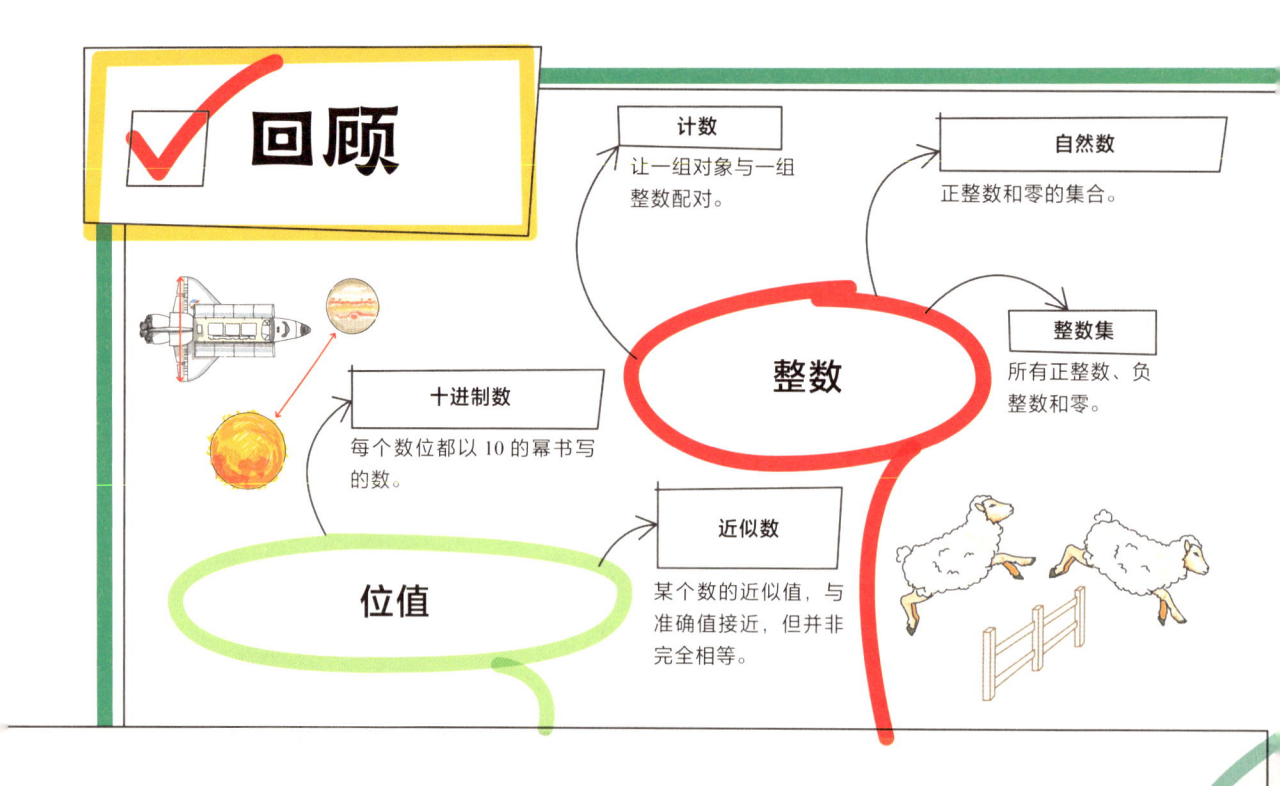

回顾

数

计数
让一组对象与一组整数配对。

自然数
正整数和零的集合。

整数集
所有正整数、负整数和零。

整数

十进制数
每个数位都以10的幂书写的数。

近似数
某个数的近似值，与准确值接近，但并非完全相等。

位值

分数

比
两个数之间相除的关系。

循环小数
从小数部分的某一数位起，不断重复一组相同数字的小数。

比例
两个比值相等的关系。

有限小数
小数部分位数有限的小数。

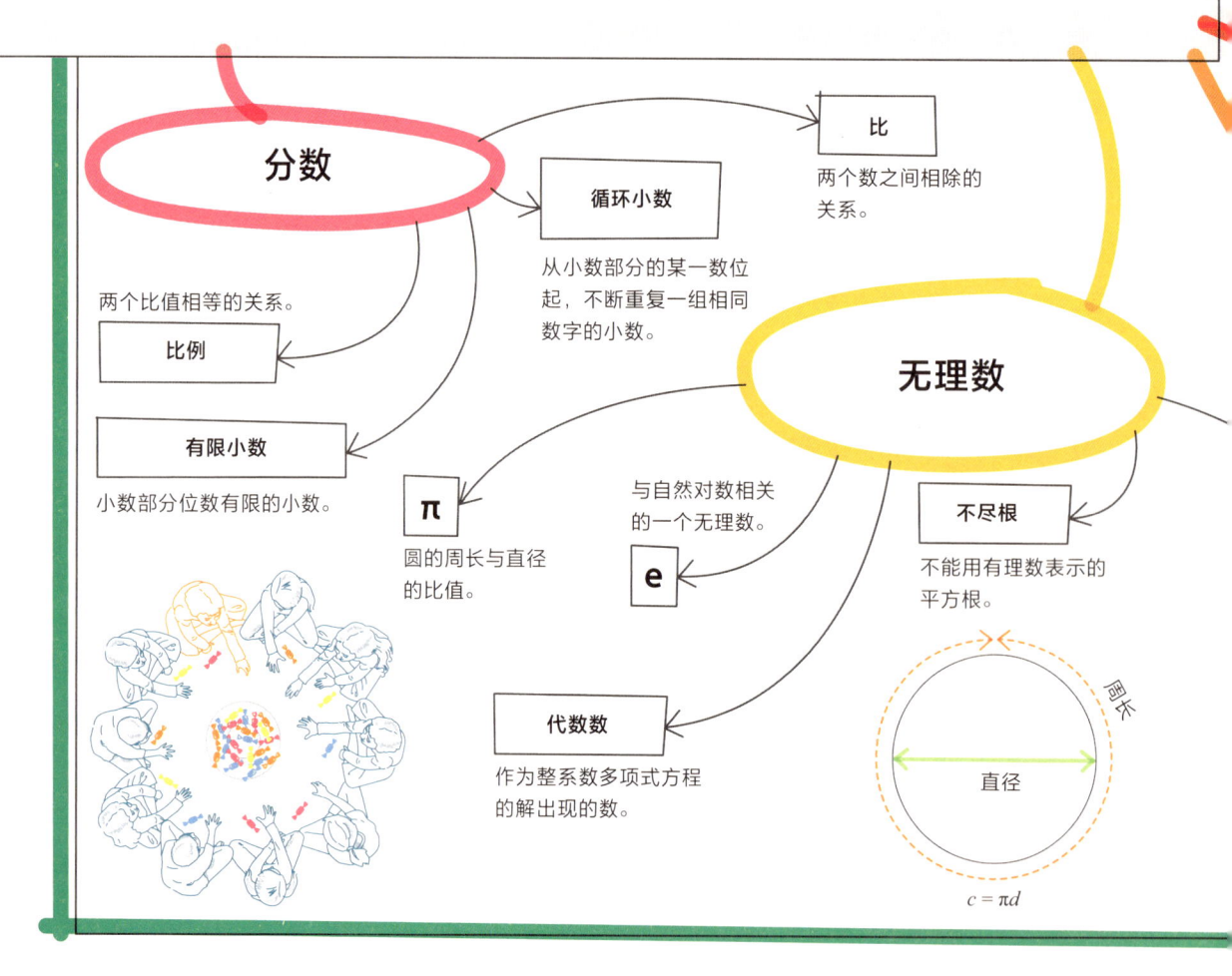

π
圆的周长与直径的比值。

e
与自然对数相关的一个无理数。

无理数

不尽根
不能用有理数表示的平方根。

代数数
作为整系数多项式方程的解出现的数。

$c = \pi d$

18 图解代数

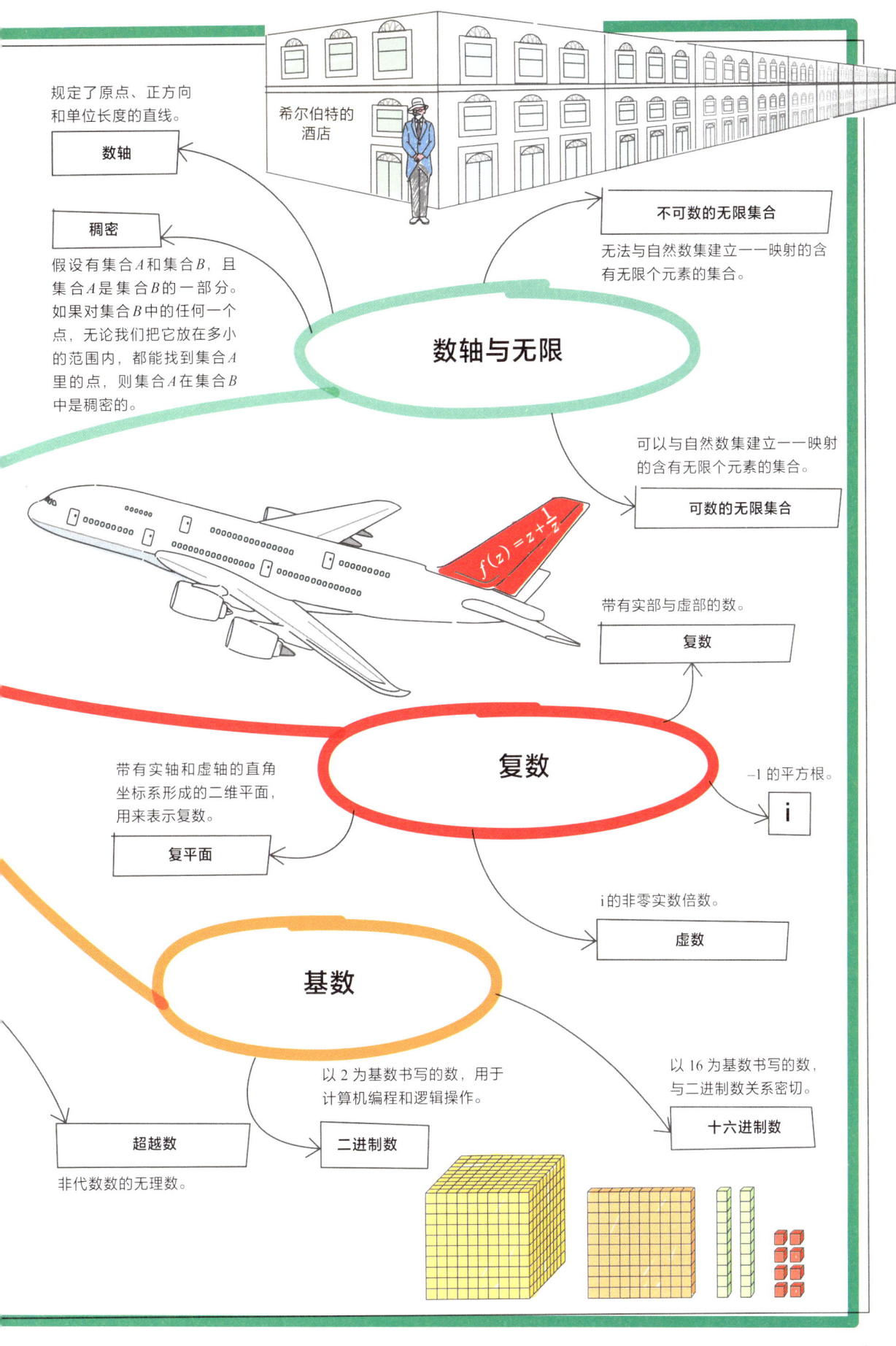

数轴
规定了原点、正方向和单位长度的直线。

希尔伯特的酒店

不可数的无限集合
无法与自然数集建立一一映射的含有无限个元素的集合。

稠密
假设有集合A和集合B，且集合A是集合B的一部分。如果对集合B中的任何一个点，无论我们把它放在多小的范围内，都能找到集合A里的点，则集合A在集合B中是稠密的。

数轴与无限

可以与自然数集建立一一映射的含有无限个元素的集合。

可数的无限集合

带有实部与虚部的数。

复数

复数

i
−1的平方根。

带有实轴和虚轴的直角坐标系形成的二维平面，用来表示复数。

复平面

i的非零实数倍数。

虚数

基数

以2为基数书写的数，用于计算机编程和逻辑操作。

二进制数

以16为基数书写的数，与二进制数关系密切。

十六进制数

超越数
非代数数的无理数。

第1章 数 19

第 2 章

算术

在定义了数之后，下一步就该考虑我们可以用它们做什么了。我们如何组合数，才能创造新数？

从计算商店里店员找退的零钱，到建造摩天大楼所需的计算，算术无处不在。我们也可以利用组合加法和乘法的工具来操纵数，为我们服务。

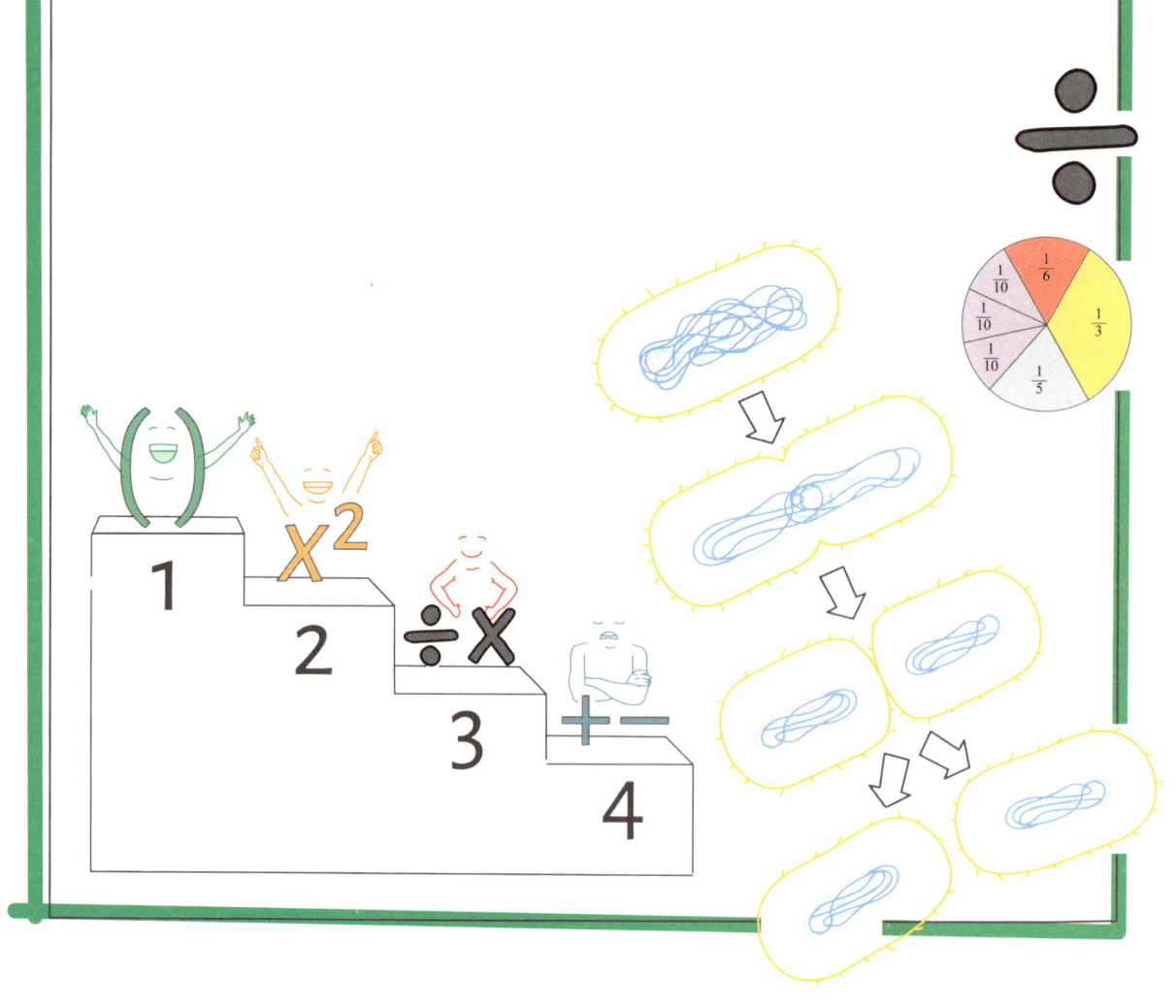

四则运算

有 4 种基本的数学运算：加法、减法、乘法和除法。这些看似简单的工具蕴含强大的数学逻辑，通过深入分析，我们可以揭示其本质规律。

数学中的许多基本概念可以从集合的角度理解（有关集合的更多内容，见第 127 页）。正如我们看到的，可以将计数视为集合大小的比较。我们可以使用类似的思路来分解算术运算。

➕ 加法

加法用加号（+）表示，其目的是要找到一个包含两个不相交集合中所有元素的集合的大小。

例如，如果我有一个包括 3 件东西的集合和一个包括 4 件东西的集合，它们的并集中有 7 件东西，即 3 + 4 = 7。

将零加到某个数上不会改变其值，因此零在加法中是一个特殊的数字。要了解更多相关内容，见第 198 页。

我们可以利用加法来计算任意数量的总和；有关加法计算的更多内容，见第 27 页。

加法是符合**交换律**的，这意味着交换两个加数的位置，和不变：2 + 4 等同于 4 + 2。

餐厅收据

1 × 鸡肉意面	11.50 美元
1 × 芝士比萨	9.99 美元
2 × 蒜香面包	9.40 美元
2 × 大份软饮料	9.20 美元
1 × 奶昔	8.90 美元
合计	48.99 美元
付款	50.00 美元
找零	1.01 美元

第 2 章 算术 23

减法

减法用减号（−）表示，是加法的逆运算，这意味着它能"取消"加法的效果。已知两个加数的和，然后减去其中一个加数，会得到另一个加数。

从集合的角度来看，减法就是要找到两个有限集合之间的差异：有一个较大的集合和一个较小的集合，我们需要从较大的集合中去除较小集合中的各个元素。完成运算后，较大集合中剩下的元素数量就是减法的结果。

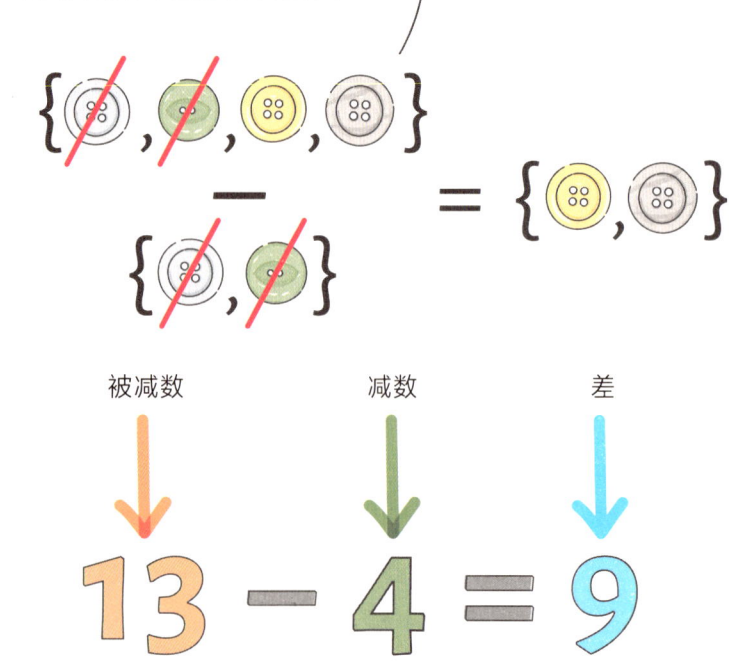

$$10 + 6 = 16$$
$$16 − 6 = 10$$

减法是不符合交换律的，因为必须从一个数中减去另一个数，所以顺序很重要。被减去另一个数的数叫作"被减数"，从被减数中扣除的数叫作"减数"，结果是差。

被减数　　减数　　差

$$13 - 4 = 9$$

我们可以从一个较小的数中减去一个较大的数，所得的差是负数。数轴有助于说明减法，我们可以认为，减法就是沿着数轴向左移动。

我们可以用减法来计算两个数之间的差，比如你付款时应该得到的找零，以及某种事物增加或者减少了多少。

加号（+）和减号（−）可以用来表示加法和减法，也可以用来作为数字的正负号。

$$1 - 3 = -2$$

−4 −3 −2 −1 0 1 2 3 4

✖ 乘法

乘法用乘号（×）表示。乘法可以被视为求几个相同加数的和的快捷方法：如果我想把某个数乘4，我就把4个该数相加。

对乘法的另一种理解是：想象有集合A和集合B，我们可以把集合A的每个元素与集合B的每个元素配对，形成一个新的组合。这些组合可以排成一个矩形，矩形的边长分别是集合A和集合B的元素个数。该矩形可以旋转，这表明乘法是符合交换律的。

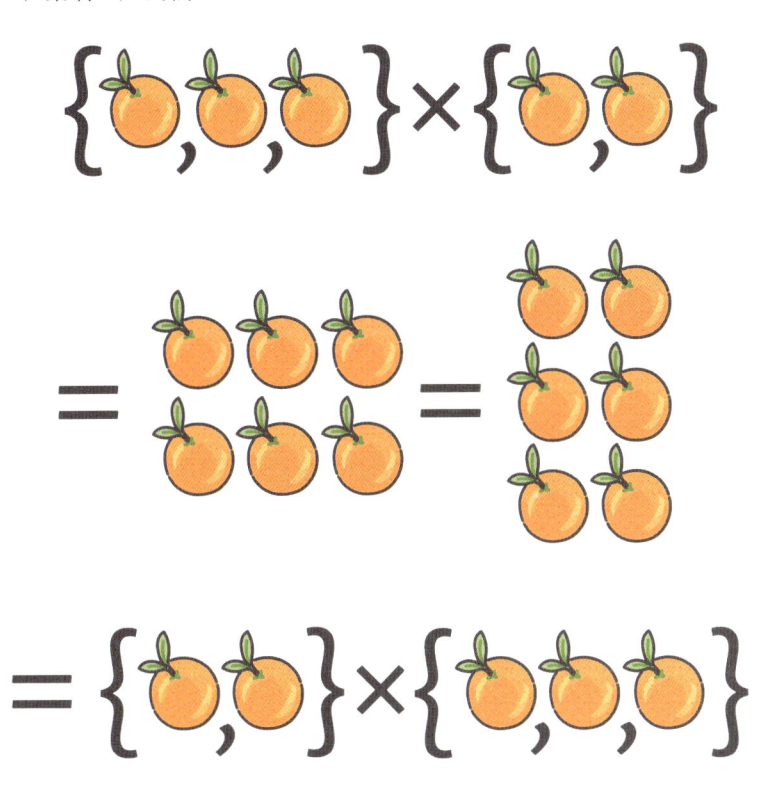

乘法可以用来计算多个大小相同的集合的总和，也可以用于计算形状的面积。例如，一个边长为2厘米和3厘米的矩形，其面积为6平方厘米（2×3）。我们可以通过数出1平方厘米方格的数量来确认这一点。

2 厘米

3 厘米

÷ 除法

除法用除号（÷）表示，除号由一条横线和分别位于这条横线上下的两个点组成，除法运算的结果可以表示为分数。

除法是乘法的逆运算，用于将一个较大的数分成几个相等的部分，以及确定通过分配可以创建多少个特定大小的部分。

例如，8 ÷ 4 = 2 可以表示以下两种情况：

（1）有 8 个苹果，平均分给 4 个人，则每人分到 2 个苹果。

（2）有 8 个苹果，每 4 个苹果分给 1 个人，则平均可以分给 2 个人。

与加法、乘法和减法不同，两个整数相除的结果并非总是整数。根据计算的目的，我们可以得出适合的整数并留下余数，或者可以得到一个分数或小数。

以 7 ÷ 2 为例，我们可以说商是 3，余数为 1；或者可以得到精确值 $3\frac{1}{2}$ 或者 3.5。

÷ 4 =

或

÷ 2 =

或

$3\frac{1}{2}$

得 3 余 1

我们可以用除法来分配资源和时间。例如，如果我需要用 5 天时间砌出一面由 100 块砖组成的墙，则每天需要砌 20 块砖。

通常用分数来描述除法更为简单，而除号（÷）本身也可以被视为表示分数——其中一个点位于分隔线的上方，另一个点位于分隔线的下方。挪威人和丹麦人用除号表示减法，用冒号作为除号。

除了应用于数，以上 4 种运算还可以用于代数式（见第 65 页），将数字与变量结合。

26 图解代数

混合运算

一旦我们掌握了基本的四则运算，就可以考虑将它们组合使用时会发生什么。加法和乘法可以一起使用，并且可以重复使用，以多种方式计算数。

加法结合律

正如我们所定义的那样，加法需要你将两个加数输入，令其产生一个输出，即和。当使用加法将多个数相加并得出总和时，我们实际上是在为每个数执行单独的加法运算，依次将每个数加入一个累计的总和。

你或许从未思考过为什么可以这样做。事实证明，除了符合交换律，加法还符合结合律。这意味着，如果把两个数相加后再加第三个数，所得的结果与这三个数以不同顺序相加的结果相同。

例如，2 + 3 + 4 可以通过先计算 2 + 3 得到 5，再加上 4 来计算；也可以先算 3 + 4，再将结果加上 2 来计算。两种方法得到的答案都是 9。

加法结合律总是会得到相同的结果，任何加法计算都可以以不同的方式拆分，得到相同的结果。乘法也符合结合律。

这种看上去显而易见的结合律，对其他组合方式则未必可行。例如，如果烤蛋糕，你一定要先把油脂和糖混合在一起，然后加入面粉。

尽管这些材料最终都会放进同一个碗里，但如果先混合面粉和糖，或先混合面粉和油脂，蛋糕的口感都会不理想。

$$(2 + 3) + 4 = 2 + (3 + 4)$$

接受两个输入并产生一个输出的运算叫作"二元运算"。加法、减法、乘法和除法是目前我们看到的所有算术运算，它们都是二元运算。

当我们将加法和乘法结合时，另一个重要的性质就会发挥作用，即乘法分配律。这意味着我们可以在做乘法之前或之后做加法。例如，给定（7 + 2）× 6，我们可以先算 7 + 2，然后乘 6；或者，我们可以先把 7 和 2 分别与 6 相乘，再将结果相加。

$$(7 + 2) \times 6 = 9 \times 6$$
$$= (7 \times 6) + (2 \times 6)$$

当我们在计算中不仅涉及数，还涉及代数变量和表达式时，像乘法分配律这样的运算律会变得更加重要。但由于这是加法和乘法及其相互作用的基本性质，我们知道无论使用哪种方式都将得到相同的答案。例如计算（$x + 2$）× y，无论先计算 $x + 2$ 再乘 y，还是先分别相乘再相加的 $xy + 2y$，最终的结果都相同。

幂

一个数自乘若干次，就是它的幂运算。例如，我们可以计算 3 个 4 连乘的结果，并将其写作 $4 \times 4 \times 4 = 4^3$。（有关如何扩展这一过程的更多内容，见第 64 页。）

这类计算可能导致数迅速变大或迅速变小，它们可以用来模拟事物数量相对于当前种群规模呈指数增长的情况。

例如，细菌是通过从一个分裂成两个繁殖的，这意味着每次分裂都会让细菌的数量翻倍。所以，5 个时间间隔后，细菌的数量是 2^5，即 32 倍于最初的数量。再经过 5 个时间间隔，数量变成 2^{10}，即 1 024 倍于最初的数量。

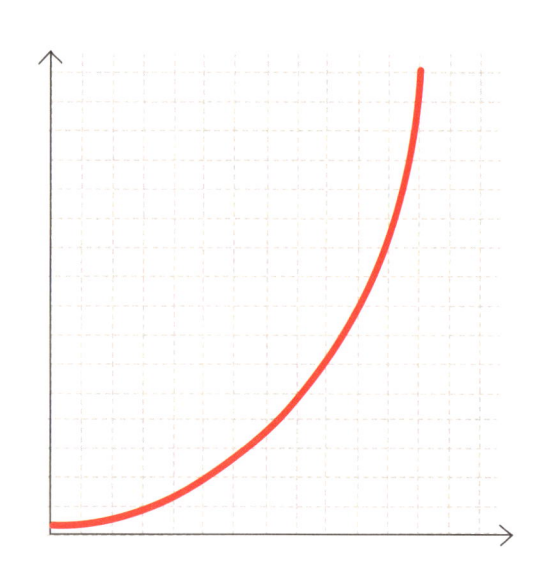

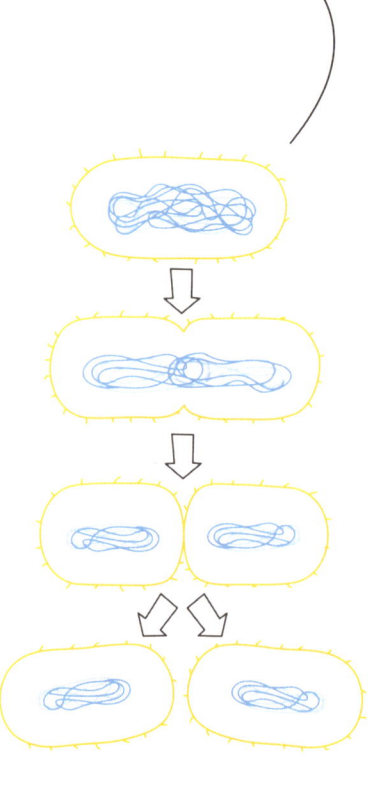

运算顺序

如果将加法和乘法等运算结合使用，需明确运算顺序。有些表达式会因存在多种解释产生歧义，这个问题可以通过运算优先级规则避免。

假设我们想算出 2 + 4 × 5 的答案。如果从左向右计算，我们会发现 2 + 4 = 6，然后 6 × 5 = 30。但是，如果我们先计算 4 × 5，再将积加 2，会得到 22。

各种运算类型的优先顺序如下：
（1）幂；
（2）除法和乘法；
（3）加法和减法。

如果我们想计算 2 + 4 × 5，就必须先算乘法，因为它的优先级高于加法。于是，答案是 2 + (4 × 5) = 2 + 20 = 22。

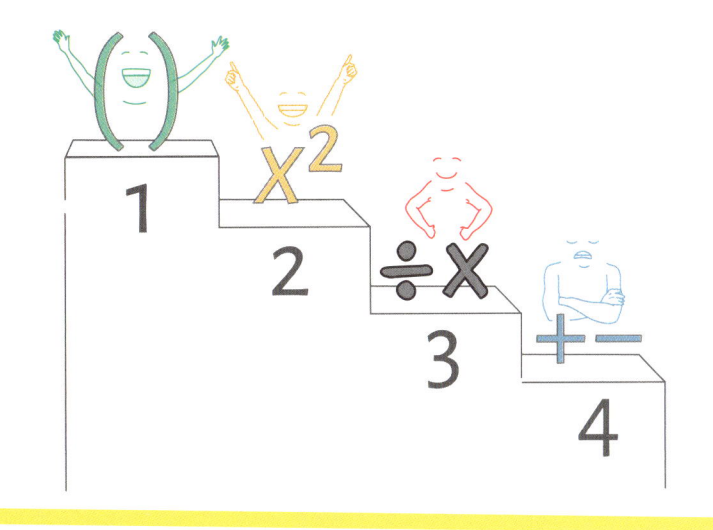

这里的括号也叫作"小括号"，表示优先级最高的运算。为了厘清上文这种计算，我们使用一个叫作"运算顺序"的概念。它意味着某些运算的优先级高于其他运算。于是，在存在歧义的情况下，某些运算将优先进行。

除法和乘法具有相同的优先级，但它们的运算顺序很重要，因为不同的顺序会得到不同的结果：

(10 ÷ 5) × 2 = 4

10 ÷ (5 × 2) = 1

在做除法和乘法时，我们通常从左到右计算，即先做左边的运算。所以，10 ÷ 5 × 2 这个式子的答案应该是 4，而不是 1。加法和减法的运算顺序与此类似。

这种惯例与我们做代数计算的方式相似：要表示"将 x 的平方乘 2，然后加上 4"，正确的写法是 $2x^2 + 4$。

$$2x^2 + 4 = (2 \times (x^2)) + 4$$

像"先乘除，后加减，同级运算从左算，括号中的先处理"这样的口诀可以帮助我们记住运算顺序。

将括号置于最高优先级是有原因的：一般来说，确保计算清晰且无歧义的最佳方法是使用括号。如果你想表达的是 (2 + 4) × 5，那就必须写出括号，让人人都能理解！

图解算术

通常，使用某种图解方式，理解和做运算会更容易。从数本身到它们的组合运算，有几种有用的方法可以让我们通过图解表达数的意义。

图解因数

我们可以在第37页看到，每个数都可以表示为它的素因数的乘积，这种分解方式是唯一的，为每个数赋予了独特的结构。如果想直观看到这种结构，我们可以通过绘制一系列点来表示每个数，并将它们按组排列，以展示它们的因数分解。

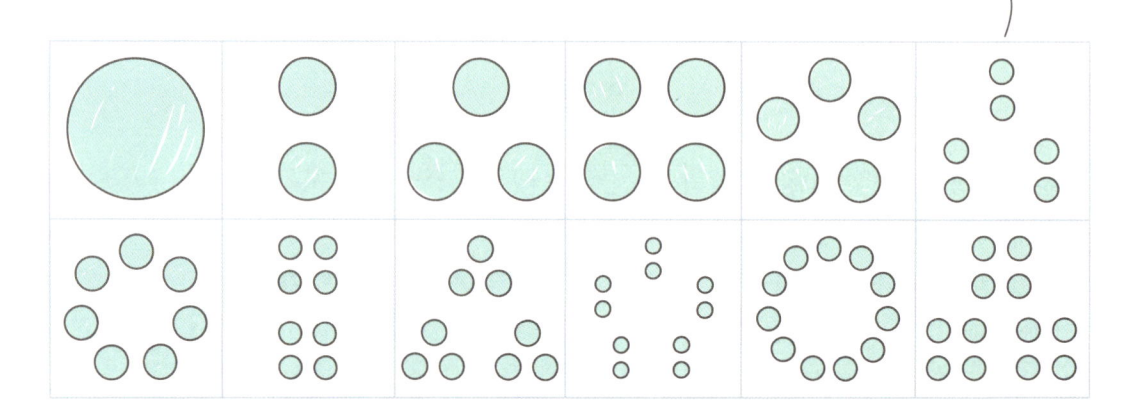

我们在上图中将素数表现为圆形，任何具有因数2的数的点会成对排列。3的倍数则会将数排列成三角形，以此类推。通过这些由数学家布伦特·约吉开发的图示，我们能够直观地看到数的因数分解，例如 12 = 3 × 4 及 10 = 2 × 5。这些模式可以展示更大的数，形成一些美丽的图形。

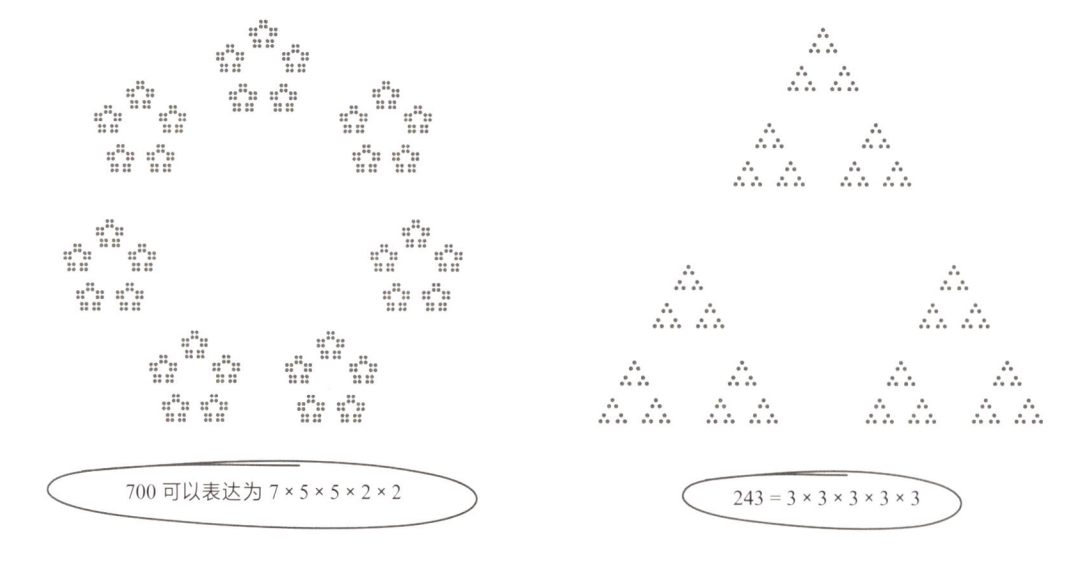

700 可以表达为 7 × 5 × 5 × 2 × 2

243 = 3 × 3 × 3 × 3 × 3

图解乘法

将乘积视为一个矩形，以其边长作为两个乘数，这种图解方法十分有用。如果我们用单个小方格来构成矩形，就可以通过计算方格的数量算出乘积。

右侧的矩形一边为 2 个小方格长，另一边为 3 个小方格长，矩形由 6 个小方格组成，因此 $2 \times 3 = 6$。

图解分数

可以通过多种方式有效地图解分数，尤其当分数是整体的一部分时。例如，分数墙将相同长度的水平条分成大小相等的部分，可以用来比较分数的大小并找出等值分数。

上面这个分数墙让我们直观地看到并确认 $3 \times \frac{1}{9} = \frac{1}{3}$，还有 $\frac{2}{7}$ 小于 $\frac{1}{3}$。

我们也可以用圆形和扇形来表示分数，其中每个扇形是圆的一个部分。这让我们能够很容易地看出，各个部分相加到什么程度等于一个整体。

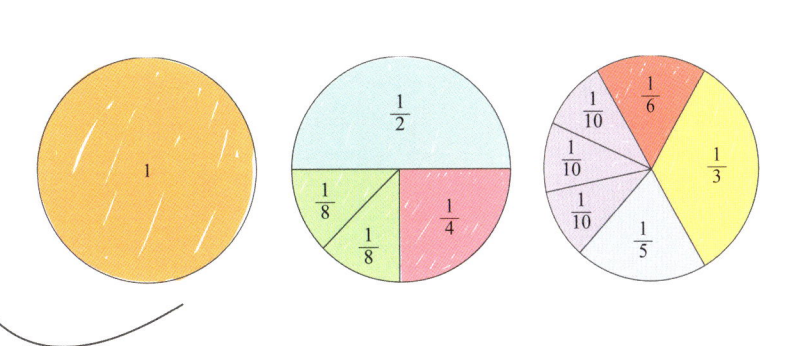

第 2 章 算术 31

回顾

$\{\odot,\odot\} + \{\odot,\odot,\odot,\odot\} = \{\odot,\odot,\odot,\odot,\odot\} + \{\odot,\odot\}$

$\{\odot,\odot,\odot,\odot,\odot\} + \{\odot,\odot,\odot\} = \{\odot,\odot,\odot,\odot,\odot,\odot,\odot\}$

减数 — 减法运算中被扣掉的数。

乘号 — 乘法的符号。 ×

除号 — 除法的符号。 ÷

四则运算

$13 - 4 = 9$

加法 — 把两个数合并成一个数的运算。

被减数 — 减法中被拿掉数字的那个数。

算术

图解算术

图解因数 — 说明如何将数分解为它的素因数的图解方法。

分数墙 — 用水平条直观展现分数大小的比较方法。

$\frac{1}{1}$								
$\frac{1}{9}$	$\frac{1}{9}$	$\frac{1}{9}$	$\frac{1}{9}$	$\frac{1}{9}$	$\frac{1}{9}$	$\frac{1}{9}$	$\frac{1}{9}$	$\frac{1}{9}$
$\frac{1}{3}$			$\frac{1}{3}$			$\frac{1}{3}$		
$\frac{1}{7}$	$\frac{1}{7}$	$\frac{1}{7}$	$\frac{1}{7}$	$\frac{1}{7}$	$\frac{1}{7}$	$\frac{1}{7}$		

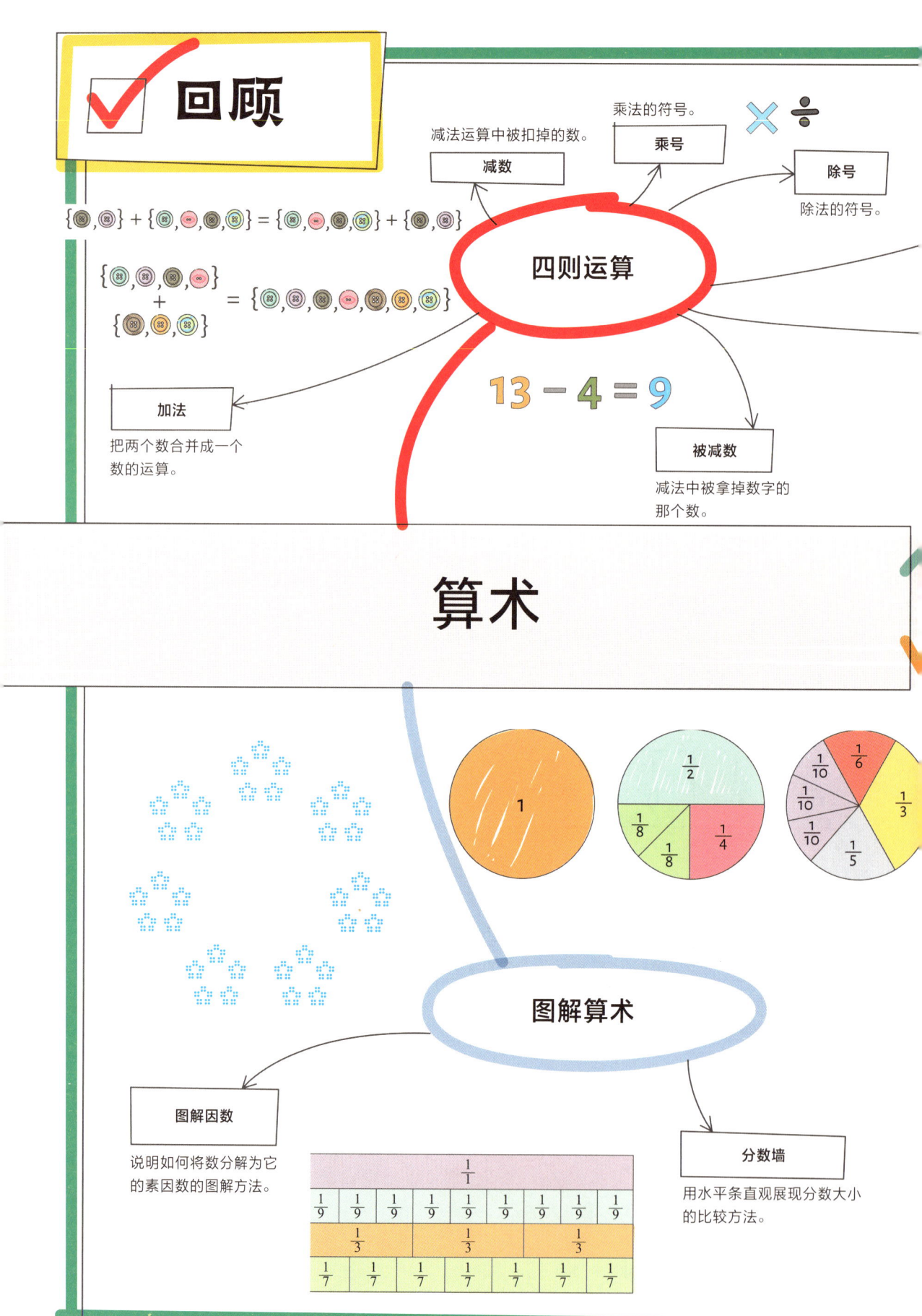

32 图解代数

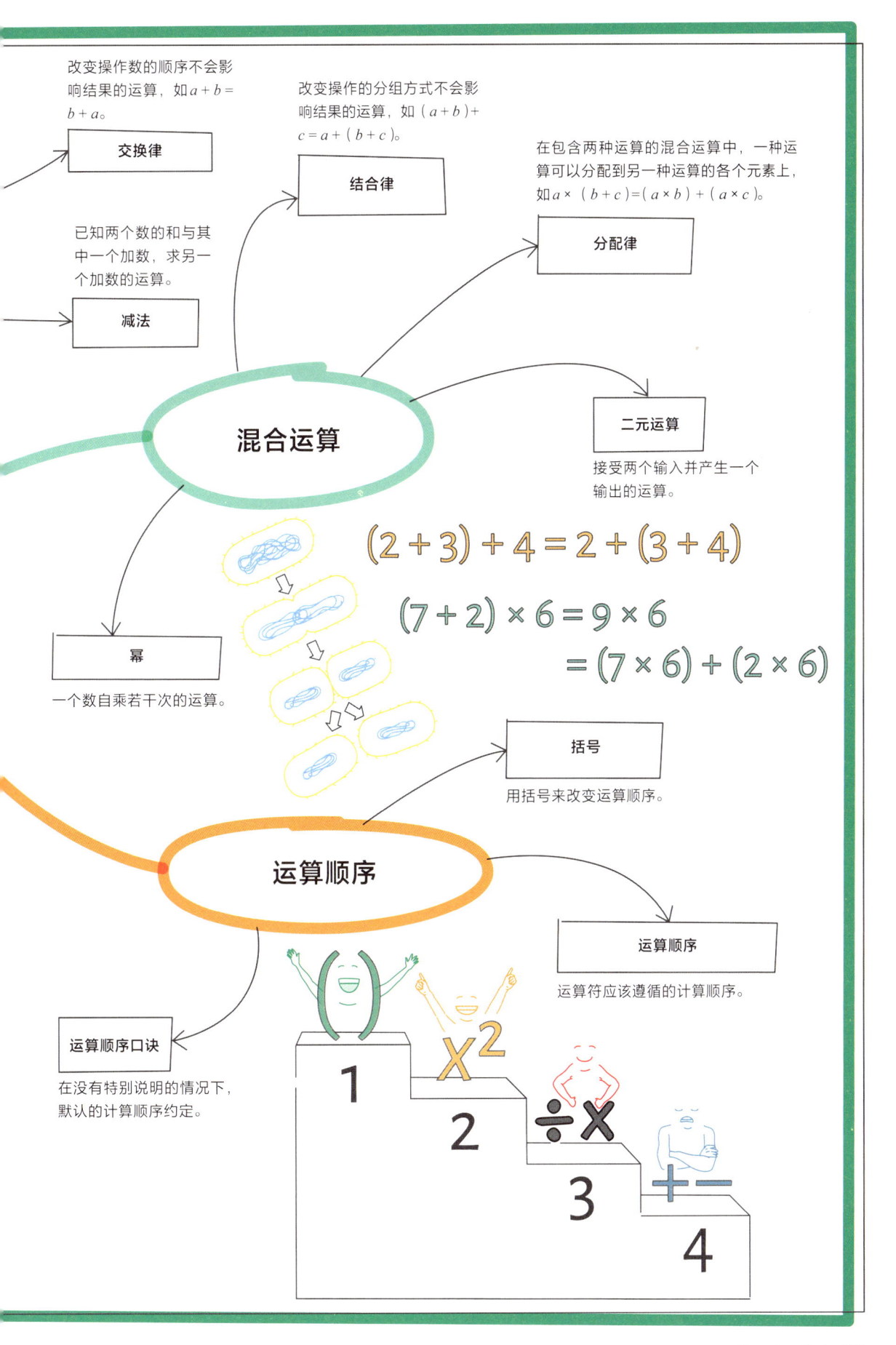

改变操作数的顺序不会影响结果的运算，如 $a + b = b + a$。

交换律

改变操作的分组方式不会影响结果的运算，如 $(a+b)+c = a+(b+c)$。

结合律

在包含两种运算的混合运算中，一种运算可以分配到另一种运算的各个元素上，如 $a \times (b+c) = (a \times b) + (a \times c)$。

分配律

已知两个数的和与其中一个加数，求另一个加数的运算。

减法

混合运算

二元运算

接受两个输入并产生一个输出的运算。

幂

一个数自乘若干次的运算。

$$(2+3)+4 = 2+(3+4)$$

$$(7+2) \times 6 = 9 \times 6 = (7 \times 6) + (2 \times 6)$$

括号

用括号来改变运算顺序。

运算顺序

运算顺序

运算符应该遵循的计算顺序。

运算顺序口诀

在没有特别说明的情况下，默认的计算顺序约定。

第 2 章 算术 33

第 3 章

数的规律

研究数最令人神往的方面之一，就是你可以从中发现规律。无论是寻找符合特定规律的数，还是在现实世界中发现可以用数描述的规律，能够预测下一个数都是一种强大的能力。

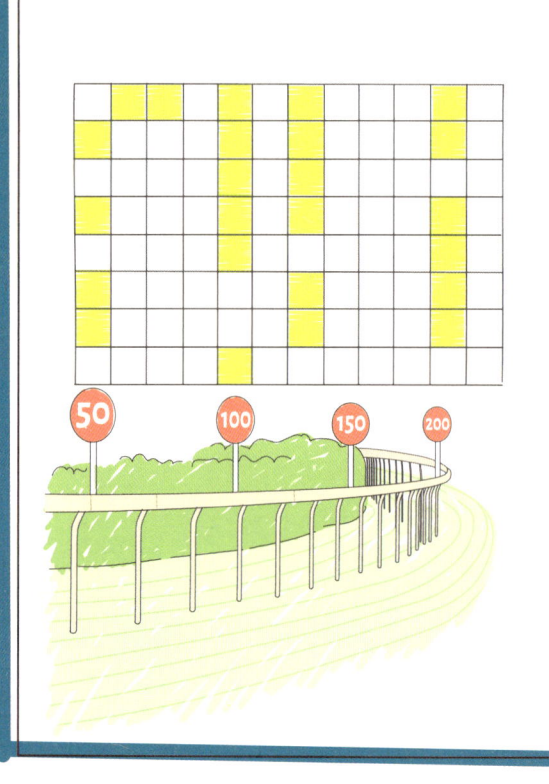

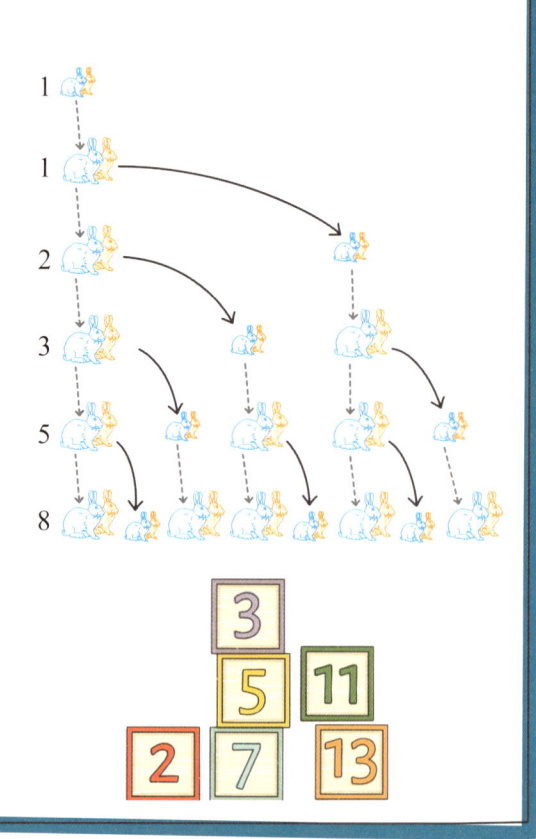

素数

素数是数学中一个极其重要的概念。素数是只有 1 和它本身两个因数的数，是构成所有自然数的基本"构建块"。素数在数学、计算机科学、密码学和互联网安全中具有重要的应用。

什么是素数？

素数是大于 1 的自然数，不能被其他数整除，除了 1 和它本身——由于每个数都可以被自身整除，而且从技术上讲，每个数都可以被 1 整除，因此它们是唯一可以整除素数的数。这意味着 2 是素数，3 是素数，但 4 不是素数，因为它可以被 2 整除。除了 1 和自身还有其他因数的数叫作"合数"。

素数无法被进一步分解，这让它们像是其他自然数的"构建块"。

$28 = 2 \times 2 \times 7$

$33 = 3 \times 11$

$117 = 3 \times 3 \times 13$

算术基本定理

算术基本定理告诉我们，我们可以将任何大于 1 的整数唯一地表示为其素因数的乘积。

按照惯例，我们认为 1 不是素数，否则一个数的因数列表就不再是唯一的，因为我们可以在素因数分解中加入任意多个 1。

寻找素数

尽管素数的定义很简单，但目前还没有公式可以直接从一个素数推导出下一个素数。这让素数极难预测，虽然我们知道随着数轴向右延伸，素数会变得越来越稀少，在数轴上的间距也越来越大。描述素数分布的素数定理是在1896年得到证明的。

埃拉托色尼的筛法

"埃拉托色尼筛法"是找到素数的一种方法，可以追溯到古希腊天文学家、生活在公元前200年前后的昔兰尼的埃拉托色尼。这个方法可以让你找出小于你选定的任何数的一切素数。

首先为你选择的所有数列表，圈选2，然后去掉一切能被2整除的数

回到开头，圈选3（下一个未被去掉的数字），去掉能被3整除的数

去掉3的倍数之后，圈选下一个未被去掉的数字5，重复这一过程

就这样继续下去，在方格中去掉一切带有小于它本身的因数的数

那些没有被你筛掉的数字就是素数，但请记住，1不是素数

试商法

如果你想测试一个给定的自然数是不是素数,可通过一种叫作"试商法"的过程来实现。就像筛法一样,你只需从 2 开始,将该数依次除以每一个素数。如果你发现原始数能被某个素数整除,则该数不是素数。你只需要检查小于或等于该数平方根的素数,因为超出这个范围的除法结果是你已经试过的数。

虽然这种方法保证有效,但可能需要一些时间。如果测试的数非常大,你就需要完成很多次计算,才能验证它是不是素数。即使是用电脑做计算,这个过程也可能很慢,因为它效率低下。幸运的是,还有一些更聪明的方法来检验一个数是否为素数,这就是素数判定法。

威尔逊定理

威尔逊定理就是素数判定法之一,由阿拉伯数学家伊本·海赛姆于约公元 1000 年首次提出。该定理指出,当且仅当从 1 到 $p-1$ 的所有整数的乘积(阶乘,见第 69 页)比 p 的某个倍数少 1 时,p 才是素数。

也就是说,如果 $1 \times 2 \times 3 \times \cdots \times (p-1) = np - 1$,其中 n 是整数,则 p 为素数。

例如,$1 \times 2 \times 3 \times 4 \times 5 \times 6 = 720 = 103 \times 7 - 1$,所以 7 是素数。

在测试一个数是否为素数时,现代计算机技术找到了更高效的方式。根据你测试的数,有一些可以用更少的计算来检测素数的方法。

还有一些素数的概率性测试,但它们并不能保证某个数一定是素数,只能说它很可能是素数。不过,这在很多情况下已经足够了,具体取决于你使用它的目的!

2, 3, 5, 7, 11, 13, 17, 19, 23, 29, 31, 37, 41, 43, 47, 53, 59, 61, 67, 71, …

第 3 章 数的规律

有多少个素数？

我们尽管未必完全理解素数的规律，却知道它们是无穷无尽的。这一结论由欧几里德在大约公元前300年证明，记录在《几何原本》一书中。该证明使用了反证法（见第122页），即先假定素数最终会不再出现，然后证明这种假定是错误的。

大体上说，上述证明要求列出素数的清单，考虑到我们假定素数最终会不再出现，所以列出所有素数是可能的。接着，我们将所有的素数相乘，然后在乘积上加1。

$p_1, p_2, p_3, p_4, p_5, p_6, \cdots p_n$

$(p_1 \times p_2 \times \cdots \times p_n) + 1$

如果列出的清单确实包括所有素数，则这个新数就不可能是素数，因为它不在清单中。这意味着新数应该能被清单中的某个素数整除。但当你用清单中的任何素数去除新数时，都会余1，所以任何素数都无法整除它。

这就证明你的素数清单不完整，这个新数一定有不在清单中的素因数。我们可以对任何有限的素数清单应用这个推理，所以素数必定是无穷无尽的。

其他类型的数

整数有各种有趣的性质。我们已经看到素数和合数的例子，但根据数的性质，我们还可以将数分为许多其他有趣的类别。

平方数

如果我们让一个整数乘其自身，就会得到一个平方数，也叫"完全平方数"。由于平方数代表的是平方某数后得到的数量，我们可以将这些对象按正方形排列。

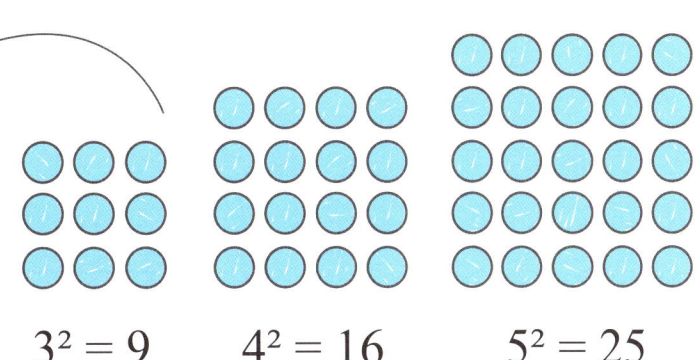

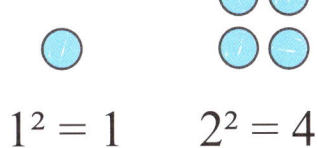

$1^2 = 1$　　$2^2 = 4$　　$3^2 = 9$　　$4^2 = 16$　　$5^2 = 25$

平方数遵循一系列有趣的规律。只观察它们的个位，我们就能看到几个规律：它们的个位只能是 1、4、5、6、9 或者 0。任何平方数的个位都不可能是 2、3、7 或者 8。

如果被平方的数以 1 结尾，平方数也会以 1 结尾。如果要平方的数的个位不是 1，平方数的个位将遵循一个固定模式，如左下图所示。

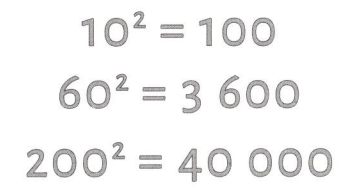

$10^2 = 100$

$60^2 = 3\ 600$

$200^2 = 40\ 000$

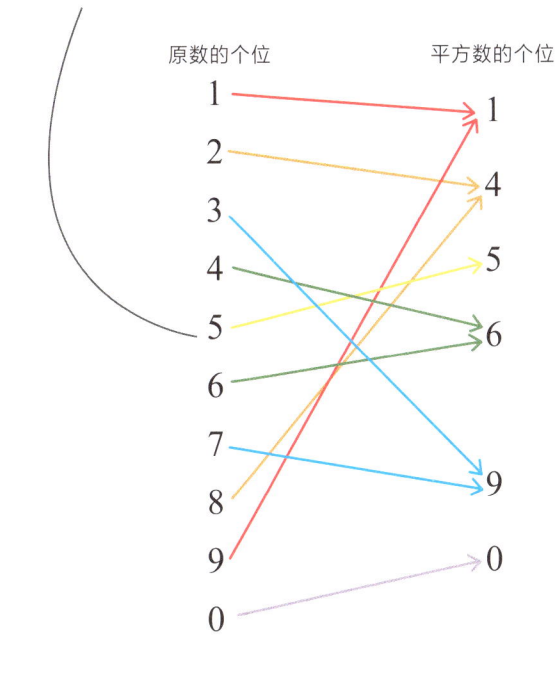

如果一个平方数以 0 结尾，它的结尾必定有偶数个 0。①

正如我们将在第 117 页证明的那样，奇数的平方永远是奇数，偶数的平方永远是偶数。平方数总是正数，因为负数与自身相乘会得到正数。

有关平方数的更多有趣性质，见第 126 页。

---

① 这里有一个例外：0 是以 0 结尾的平方数，但它是以奇数个 0 结尾的。下段的"平方数总是正数"也有这一例外，因为 0 是平方数，但它不是正数。——译者注

第 3 章　数的规律　41

立方数

更进一步，我们可以计算整数的立方，即将它们提升到 3 次幂。或者说让 3 个同样的数相乘，会得到一个完全立方数：一个可以通过将相应数量的对象排列成立方体来表示的数。

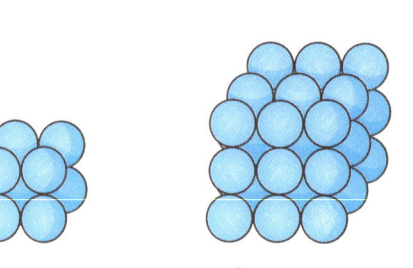

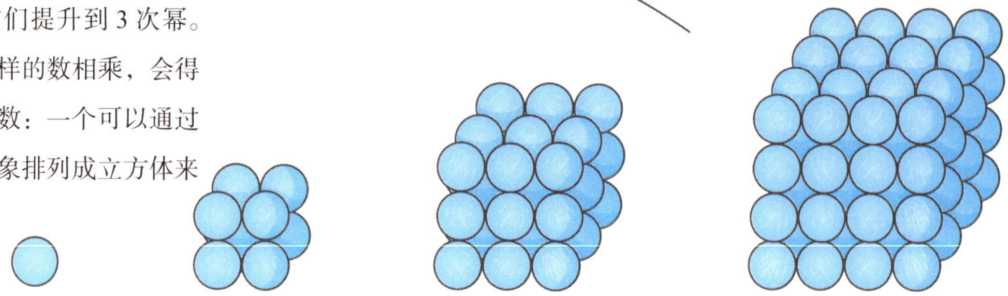

$1^3 = 1$ $2^3 = 8$ $3^3 = 27$ $4^3 = 64$

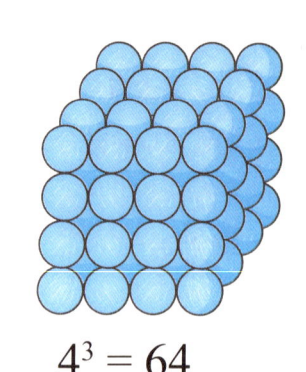

立方数可以以任何数字结尾，但其个位的数字完全由被立方的数的个位决定。这里的规律很简单：最后一位数字要么保持不变，要么变为另一个数字。

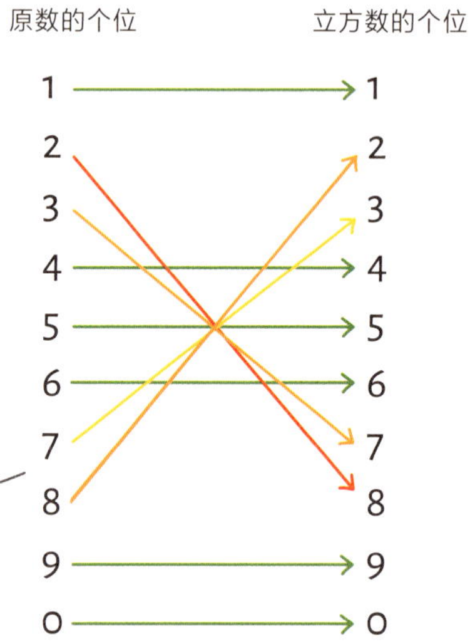

原数的个位　　立方数的个位

1 → 1
2 → 8
3 → 7
4 → 4
5 → 5
6 → 6
7 → 3
8 → 2
9 → 9
0 → 0

负数的立方是负数，正数的立方是正数。

$$2^3 = 2 \times 2 \times 2 = 8$$

$$(-3)^3 = (-3) \times (-3) \times (-3) = -27$$

一个正整数的数根，是将它各位的数字相加，如果得数是多位数，则把这个多位数的各位数字继续相加，直到得到一个一位数。立方数的数根永远是 1、8 或者 9。

这能让我们很容易地看出某数不是完全立方数，如 124。

但是，如果某个数的数根是 1、8 或者 9，并不能保证它是立方数。例如，28 的数根是 1，但它不是立方数。

$729 \Rightarrow 7+2+9 = 18 \Rightarrow 1+8 = 9$

$64 \Rightarrow 6+4 = 10 \Rightarrow 1+0 = 1$

$124 \Rightarrow 1+2+4 = 7$ ✗

还有哪些类型的整数？

数学家还研究了许多其他类型的整数。完全数指等于除该数本身之外的因数（真因数）之和的数。例如，6 是一个完全数，因为它能被 1、2 和 3 整除，而这些因数的和等于 6。盈数指除它本身之外的因数之和大于该数的数字，例如 12 和 30；亏数指除它本身之外的因数之和小于该数的数字，如 14。

数	真因数	真因数之和	类型
6	1，2，3	6	完全数
28	1，2，4，7，14	28	完全数
12	1，2，3，4，6	16	盈数（16 > 12）
30	1，2，3，5，6，10，15	42	盈数（42 > 30）
14	1，2，7	10	亏数（10 < 14）
7	1	1	亏数（1 < 7）

快乐数是指将这个整数的每一位数字平方后相加，得到的新数再重复这一过程，最后结果为 1 的数。

$13 \Rightarrow 1^2 + 3^2 = 1 + 9 = 10 \Rightarrow 1^2 + 0^2 = 1$ ☺

$$7 \Rightarrow 7^2 = 49 \Rightarrow 4^2 + 9^2 = 16 + 81 = 97 \Rightarrow 9^2 + 7^2 = 81 + 49 = 130 \Rightarrow 1^2 + 3^2 + 0^2 = 1 + 9 + 0 = 10 \Rightarrow 1^2 + 0^2 = 1$$ ☺

我们可以从因数和位数出发定义多种数。例如，哈沙德数是能够被各个数位上的数字之和整除的自然数。哈沙德数包括 100 以下的所有一位数与 10 的乘积，以及如 12（可以被 3 整除）和 195（可以被 15 整除）这样的数。

在本书的其他章节，我们还将讨论多边形数（见第 52 页）和斐波那契数（见第 47 页）。

对一个整数每一位数字的平方求和，对和重复这一过程而永远无法得到 1 的数叫作"不快乐数"

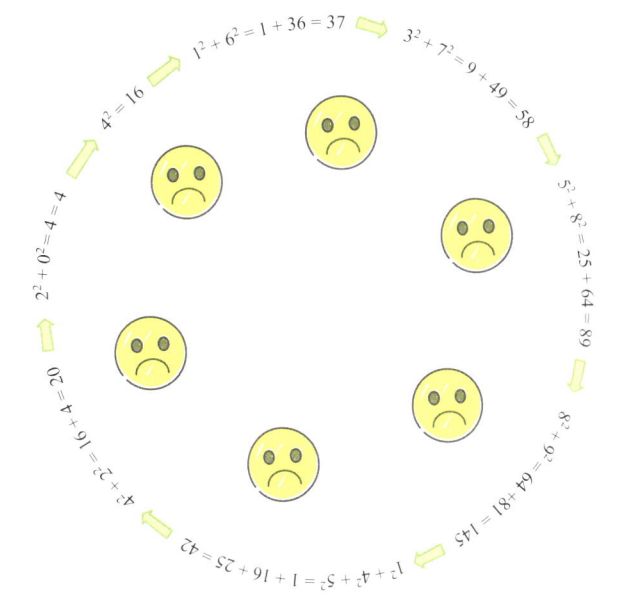

$1^2 + 6^2 = 1 + 36 = 37$
$3^2 + 7^2 = 9 + 49 = 58$
$5^2 + 8^2 = 25 + 64 = 89$
$8^2 + 9^2 = 64 + 81 = 145$
$1^2 + 4^2 + 5^2 = 1 + 16 + 25 = 42$
$4^2 + 2^2 = 16 + 4 = 20$
$2^2 + 0^2 = 4 = 4$
$4^2 = 16$

第 3 章 数的规律

数列

许多有用且有趣的整数类型构成了数列的一部分。数列是按照确定顺序排列的一列数，这些数共享某种属性，或者可以通过规则定义。描述这些数列有几种不同的方式，有些数列可以用多种方式定义。

数列由叫作"项"的单个数组成，定义数列的一种方式是给出第 n 项的通项公式。对第 1 项，$n=1$；对第 2 项，$n=2$，以此类推，然后将这个值代入通项公式得到数列。例如，我们可以定义数列 $50n$，其中第 n 项是 $50 \times n$，由此将得到数列 50，100，150，200，…。通过描述第 n 项的形式，我们可以定义像平方数这样的数列，其中第 n 项是 n^2；还有立方数的数列，其中第 n 项是 n^3。我们可以用 n 表示任何遵循确定模式的数列。

如果一个数列从第 2 项起，相邻两项的差等于同一个常数，我们称其为"等差数列"，例如数列 $50n$ 的每一项与前一项相差 50。在等差数列中，每一项可以通过加上或减去不为零的公差来从一项移动到另一项。

等差数列

数列	第 n 项
4, 8, 12, 16, 20, …	$4n$
3, 7, 11, 15, 19, …	$4n - 1$
4, 5, 6, 7, 8, …	$n + 3$
8, 6, 4, 2, 0, −2, …	$-2n + 10$

如果某一数列从第 2 项起，相邻两项之间的比值等于同一个常数（公比），即如果我们将每一项除以前一项，每次都会得到相同的值，则称这样的数列为"等比数列"。

我们可以将等比数列的每一项表示为第 1 项 a_1 乘公比的 $(n-1)$ 次幂。例如，如果每一项是前一项的 3 倍，则数列的每一项可以表示为 $a_1 \cdot 3^{(n-1)}$。

等比数列

数列	第 n 项
3, 9, 27, 81, 243, …	3^n
50, 500, 5 000, 50 000, …	5×10^n
0.5, 0.25, 0.125, 0.0625, …	0.5^n

平方数和立方数（见第 41~42 页）既不是等差数列，也不是等比数列，随着项数增加，相邻项之间的差越来越大，而比值越来越小。

有时候，通过给出第 n 项相对于前几项的公式来定义数列会更容易。例如，我们可以这样说：

$S_1 = 1; S_n = 2S_{n-1}$

这意味着数列的第一项是 1，第 n 项是前一项的两倍。因此，第 2 项是 2，接着是 4，以此类推。有时候，同一个数列可以用多种方式定义，如上述数列可以等价地定义为 $S_n = 2^n$。

在通过前一项定义数列时（叫作"递推数列"），重要的是要定义第一项及用来得到下一项的递推公式。有关递推数列的另一个例子，见第 47 页。

第 3 章　数的规律　45

理解极限

像上文这样的数列是无限的,即可以一直延续下去,因为我们总能找到更多的项。在研究数列时,数学家会考虑项数越来越大并趋向于无穷大时的情况。尽管项数永远不会达到无穷大,但我们有时可以在项数 n 趋向于无穷大时,确定一个我们称之为"数列极限"的值。

例如,通项公式为 $1/n$ 的数列由随着 n 的增大而越来越小的分数组成。尽管没有一个 n 的值可以使这个数列等于零,但它可以无限接近零。

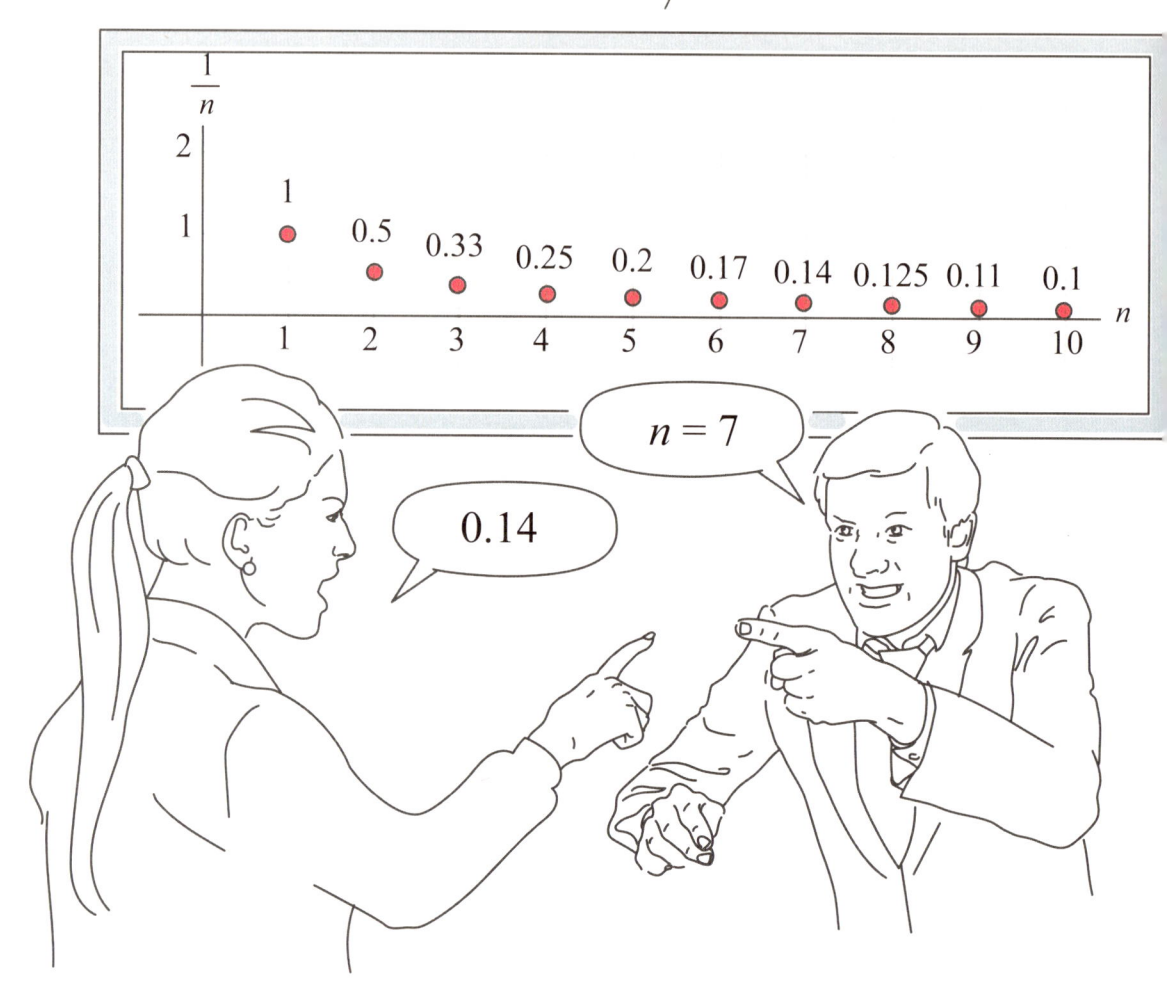

极限的定义涉及一种"较量":对你指定的任意小的距离,我都必须找到数列中的某一点,使得该点之后所有的项都比这个距离更接近极限。如果我总是能找到这样的点,就可以证明该值确实是该数列的极限。

斐波那契数列

递推数列中的每一项都依赖之前的项，其中一个重要的递推数列是斐波那契数列。该数列大约在公元前 200 年由印度数学家发现，并以意大利数学家莱奥纳尔多·斐波那契的名字命名，后者在 1202 年出版的著作《计算之书》中写到了这个数列。

斐波那契数列的前两项是 1 和 1，其他各项都是此前两项的和。

1, 1, 2, 3, 5, 8, 13, 21, 34, 55, 89, 144, ⋯

$3 + 5 = 8$

梵文诗歌

斐波那契数列与梵文诗歌有联系。梵文诗歌是用非常特定的音节模式编写的，每一行由短音节（一个拍子）和长音节（两个拍子）组成。人们研究这些结构，以回答类似"有多少种可能的四拍诗行"这样的问题。

5 拍：8 种方式

每行可能的音节模式的数量恰好就是斐波那契数列。如果想得到组成诗行长度为 n 拍的方式的数量，我们就会发现这个规律：选择一种长度为 $n-1$ 拍的可能诗行，在末尾加一个短音节；选取长度为 $n-2$ 拍的诗行，在末尾加一个长音节。

于是，每种长度的诗行的可能总数是前两个长度诗行的可能数之和。（我们可以从长度为 0 和 1 拍的情况开始，每种情况都有且仅有一种组合方式。）

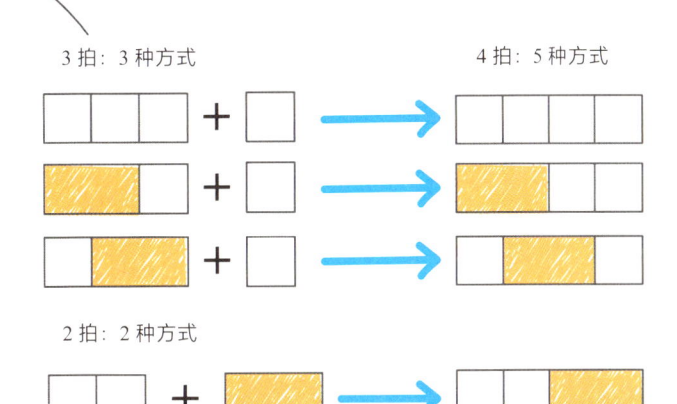

3 拍：3 种方式　　4 拍：5 种方式

2 拍：2 种方式

斐波那契的兔子

在研究兔子的繁殖模式时，斐波那契基于完全不同的背景发现了斐波那契数列。他设想了一种兔子繁殖的模型，其中每一代的每对成年兔子都会生下一对兔宝宝，而每一代的所有兔宝宝都会成熟为成年兔。

这意味着每一代兔子对的总数，等于上一代兔子对数加上上一代每对成年兔所生的一对新生兔宝宝。也就是说，这个数量等于前两代的兔子数量，因为它们现在都是成年兔。

黄金分割比

斐波那契数列不是等比数列，因为相邻两项之间的比值不同。然而，就许多数列而言，研究这些比值可以告诉我们数列会如何发展。以斐波那契数列为例，比值的数列会趋向一个极限。

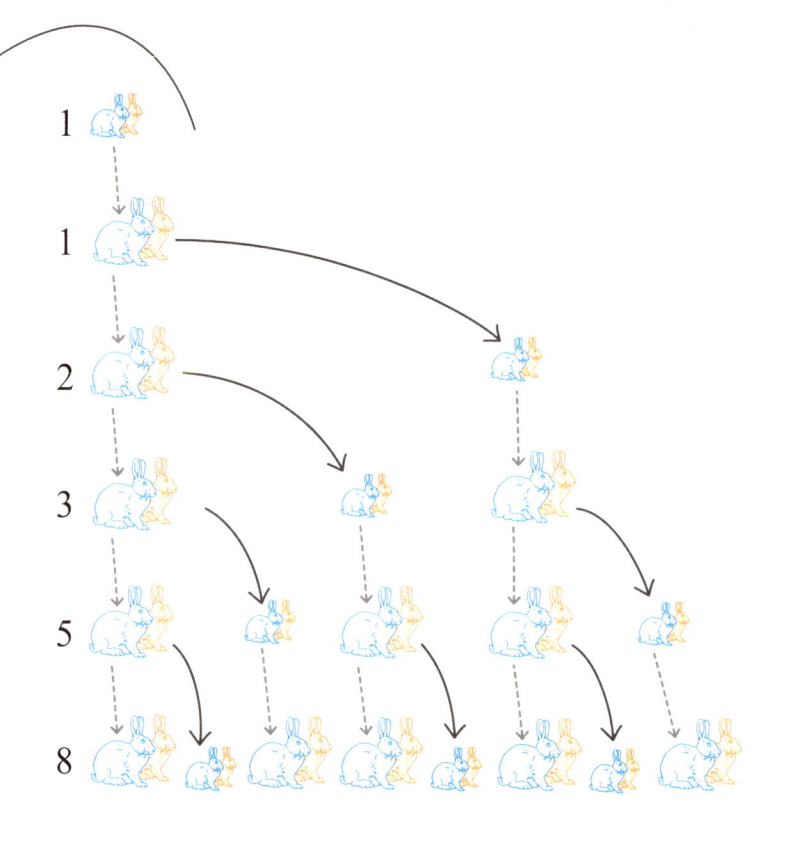

随着我们沿数列越走越远，这一比值越来越接近一个大约为 1.618 的固定值。这就是"黄金分割比"，精确的值是 $\sqrt{5}$ 与 1 之和除以 2。

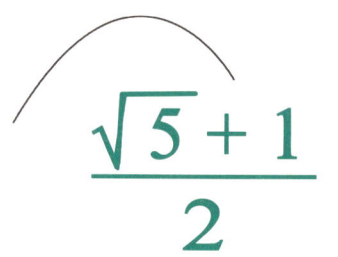

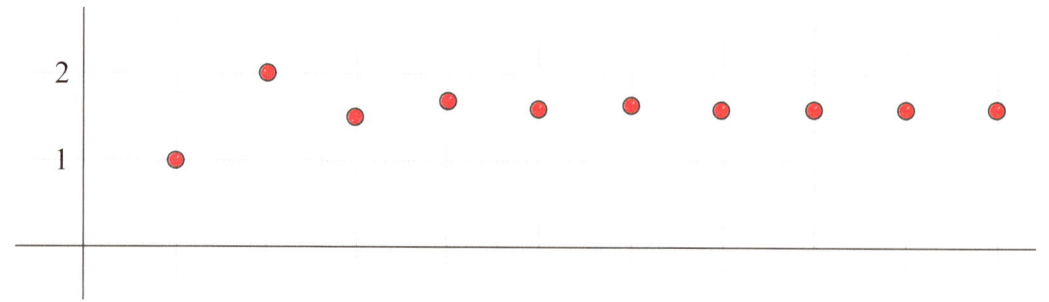

$$\frac{\sqrt{5}+1}{2}$$

通常，这个比值用希腊字母 φ 表示，其独特之处在于，φ（及它对应的倒数，表示为 $\frac{\sqrt{5}-1}{2}$）是一些非常优雅的方程的解（见第 65 页）。φ 还可以写成右侧这样。

$$1 + \frac{1}{\varphi} = \varphi \qquad \varphi + 1 = \varphi^2$$

$$\varphi = \sqrt{1 + \sqrt{1 + \sqrt{1 + \cdots}}}$$

在许多几何结构中也可以找到 φ，包括正五边形和五角星形。许多自然结构也进化出了黄金分割比，包括植物的花头与结籽部位的种子和鳞片的排列。你在观察向日葵花盘、松果甚至菠萝时，可以数一下向不同方向旋转的螺旋线数量，答案通常是斐波那契数列！

第 3 章 数的规律

用网格找规律

当数按网格排列时，其中的规律有时会更容易观察。无论数是沿直线排列，还是以更有趣的方式排列，当数对齐时，规律就会跃然纸上！

成行的数

让数按行排列，可以产生与列数相关的模式。例如，我们可以从右侧图中看到，在一个 10 列的网格中，首行的数会与个位数字相同的数对齐，例如 1、11 和 21 都在同一列。这是因为我们用的是十进制计数系统（见第 4 页）。

1	2	3	4	5	6	7	8	9	10
11	12	13	14	15	16	17	18	19	20
21	22	23	24	25	26	27	28	29	30
31	32	33	34	35	36	37	38	39	40
41	42	43	44	45	46	47	48	49	50
51	52	53	54	55	56	57	58	59	60
61	62	63	64	65	66	67	68	69	70
71	72	73	74	75	76	77	78	79	80
81	82	83	84	85	86	87	88	89	90
91	92	93	94	95	96	97	98	99	100

> 回想一下，平方数的个位数字必须是 1、4、5、6、9 或 0（见第 41 页）。右侧网格中用绿色标出了平方数，我们可以很容易地看出，所有平方数都位于个位数字为 1、4、5、6、9 和 0 的列中。

我们还可以看到数的因数规律。请回想第 38 页的埃拉托色尼筛法，即通过先找出较小的素数，再去掉该素数的所有倍数，从而留下被标出的素数。

在 10 列的网格中，偶数列中的数都是偶数，能被 2 整除，而任何在第 5 列或第 10 列中的数都会被 5 整除。这说明，第一行下方的这些列中不会出现素数。

1	2	3	4	5	6	7	8	9	10
11	12	13	14	15	16	17	18	19	20
21	22	23	24	25	26	27	28	29	30
31	32	33	34	35	36	37	38	39	40
41	42	43	44	45	46	47	48	49	50
51	52	53	54	55	56	57	58	59	60
61	62	63	64	65	66	67	68	69	70
71	72	73	74	75	76	77	78	79	80
81	82	83	84	85	86	87	88	89	90
91	92	93	94	95	96	97	98	99	100

这些列中之所以没有素数，是因为 2 和 5 是 10 的素因数。如果使用不同宽度的网格（比如 9 列），并标出素数，我们就会看到与网格宽度的因数对应的空列。

12 的因数包括 2、3、4 和 6，这些列在第一行以下没有素数；第 8 列、第 9 列和第 10 列同样如此，因为它们是 2 或 3 的倍数

9 有一个因数是 3，因此第 3 列及 3 的倍数列（第 6 列和第 9 列）的第一行下方都不包含素数

这些网格中的数的规律与我们将在第 200 页讨论的模运算有关。

由于 13 是素数，所以这一网格中的每一列都包含素数，只有第 13 列例外，该列的第一行下方不包含素数

螺旋中的数

我们也可以在一种叫作"乌拉姆螺旋"的网格中看到有趣的素数规律。1963 年，波兰数学家斯坦尼斯瓦夫·乌拉姆注意到，如果从一张纸的中心开始写整数，并沿着螺旋形慢慢向外伸展，素数会沿着图形的竖直、水平和对角线方向出现，形成一个优美的图样。网格越大，这个模式越清晰（见下图）。

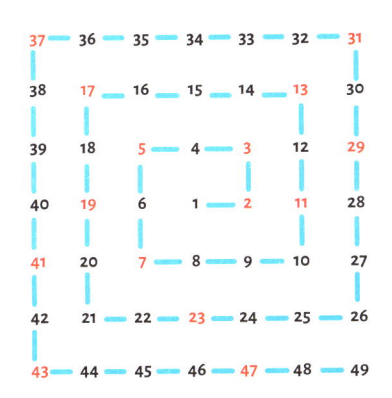

乌拉姆螺旋

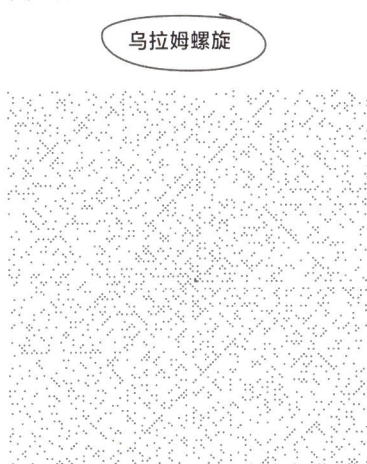

乌拉姆的观察与有关素数及其分布的深刻数学结果有关。人们就此发现了我们将在第 85 页讨论的多项式函数，它们可以产生短小的素数数列，与在乌拉姆螺旋中看到的线对应。进一步研究仍在继续，用以确定是否所有素数都可以通过这一方法产生。

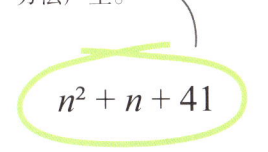

$$n^2 + n + 41$$

当 $n = 0 \sim 39$ 时，这一多项式都会生成一个素数。

第 3 章 数的规律

多边形数

我们讨论了平方数和立方数,以及如何将它们看作真实的正方形和立方体。但除了正方体和立方体,我们也用其他形状来命名数。

三角形数

三角形数是可以排列成等边三角形的数——第一行一个、第二行两个,以此类推,直到排列出所需的数量。前几个三角形数是 1、3、6、10、15、21、28,这些数可以看作连续数的和。

1	1 + 2	1 + 2 + 3	1 + 2 + 3 + 4	1 + 2 + 3 + 4 + 5
1	3	6	10	15

三角形数遵循一些有趣的规律。例如,三角形数的最后一位数字总是 0、1、3、5、6 或 8,而且三角形数要么是 3 的倍数,要么比 9 的倍数大 1。

三角形数还出现在许多问题的解答中,包括著名的"握手问题"。

如果房间里有 n 个人,每个人都与其他人握手,那么总共要握多少次手?

如果有两个人,那就只握手一次,这是第一个三角形数。如果有三个人,每个人都要与另外两个人握手,可以表示为 $3 \times 2 = 6$。然而,我们重复计算了握手的次数,因此握手总数为 $6 \div 2 = 3$,这是第 2 个三角形数。4 个人则需要握手 6 次,即第 3 个三角形数。对 n 个人来说,需要的握手次数将是第 $n-1$ 个三角形数。

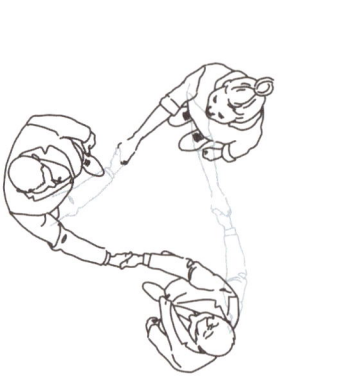

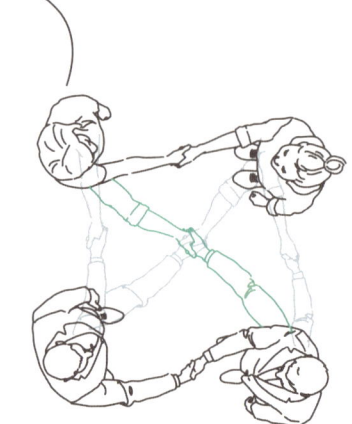

三角形数还可以描述连接计算机网络所需的电缆数量，或者在每支队伍都要与其他队伍比赛的体育循环赛中描述赛事总数。

三角形数的另一个有趣应用是在"懒人分饼"中：如果在一个圆形物体（如蛋糕或比萨）上做 n 次直线切割，你得到的最大份数会比第 n 个三角形数多 1。

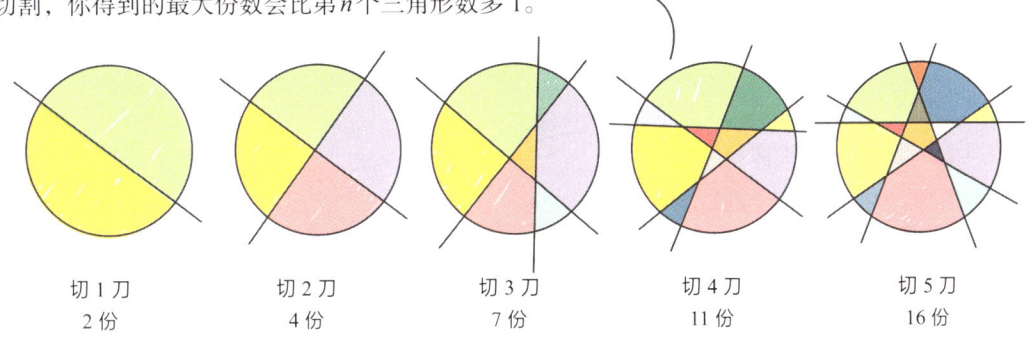

切 1 刀　　切 2 刀　　切 3 刀　　切 4 刀　　切 5 刀
2 份　　　4 份　　　7 份　　　11 份　　　16 份

有关如何利用这些数的三角形排列来理解其性质的更多内容，见第 125 页。

其他多边形数

如下图，如果第 n 个三角形数表示一个边长为 n 的等边三角形中的点的数量，而第 n 个平方数表示一个边长为 n 的正方形中的点的数量，那么将这一概念扩展到边数更多的形状似乎也很自然。

五边形数是可以排成正五边形的数，我们也可以类似地定义其他类型的多边形数。每种多边形数都有一个略有不同的计算公式：一旦给定 n 值，公式就会告诉我们第 n 个数是多少。随着边长的增加，每种形状都有一个与之相关的无限数列。

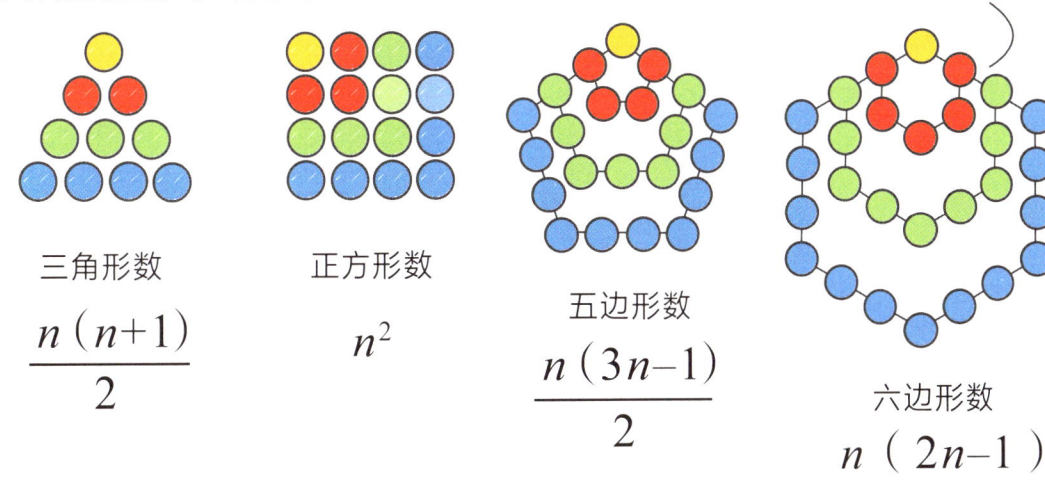

三角形数
$$\frac{n(n+1)}{2}$$

正方形数
$$n^2$$

五边形数
$$\frac{n(3n-1)}{2}$$

六边形数
$$n(2n-1)$$

第 3 章　数的规律

四面体数

我们还可以将这个概念向更高维度的形状扩展。我们已经知道立方数是平方数向三维空间的扩展。四面体是以三角形为底的金字塔,四面体数是三角形数在三维中的对应数,表示你可以在一个给定高度的四面体中堆积的球的数量。

1　　4　　10　　20　　35

四面体数有时也被称作"炮弹数",因为曾经人们会在船只甲板上把炮弹堆积成四面体。前几个四面体数是1、4、10、20、35、56、84、120、165、220,每个四面体数都是三角形数的和,因为四面体的每一层都呈三角形排列。

在歌曲《圣诞十二日》中,每一天,叙述者的爱人都会送给她越来越多的礼物,而且每天都会将前一天的所有礼物重复计入。这意味着叙述者每天收到的礼物数量是一个三角形数,而到目前为止收到的礼物总数是对应的四面体数。

$$第n个四面体数 = \frac{n(n+1)(n+2)}{6}$$

计算技巧

你可以在数和数列中找到许多规律，它们可以用来简化计算，帮助我们更快地得出答案，尤其是在心算时。

对算术计算，你可能有多种方法计算答案。例如，计算 17 + 19 时，你可以分别将十位和个位相加，再计算 20 + 16 的和。或者，你注意到 19 比 20 少 1，于是先计算 17 + 20，然后减去 1。

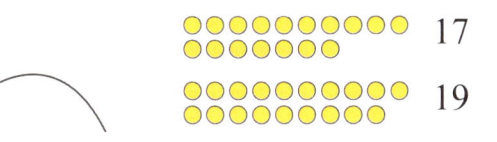

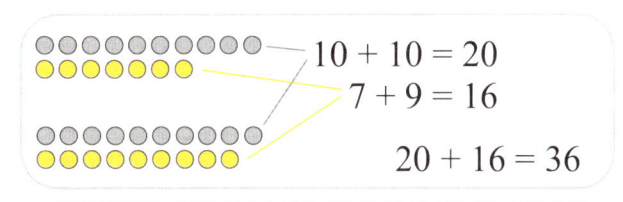

17
19

$10 + 10 = 20$
$7 + 9 = 16$
$20 + 16 = 36$

17
19
(20 − 1)

$17 + (20 − 1)$
$= 37 − 1 = 36$

32×5

$\dfrac{32 \times 10}{2}$

计算有多种方法，这意味着你可以选择你最喜欢的方式。每个人都会觉得某些计算方法比其他计算方法更容易。例如左图中的计算，你如果不喜欢乘 5，也可以选择先乘 10 再除以 2。

也有一些可以用来检查一个数是否能被另一个数整除的技巧，叫作"整除性检查"。

- 能被 2 整除的数以偶数结尾。

8 16
242

- 能被 5 整除的数以 5 或 0 结尾。

5 100
255

- 能被 3 整除的数，其各位数字的和是 3 的倍数。

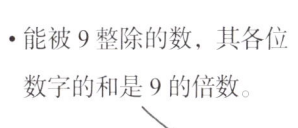

12 6
93 15
9
342

- 能被 9 整除的数，其各位数字的和是 9 的倍数。

9 9
81 243
27
999

第 3 章　数的规律　55

百分比绝招

或许，用百分数计算更具挑战性，尤其是计算某数的 4% 或 28%，而不是 50% 或 25% 时。百分比就是相对于 100 的一个比例：取一个数的 18% 就等于此数乘 $\frac{18}{100}$。更笼统地说，B 的 A% 就是 $\frac{A}{100} \times B$。但这里有一个巧妙的方法：

A% 的 B 等于 B% 的 A。举例来说，这就意味着，50 的 18% 和 18 的 50% 没有差别，结果都是 9。虽然这并不总是能让计算变得更容易，却是一个很有用的小技巧！

$$\frac{A}{100} \times B = \frac{A \times B}{100} = A \times \frac{B}{100}$$

减半与加倍

在乘法计算中，一个有用的技巧是减半和加倍：如果我们将其中一个数加倍，另一个数减半，最终会得到相同的结果。如右图所示：

$$168 \times 15$$
$$\downarrow \div 2 \quad \downarrow \times 2$$
$$= 84 \times 30$$
$$\downarrow \div 2 \quad \downarrow \times 2$$
$$= 42 \times 60$$
$$\downarrow \div 2 \quad \downarrow \times 2$$
$$= 21 \times 120$$

虽然得到的结果仍然是乘法运算，但其中的乘数可能比较友好，算起来不那么让人望而生畏。

立方根

求一个数的立方是将这个数乘自身两次。例如，$10^3 = 10 \times 10 \times 10 = 1\,000$。求立方根是相反的过程，给定一个数，要算出它的立方根通常比较困难（除非使用计算器）。但是，正如我们在第 42 页看到的那样，立方数有一个奇妙的规律，我们可以利用它很快地算出任何 1 000 到 100 万之间的完全立方数的立方根。

如果一个立方数在 10^3 和 100^3 之间，那么它一定是一个两位数的立方。为了确定这个两位数，我们需要分别考虑个位和十位的数字。以下是 1~9 的立方数，也是我们计算立方根所需的全部内容。

1^3	2^3	3^3	4^3	5^3	6^3	7^3	8^3	9^3
1	8	27	64	125	216	343	512	729

确定十位数，需要查看立方数中有多少个 1 000。$2^3 = 8$，那么 $20^3 = 2^3 \times 10^3 = 8 \times 1\,000 = 8\,000$；同样，通过 $7^3 = 343$，我们就能知道 $70^3 = 343\,000$，以此类推。对我们要确定的两位数的十位数字，立方数中 1 000 的个数都介于上述立方数列表中的两个立方数之间。例如，对 $75^3 = 421\,875$，1 000 的个数（421）在 343 和 512 之间。

所以，在寻找十位数时，先看看立方数有多少个 1 000，并找出它在立方数列表中哪两个数之间。例如，如果立方数整数部分千位以左的数字是 205，则因为该数在 125 和 216 之间，所以立方根应该在 50 和 60 之间，它的十位数字一定是 5。只要记住上面表格里的数据，我们就可以确定十位数字。

然后是找出个位数字。对此，我们可以利用立方数和立方根个位数的映射规律：如果立方数的个位数字是 1、4、5、6、9 或 0，则立方根的个位与此相同；如果立方数的个位数字是 2、3、7 或 8，则立方根的个位数字按照右图中的规律交换。

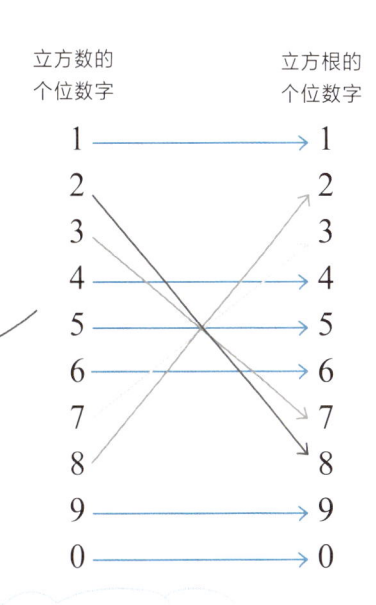

立方数的个位数字 　　 立方根的个位数字

1 → 1
2 → 8
3 → 7
4 → 4
5 → 5
6 → 6
7 → 3
8 → 2
9 → 9
0 → 0

27 < 50 < 64 → 十位数是 3

个位数是 3 → 与 7 交换 → 原数的个位数是 7

50 653 的立方根是多少？

37！

✓ 回顾

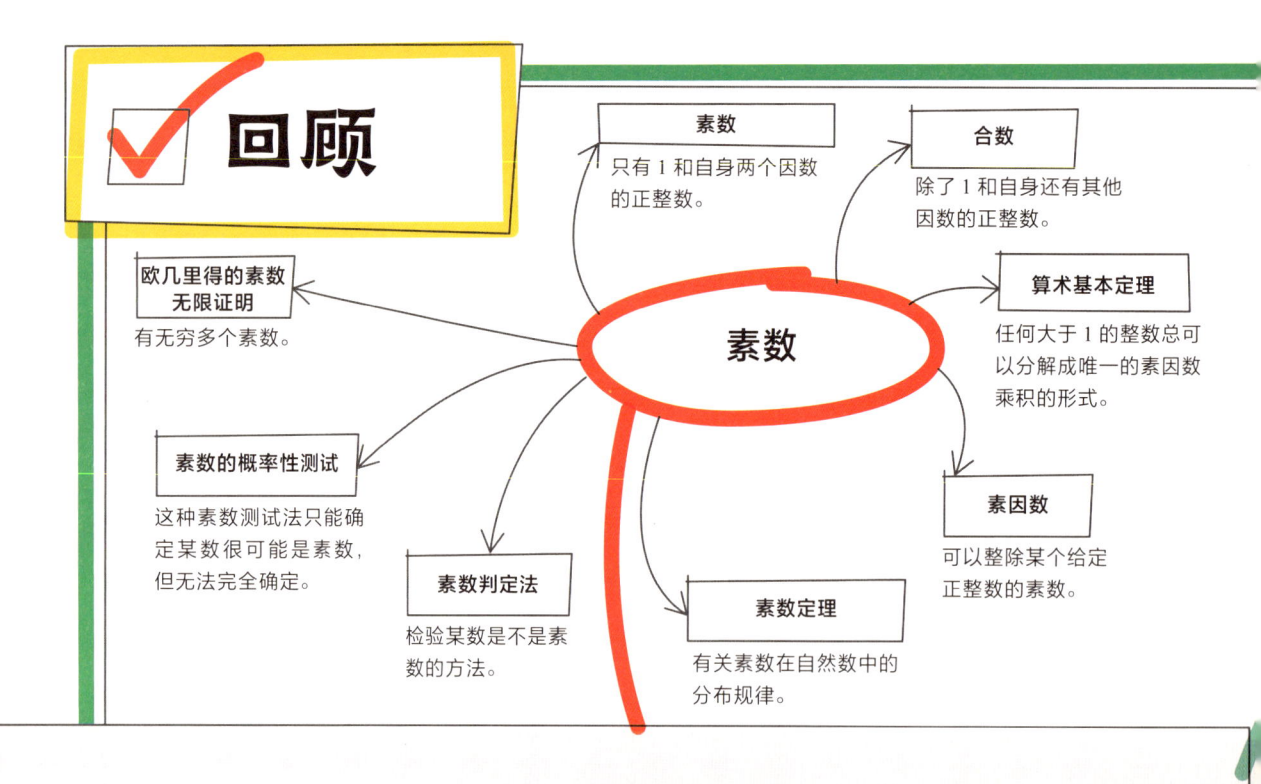

素数

- **素数**
  只有 1 和自身两个因数的正整数。

- **合数**
  除了 1 和自身还有其他因数的正整数。

- **欧几里得的素数无限证明**
  有无穷多个素数。

- **算术基本定理**
  任何大于 1 的整数总可以分解成唯一的素因数乘积的形式。

- **素数的概率性测试**
  这种素数测试法只能确定某数很可能是素数，但无法完全确定。

- **素因数**
  可以整除某个给定正整数的素数。

- **素数判定法**
  检验某数是不是素数的方法。

- **素数定理**
  有关素数在自然数中的分布规律。

数的规律

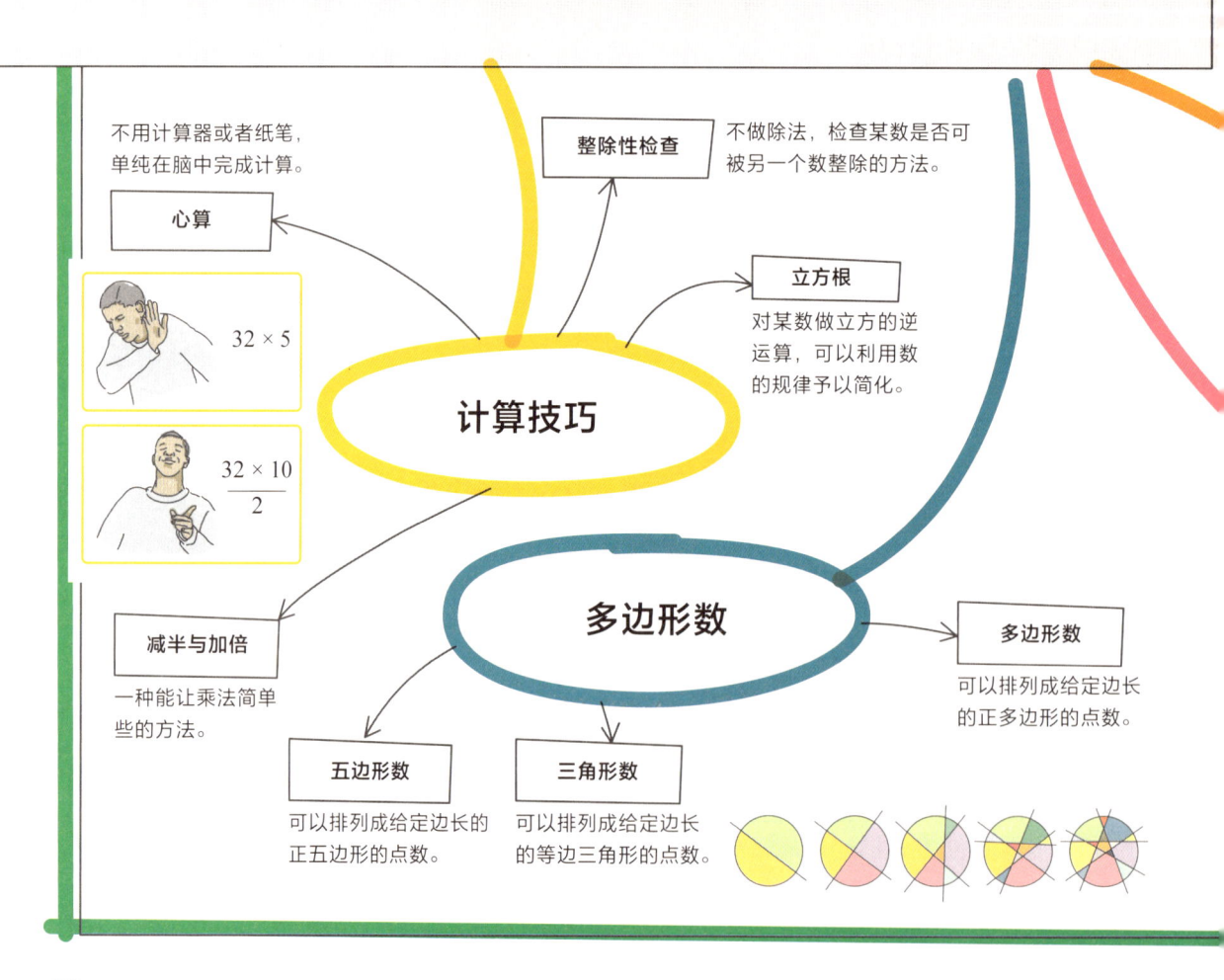

计算技巧

- **心算**
  不用计算器或者纸笔，单纯在脑中完成计算。

  32×5

  $\dfrac{32 \times 10}{2}$

- **整除性检查**
  不做除法，检查某数是否可被另一个数整除的方法。

- **立方根**
  对某数做立方的逆运算，可以利用数的规律予以简化。

- **减半与加倍**
  一种能让乘法简单些的方法。

多边形数

- **多边形数**
  可以排列成给定边长的正多边形的点数。

- **五边形数**
  可以排列成给定边长的正五边形的点数。

- **三角形数**
  可以排列成给定边长的等边三角形的点数。

58 图解代数

通过对整数做平方所得的数字。

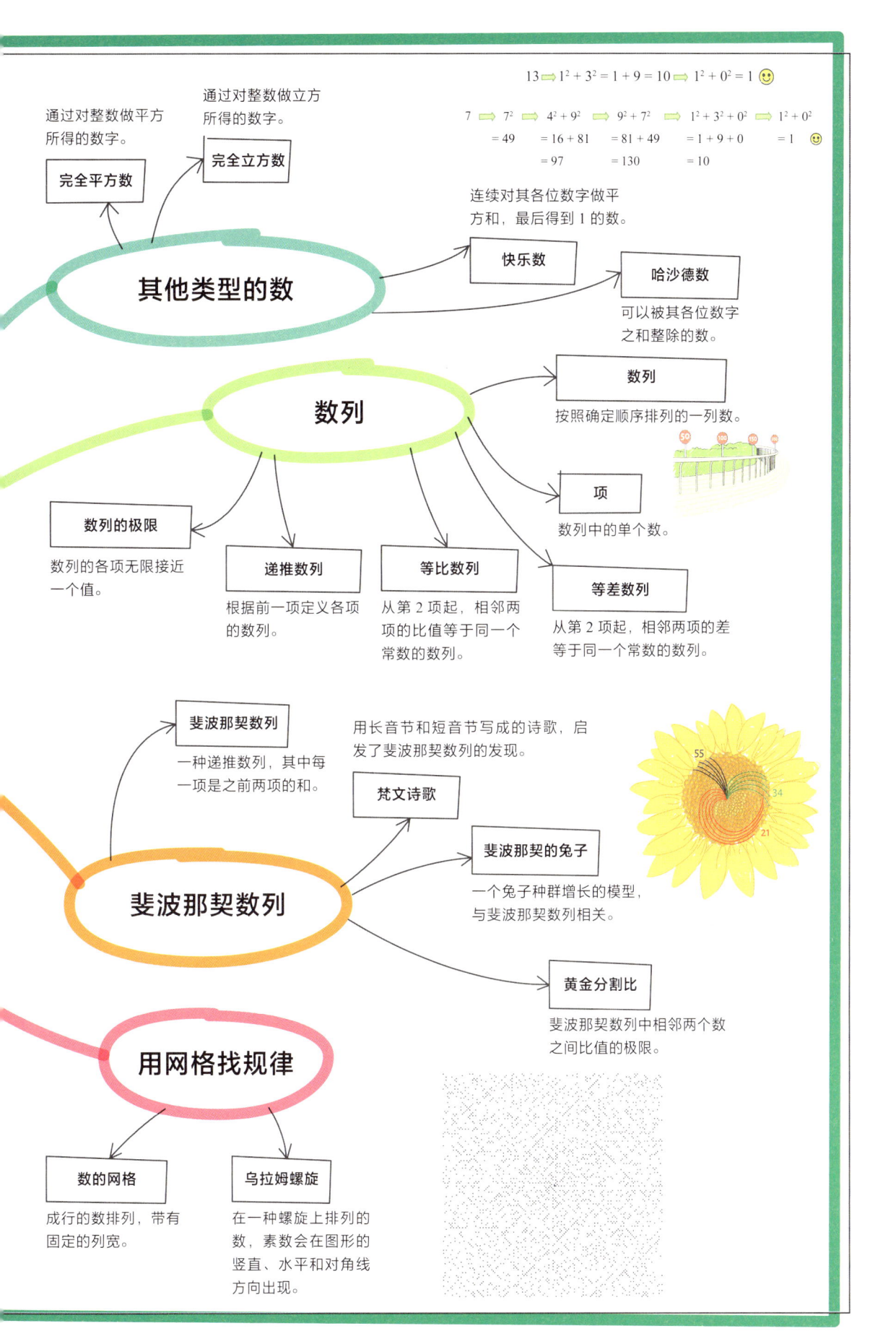

通过对整数做立方所得的数字。

完全平方数

完全立方数

$13 \Rightarrow 1^2 + 3^2 = 1 + 9 = 10 \Rightarrow 1^2 + 0^2 = 1$ ☺

$7 \Rightarrow 7^2 = 49 \Rightarrow 4^2 + 9^2 = 16 + 81 = 97 \Rightarrow 9^2 + 7^2 = 81 + 49 = 130 \Rightarrow 1^2 + 3^2 + 0^2 = 1 + 9 + 0 = 10 \Rightarrow 1^2 + 0^2 = 1$ ☺

其他类型的数

连续对其各位数字做平方和，最后得到 1 的数。

快乐数

哈沙德数

可以被其各位数字之和整除的数。

数列

数列

按照确定顺序排列的一列数。

项

数列中的单个数。

数列的极限

数列的各项无限接近一个值。

递推数列

根据前一项定义各项的数列。

等比数列

从第 2 项起，相邻两项的比值等于同一个常数的数列。

等差数列

从第 2 项起，相邻两项的差等于同一个常数的数列。

斐波那契数列

一种递推数列，其中每一项是之前两项的和。

用长音节和短音节写成的诗歌，启发了斐波那契数列的发现。

梵文诗歌

斐波那契的兔子

一个兔子种群增长的模型，与斐波那契数列相关。

斐波那契数列

黄金分割比

斐波那契数列中相邻两个数之间比值的极限。

用网格找规律

数的网格

成行的数排列，带有固定的列宽。

乌拉姆螺旋

在一种螺旋上排列的数，素数会在图形的竖直、水平和对角线方向出现。

第 3 章 数的规律

第 4 章

表示法和图表

对许多数学概念来说，如果我们能以清晰、明确且易于阅读的方式把它们写出来，就会更容易理解。数学符号表示法和图表让我们能够做到这一点。无论是表示数的不同方式、代数中描述数量关系的数学符号，还是用符号表示特定的数学函数，我们都有既定的方法来清晰、精确地表达想法。正确的数学符号和图表可以帮助我们更简洁地展示想法，并为我们提供将抽象概念可视化的方式。

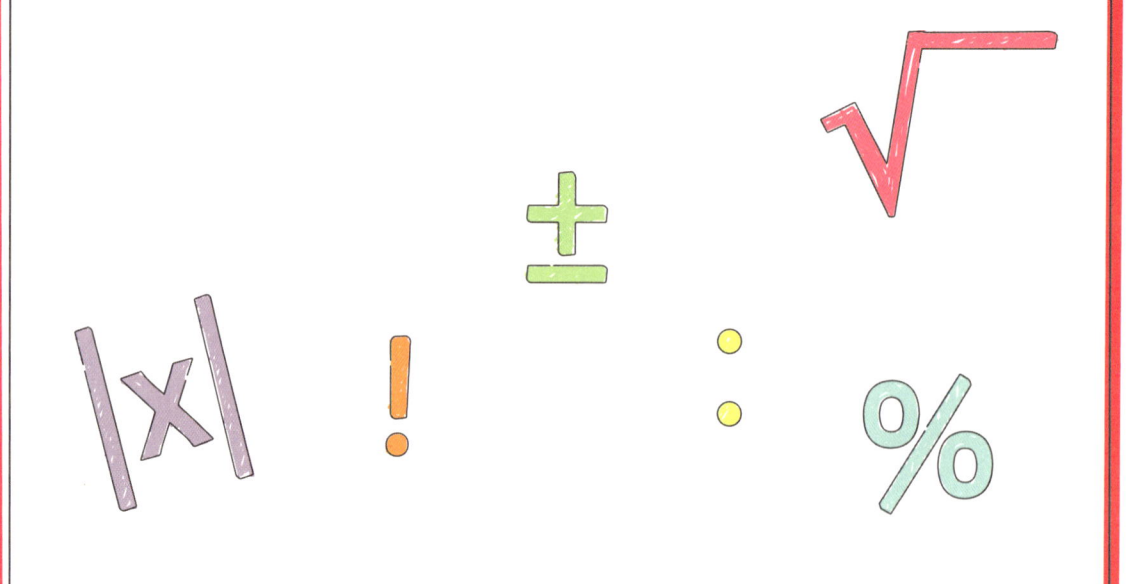

数的表示法

我们已经看到，可以使用任何进制的位值表示法来写数。但有时，其他书写数的方式也很有用，尤其是在数非常大或者非常小时。

科学记数法

在十进制计数法中，数中各数位表示其对应的 10 的幂。我们可以利用科学记数法，更简洁地表达数，无论它们是 100 万、10 亿，还是极小的数。科学记数法在科学和工程领域中用途极广，因为这些领域涉及的数往往极大（如太空中的距离）或极小（如原子的尺寸）。

举例来说，与其将 50 亿写成 5 000 000 000，我们可以更简洁地将其表示为"5 后面加 9 个 0"。于是，根据科学记数法，我们会把它写成 5×10^9。10^9 表示 10 的 9 次幂，即 1 000 000 000，我们用 5 乘这个数，就能得到 50 亿。

科学记数法也可以用来表示比 1 小得多的数。例如，可以把 0.000004 写成 4×10^{-6}，表示四百万分之一。

被乘 10 的幂的数应该在 1 到 10 之间，否则就会出现使用不同的 10 的幂表示同一个数的情况。例如，我们不能将 12 000 写成 12×10^3，而是应该写成 1.2×10^4。

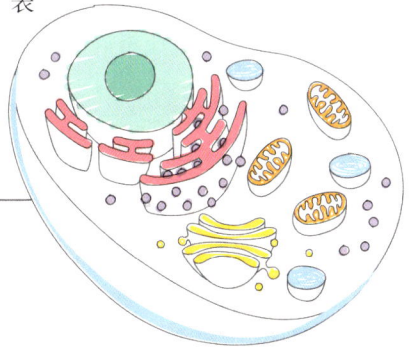

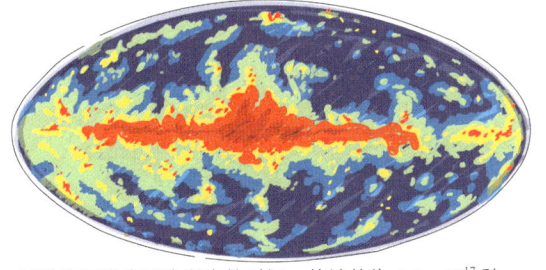

用秒表示宇宙诞生以来的时间，估计值为 4.3×10^{17} 秒

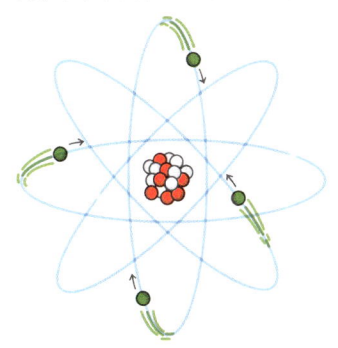

氧原子的半径约为 7.3×10^{-11} 米

普朗克长度：最小可测距离为 1.6×10^{-35} 米（未按比例绘图）

以科学记数法表示，人体内的细胞数量大约为 3×10^{13} 个

在本质上，科学记数法将一个数分解为 10 的幂与该数中重要数位上的数之积。于是，我们可以像十进制数的乘法一样，将科学记数法表示的数相乘。例如，要计算 $(4 \times 10^6) \times (6 \times 10^{-2})$，我们会先计算 $4 \times 6 = 24$，然后计算 $10^6 \times 10^{-2}$。在做底数相同的幂运算时，底数保持不变，指数相加：$6 + (-2) = 4$。因此，答案为 24×10^4，用科学记数法表示为 2.4×10^5。

第 4 章 表示法和图表 63

高德纳箭号表示法

数学家也开发了一些专门的表示法,可以用来以非常紧凑的方式存储特定值。高德纳箭号表示法由计算机科学家高德纳于1976年提出,用以表示非常大的数。这种表示法扩展了加法、乘法和乘方的概念,将其推向更高的层次。

让两个数相乘,就相当于让第一个数相加多次,次数由第二个数决定。

$$2 \times 4 = 2 + 2 + 2 + 2$$

类似地,把一个数的幂次设为另一个数,就相当于把底数相乘多次,次数由幂次决定。

$$2^4 = 2 \times 2 \times 2 \times 2$$

我们可以将这一过程延伸到下一个层次:迭代幂次是指将一个数以自身为底做幂运算,次数由幂次决定。有时可以通过将幂次放在数前来表示这一过程。

$$^4 2 = 2^{(2^{(2^2)})}$$

高德纳开发了一种使用垂直箭头来表示这一过程的符号形式:

- 单箭头表示幂运算,因此 $2 \uparrow 4$ 表示 2^4,即 $2 \times 2 \times 2 \times 2$。
- 双箭头表示迭代:$2 \uparrow \uparrow 2$ 表示 2^2,而 $2 \uparrow \uparrow 3$ 表示 $2^{(2^2)}$,$2 \uparrow \uparrow 4$ 表示 $^4 2 = 2^{(2^{(2^2)})}$。

利用箭头符号,我们可以很快地得出一些非常大的数:$2 \uparrow \uparrow 3$ 是 16,$2 \uparrow \uparrow 4$ 是 65 536,而 $2 \uparrow \uparrow 5$ 是一个 19 729 位的数。

在这种符号中,3个箭头代表超-5运算,即重复的迭代幂次:$2 \uparrow \uparrow \uparrow 4$ 表示 $2 \uparrow \uparrow (2 \uparrow \uparrow (2 \uparrow \uparrow (2 \uparrow \uparrow 2)))$,这就是一个幂塔,一个由 65 536 个 2 组成的多层塔,它的值大到难以想象!

代数式

我们在处理未知量时,代数允许我们使用符号(通常是字母)来表示它们,而不用具体的数值。这些符号可以组合成表达式,用于说明未知符号间的关系。

表达式

我们用"表达式"这个术语,表示数与代表未知数的代数符号(变量)的组合。

如果 x 是一个变量,则 $2x+3$、$x^2+\sqrt{x}$ 和 $5x-4$ 都是以 x 表示的表达式。我们可以在表达式中使用任意数量的变量,每个变量都有自己的符号(x、y、z 等),并通过加法、乘法等数学运算将它们组合成诸如 $2x$、$5y$ 或 $8xy$ 这样的项。项前面的常数叫作"系数"。

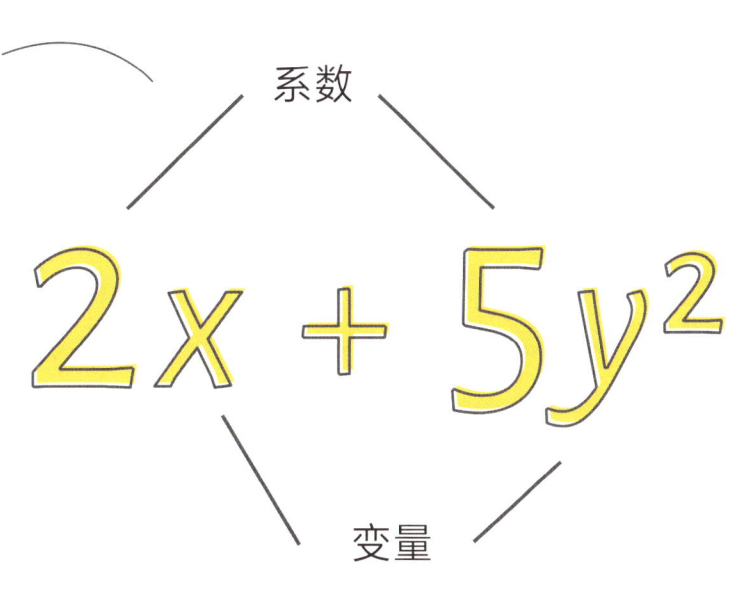

$$2x + 5y^2$$

系数

变量

多项式

多项式是由几个单项式(数或字母的积,例如 x^2、$4x^3$ 或 $150y^{73}$)组成的表达式。

多项式有许多有用的性质,可被用于描述各种现实世界的状况(有关示例见第 86 页)。

$$x^2 + 3x + 1$$

$$14a^6 - 37a^2 - 8$$

$$3y^4 - 2y^3 + 17y$$

第 4 章 表示法和图表 65

方程

取两个表达式并在它们之间加上等号，就是一个方程。这意味着等号两边的表达式具有相同的值，但这可能会限制每个未知数的取值范围。例如，如果有 $2x = 6$，我们就知道唯一满足这个方程的 x 值是 3。或者，如果知道 $x^2 = 4$，那么 x 一定是 2 或 –2。

包含多个未知数的方程，不一定会告诉我们 x 和 y 的具体值，却提供了有关它们之间关系的一些信息，例如 $2x = y$。一般来说，如果有 n 个未知数，只有存在着 n 个不同的方程来描述这些未知数之间的关系时，我们才能确定它们的值。

$$2x = 6$$

$$x^2 = 4$$

$$2x = y$$

我有 x 个苹果，你有 y 个苹果。

近似值

我们可以用约等号（≈）表示一个近似值。约等号两边的表达式近似相等，但不相等。如果你需要写一个小数部分很长的数，但只有几个数位的空间，约等号很有用处。例如，我们可以写 $\pi \approx 3.14$。

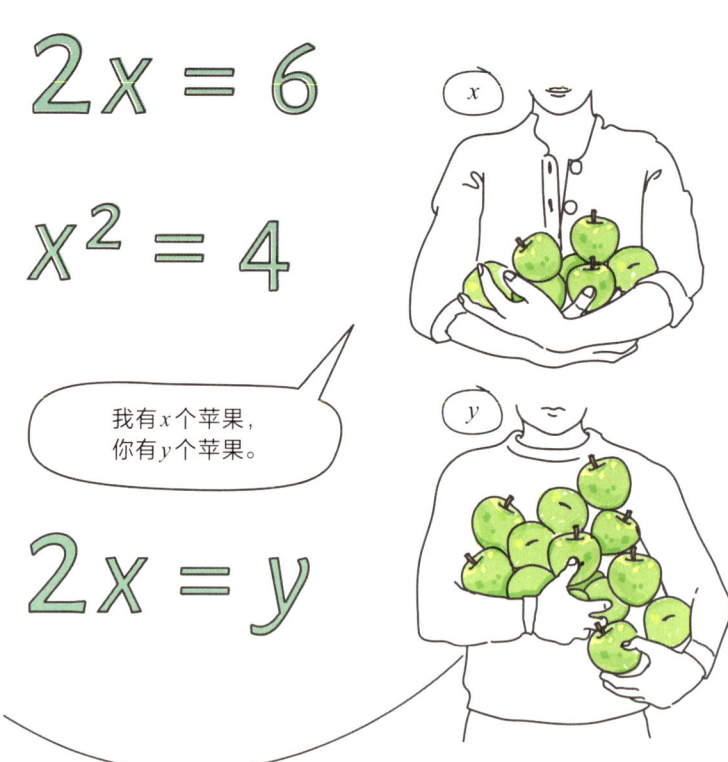

$$\pi \approx 3.14$$

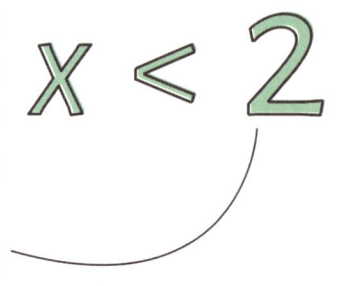

不等式

我们还可以在两个表达式之间放上大于号（>）或小于号（<），表示一个表达式的值大于或者小于另一个表达式的值。它们叫作"不等式"，通常会限制未知数的取值范围。例如，$x < 2$ 表示 x 小于 2。

不等式让我们可以描述未知数的取值范围。现实生活中的许多问题可以通过不等式系统来建模。例如，满足一组制造约束条件或者优化利润。未知数需要同时满足一组不同的条件。

$$x < 2$$

恒等式

我们还可以用两个表达式创建一个恒等式。恒等式与方程类似,通常也用等号连接,但有时我们会使用三横线的恒等号（≡）代替等号。

对恒等式来说,无论表达式中的变量如何取值,等式两边永远相等。例如,$2x = 6$ 是一个方程,而 $2x \equiv x + x$ 则是一个恒等式。

$$2x \equiv x + x$$

我们也可以创建恒等式,用于描述变量只能以固定方式变化的情况:如果我有 x 个三脚凳,则凳子腿的总数 y 永远遵循 $y \equiv 3x$ 这一规则。

通常,恒等式用于表达一般的数学规则。例如,我们在三角学中使用一系列恒等式,用以说明三角形的边长与其角度之间的关系。

在整个数学领域中,恒等式让我们能够用等价的表达式替换原表达式,从而更容易解决或理解特定问题。

x 个三脚凳将有 $y \equiv 3x$ 条腿

第 4 章 表示法和图表

数学符号

除了使用字母和多种不同形式的数来表示代数变量，数学家还用一系列符号来表达数学概念。其中一些符号广为人知，而另一些符号的用途则不太为人所知。

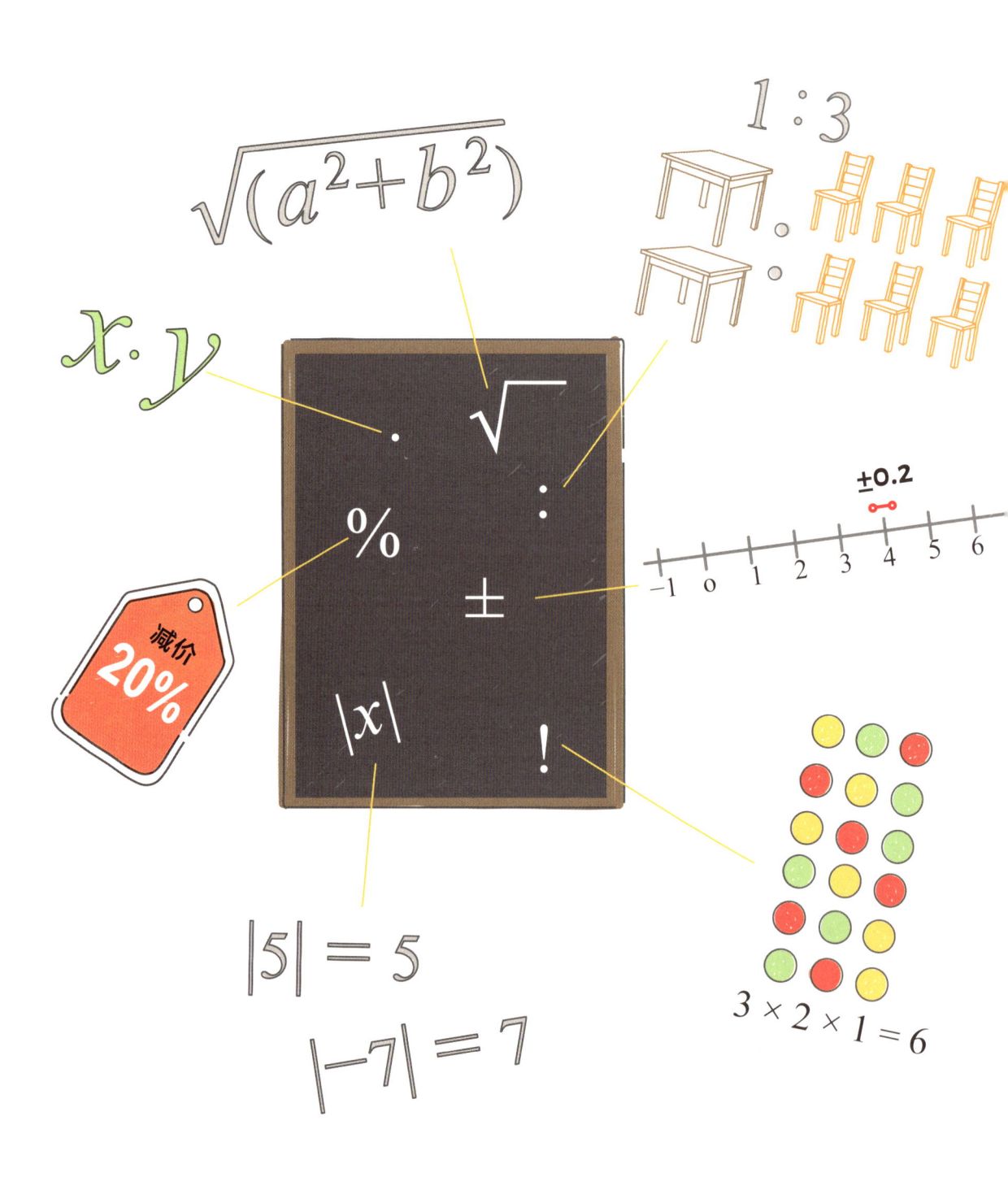

$\sqrt{(a^2+b^2)}$

$1:3$

$x \cdot y$

$\sqrt{}$

$:$

$\%$

减价 20%

$\pm$

±0.2

$|x|$

$!$

$|5| = 5$

$|-7| = 7$

$3 \times 2 \times 1 = 6$

$\sqrt{}$

平方根符号也称作"根号",表示对根号下方的表达式取平方根,也可用于表示立方根或更高次根(根号旁边带有较小的数字)。根号的横线可以延伸,覆盖整个被开方的表达式。

·

在数学中,小小的点有多种用途:
(1)表示小数点。
(2)在中间表示乘法,例如 $x \cdot y$。
(3)放在十进制小数数位上方表示循环小数(见第 6 页)。
(4)3 个点连在一起形成省略号,表示一个没有完全写出的序列。

∶

比号通常用来表示比,所以 3∶1 表示两个量之间有 3 比 1 的比例(有关比的更多内容,见第 7 页)。

%

百分号由一条短斜线与其两侧的两个零组成,表示占 100 的多大比例。百分比可用于描述比例关系、值的变化或比较数量。

!

用于表示阶乘,对数字 n 的阶乘,我们可以写成 $n!$(读作"n 阶乘"),表示 1~n 的所有整数的乘积。

随着 n 值增大,$n!$ 的值增长得非常快。阶乘用于研究排列,$n!$ 是以不同方式排列 n 个对象的种类数(有关阶乘的更多内容,见第 184 页)。

$|x|$

数两侧的竖线表示该数的绝对值,它能告诉你数的大小。从本质上说,是数轴上表示该数的点距离原点有多远,但这里不考虑数是正还是负。用绝对值表示数的大小或在数轴上与原点的距离。

$\pm$

正负号用于表示某个值是正数或负数。通常,这个符号用于取一个数的平方根时。由于 $(-2)^2$ 和 2^2 都等于 4,我们可以将 $x^2 = 4$ 的解写为 $x = \pm 2$。

这个符号也在统计学中表示置信区间,称加减号。如果知道某个测量值与精确值 4 相差不超过 0.2,可以将其写为 4 ± 0.2。

图解抽象概念

许多数学概念可以用图描述，尤以几何概念和形状为甚。统计学家还创建了优雅而清晰的图表来表示数据，并说明趋势与关系。图表也是简化与传达其他抽象概念的好方法。

维恩图

维恩图是著名的数学图表，以统计学家约翰·维恩的名字命名，可用于说明集合之间的关系。具有某种性质的对象被包含在一个圆中，具有另一种性质的对象被包含在另一个圆中，两个圆的重叠部分表示同时具有这两种属性的对象，该重叠区域就是两个集合的**交集**。

例如，一个圆表示红色事物的集合，另一个圆表示交通工具的集合，则交集中的事物都是红色的交通工具。这个图中有 4 个区域，代表 4 种可能的属性组合：消防车会被放在中间部分；红苹果放在左侧；蓝色汽车放在右侧；而绿色苹果则放在两个圆之外的区域，因为它既非红色也非交通工具。

如果有 3 种重叠属性，可以使用 3 个重叠圆的维恩图。如果有 4 种重叠属性，区域不能再是圆形的，因为无法在排列 4 个圆的时候让所有可能的组合都有自己的独立区域。幸运的是，我们可以使用椭圆形表示 4 种属性。至于更多的集合，就必须使用更复杂的形状。有关集合的更多内容，见第 127 页。

树状图

在研究概率（见第 105 页）时，经常会遇到有多种可能性的组合，从而产生许多可能结果的情况。例如，多次抛硬币会产生许多可能的结果。

这些结果可以利用树状图展示出来：我们在每个阶段列出分支及每个分支的概率，并沿着树状图的分支做计算，将它们的概率相乘来计算总概率。

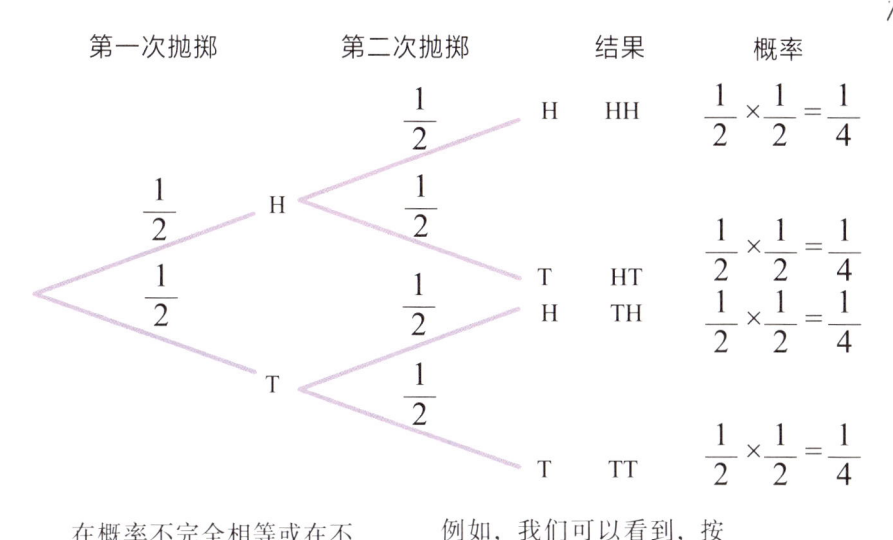

第一次抛掷	第二次抛掷	结果	概率
H (1/2)	H (1/2)	HH	$\frac{1}{2} \times \frac{1}{2} = \frac{1}{4}$
	T (1/2)	HT	$\frac{1}{2} \times \frac{1}{2} = \frac{1}{4}$
T (1/2)	H (1/2)	TH	$\frac{1}{2} \times \frac{1}{2} = \frac{1}{4}$
	T (1/2)	TT	$\frac{1}{2} \times \frac{1}{2} = \frac{1}{4}$

在概率不完全相等或在不同步骤之间有变化的时候，树状图可以帮助我们计算总概率。例如，一个袋子中装有 2 个红球和 3 个黄球，每次随机取出一个球后不放回袋子，树状图可以帮助我们追踪每个阶段的概率。下图显示了每次取球前袋中剩余的球，然后给出取出下一个球的可能结果。

例如，我们可以看到，按照图中显示的路径，先取出一个红球，然后取出一个黄球，再取出一个黄球的概率为 $\frac{2}{5} \times \frac{3}{4} \times \frac{2}{3} = \frac{1}{5}$。

第 4 章　表示法和图表

图论

许多抽象概念的图解方法都侧重于表示事物之间的联系,而复杂的关系网络可以通过一种叫作"图"的结构被可视化。

图论中的"图"是由直线连接的点组成的。图可以用来模拟现实世界的网络,比如道路图或计算机电路;也可以表示更抽象的联系,如社交网络或具有共同属性的对象之间的关系。我们称这些连接在一起的点为"顶点",连接线为"边"。

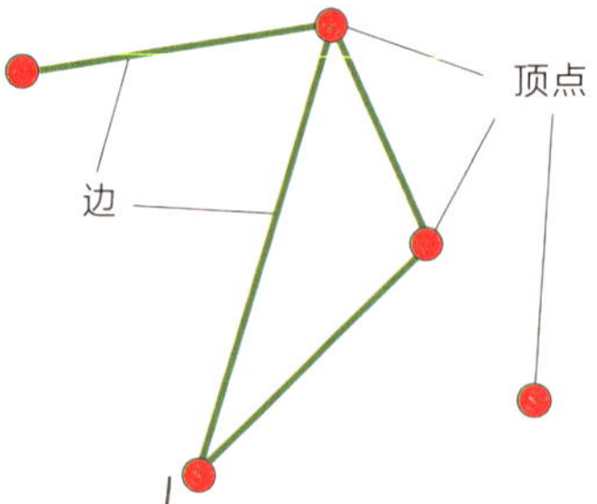

我们可以将图定义为顶点集和边集组成的数学模型。由两个顶点定义一条边,表示这两个顶点在图中是相连的。

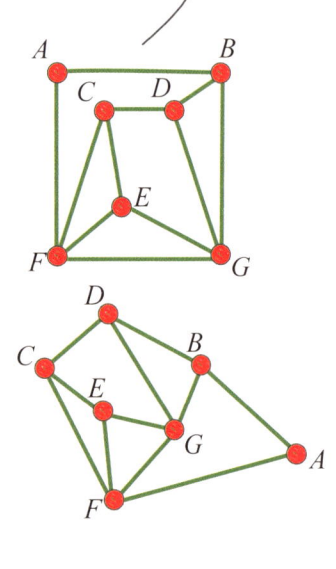

图的类型

某些类型的图有特定的名称:完全图是指包含 n 个顶点且所有顶点都有一条边相连,用 K_n 表示。图 K_3 是一个三角形;图 K_4 是一个正方形,且其对角线上的两个顶点通过边连接。

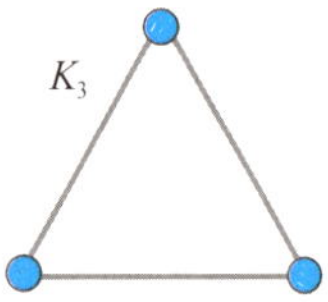

如果图可以分成两个互不相交的子集,且所有边连接的都是属于不同子集的顶点,我们即称其为"二部图"。完全二部图则是指两个子集的所有顶点都相互连接的图。我们用 $K_{m,n}$ 表示完全二部图,其中 m 和 n 分别是每个子集顶点的数量。

顶点	边
A	(A, B)
B	(A, F)
C	(B, D)
D	(B, G)
E	(C, D)
F	(C, E)
G	(C, F)
	(D, G)
	(E, F)
	(E, G)
	(F, G)

给定一组特定的顶点和边,我们会发现可能有多种绘图方式:同一网络可能会呈现出非常不同的两种图示。下面就是两个看起来不同的图,但它们有相同的顶点集,并且以相同的方式连接。

二部图的两个例子

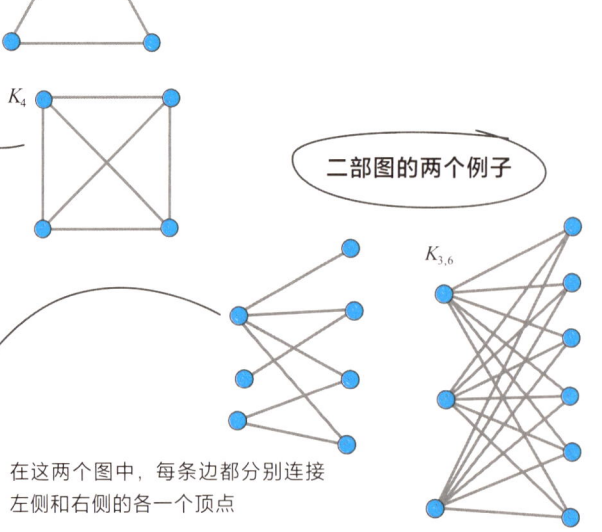

在这两个图中,每条边都分别连接左侧和右侧的各一个顶点

有些图可以绘制成边没有任何交叉的形式，这些图叫作"平面图"。非平面图则指无论如何绘制，都一定会有边交叉的图。典型的非平面图有K_5和$K_{3,3}$，它们的边至少会有一次交叉。因为K_5和$K_{3,3}$是非平面图，所以任何包含K_5或$K_{3,3}$的图必定是非平面图。

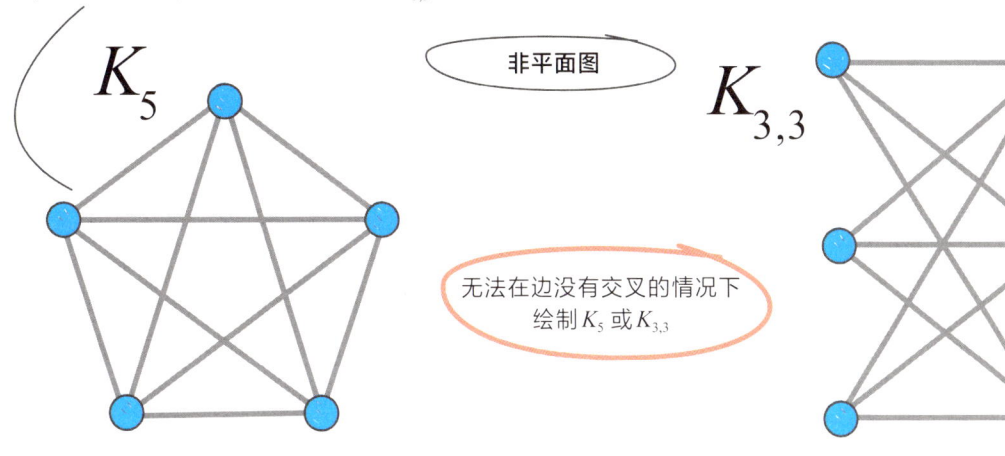

K_5

非平面图

$K_{3,3}$

无法在边没有交叉的情况下绘制K_5或$K_{3,3}$

图论问题

数学家莱昂哈德·欧拉研究图论，他面对的第一个问题来自普鲁士的柯尼希斯贝格市，该市包括两座小岛，有7座桥梁架设在流经市区的河流上。

当时，该市流行一个挑战，即要找到一种方法，能够在不重复任何路径或两次通过同一座桥梁的情况下走过7座桥并返回起点。欧拉到访柯尼希斯贝格市时得知了这一谜题，并用图论证明这一挑战是不可能成功的。

桥梁之间的距离和岛屿的形状与问题无关，因此我们可以将每块陆地视为一个顶点，将连接两座岛屿的每一座桥视为一条边。

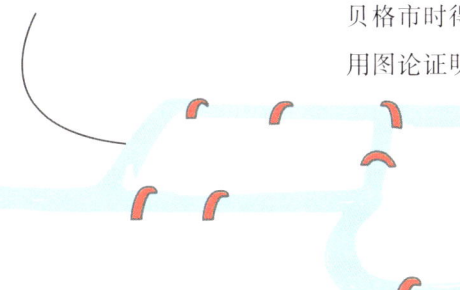

欧拉检查了每个顶点连接的边数。如果边数为偶数，则称之为"偶顶点"；如果边数为奇数，则称之为"奇顶点"。如果在不重复通过所有桥梁的情况下返回起点，每个陆地区域必须连接偶数座桥——因为每次进岛和离岛都需要通过两座桥。欧拉注意到，在柯尼希斯贝格市的情况中，所有区域都通过奇数座桥连接，这就说明永远无法在不重复路径的情况下走遍7座桥。

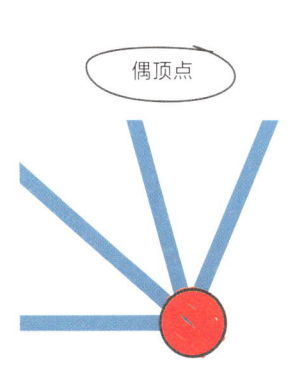

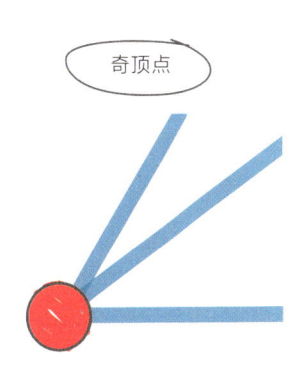

偶顶点

奇顶点

第4章　表示法和图表　73

现在，我们把所有顶点连接边数都是偶数的图称作"欧拉图"。如果刚好有两个顶点连接的边数是奇数，可以从一个奇顶点开始遍历全图，并在另一个奇顶点结束，我们称这种图为"半欧拉图"。

欧拉图

半欧拉图

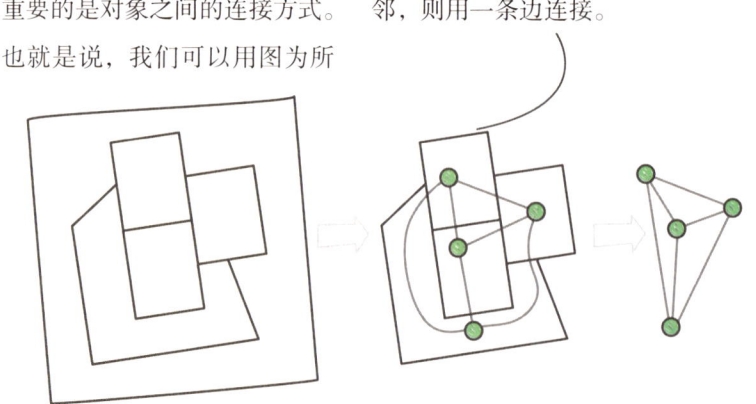

此处开始　　此处结束

另一个著名的图论问题是**公用设施问题**：给定 3 座房子和 3 种公用设施（天然气、电力和水），是否能在管道不出现任何交叉的情况下，绘出将所有房子与每种公用设施连接的管道？

或许你已经注意到，这就是之前提到的非平面图 $K_{3,3}$，它意味着公用设施问题无解。但在现实生活中，天然气管道可以从供水管道的上方或下方通过，所以谢天谢地，所有的房子都可以接上一切公用设施。

图着色问题

图论也是**四色问题**得以解决的一个重要因素。这个问题要求使用最少的颜色让图画相邻区域的颜色不同。

与七桥问题一样，着色区域的准确形状与大小并不重要，重要的是对象之间的连接方式。也就是说，我们可以用图为所有着色问题建模，用顶点表示每个区域，而如果两个区域相邻，则用一条边连接。

任何可以在平面上绘制的着色问题都可以建模为平面图，而事实证明，对任何平面图完成着色最多需要4种颜色。这是普遍适用的，无论图的形状如何，你永远只需要最多4种颜色，即可按要求完成图的着色。

确实可以构建需要全部4种颜色的图：任何被奇数个其他区域以环形包围的区域都无法用3种颜色着色，需要第4种颜色。这类洞见非常有用，我们可以将相同的思路应用到现实世界的问题中。

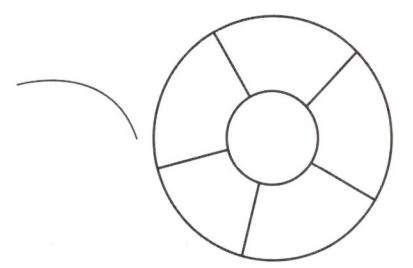

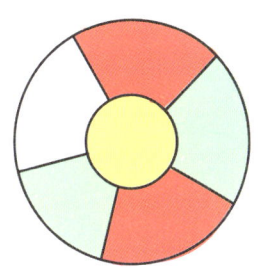

例如，如果我们想为一组大学生安排一系列考试，而这些大学生选修的课程组合各不相同，这时我们就可以用图来描述它们之间的关系，并利用我们对图着色问题的理解来解决问题。

用每个顶点代表一门课程，如果两门课程有共同的学生，则用一条边连接这两个顶点。然后，我们对图的顶点着色，使任何共享一条边的两个顶点颜色不同，则同颜色的课程可以安排在同一天考试，而不会发生冲突。

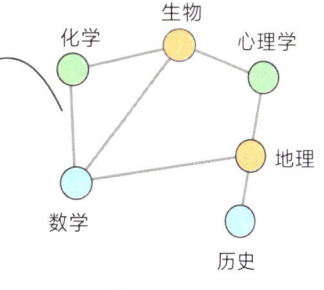

● 周一：数学，历史
● 周二：化学，心理学
● 周三：生物，地理

其他类型的图

如果我们想在图中呈现更多的信息，可用箭头而非线条连接顶点，以这种方式使用箭头会形成**有向图**，用以表示信息或物质只能以一个方向沿着边移动的网络。这种图可以用于为生物网络建模，如食物网（某些动物吃其他动物）或映射社交网络中的关注关系。

如果想在图中加入另一种信息，我们可以使用**加权图**，这种图的每条边都对应一个实数，叫作"权重"。于是，在为网络建模时，我们就可以让某些边具有更高的成本或不同的带宽。例如，每条边的权重可以表示距离，或者表示交通网络中某一段路程的行驶时间。这让我们可以为现实世界的交通路线建模，并得出从一地到另一地的最佳路线。

在为你提供路线规划时，卫星导航系统就是使用这种底层数学原理来选择最佳路径的。这些计算或许极为复杂，尤其是当网络规模变大时。更多相关内容，可阅读第186页的"旅行商问题"。

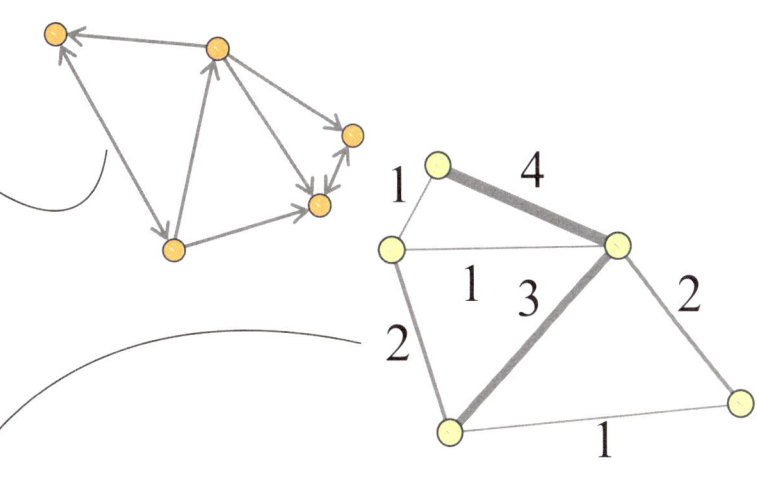

第4章 表示法和图表 75

✓ 回顾

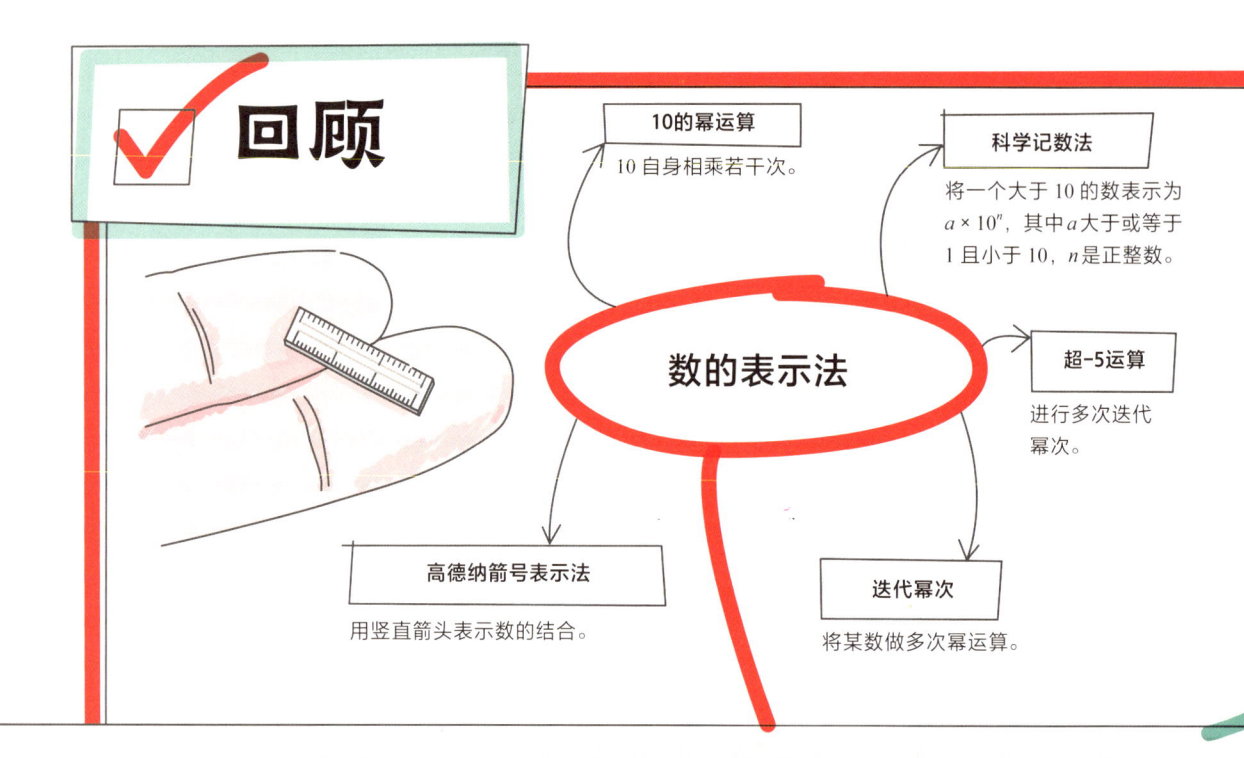

数的表示法

10的幂运算
10自身相乘若干次。

科学记数法
将一个大于10的数表示为 $a \times 10^n$，其中 a 大于或等于1且小于10，n 是正整数。

超-5运算
进行多次迭代幂次。

迭代幂次
将某数做多次幂运算。

高德纳箭号表示法
用竖直箭头表示数的结合。

表示法和图表

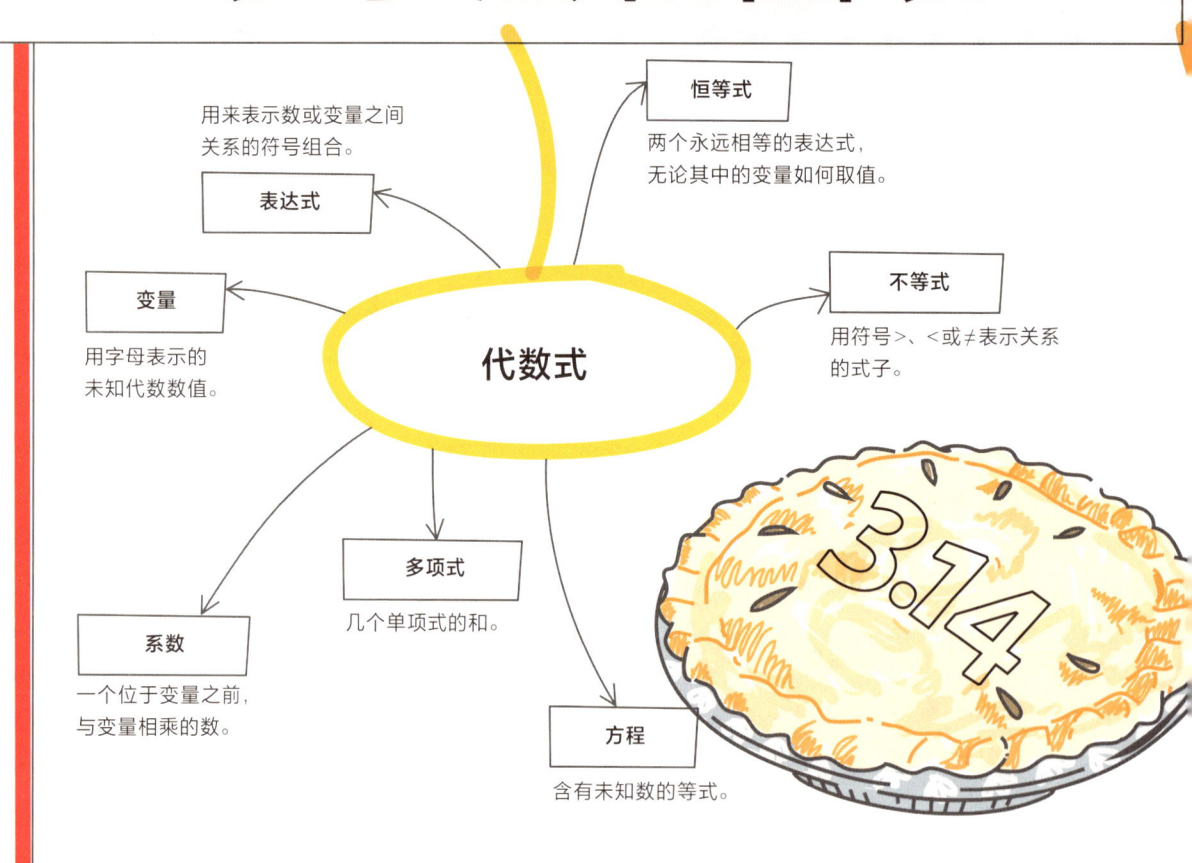

代数式

用来表示数或变量之间关系的符号组合。

表达式

恒等式
两个永远相等的表达式，无论其中的变量如何取值。

不等式
用符号 >、< 或 ≠ 表示关系的式子。

变量
用字母表示的未知代数数值。

多项式
几个单项式的和。

系数
一个位于变量之前，与变量相乘的数。

方程
含有未知数的等式。

76　图解代数

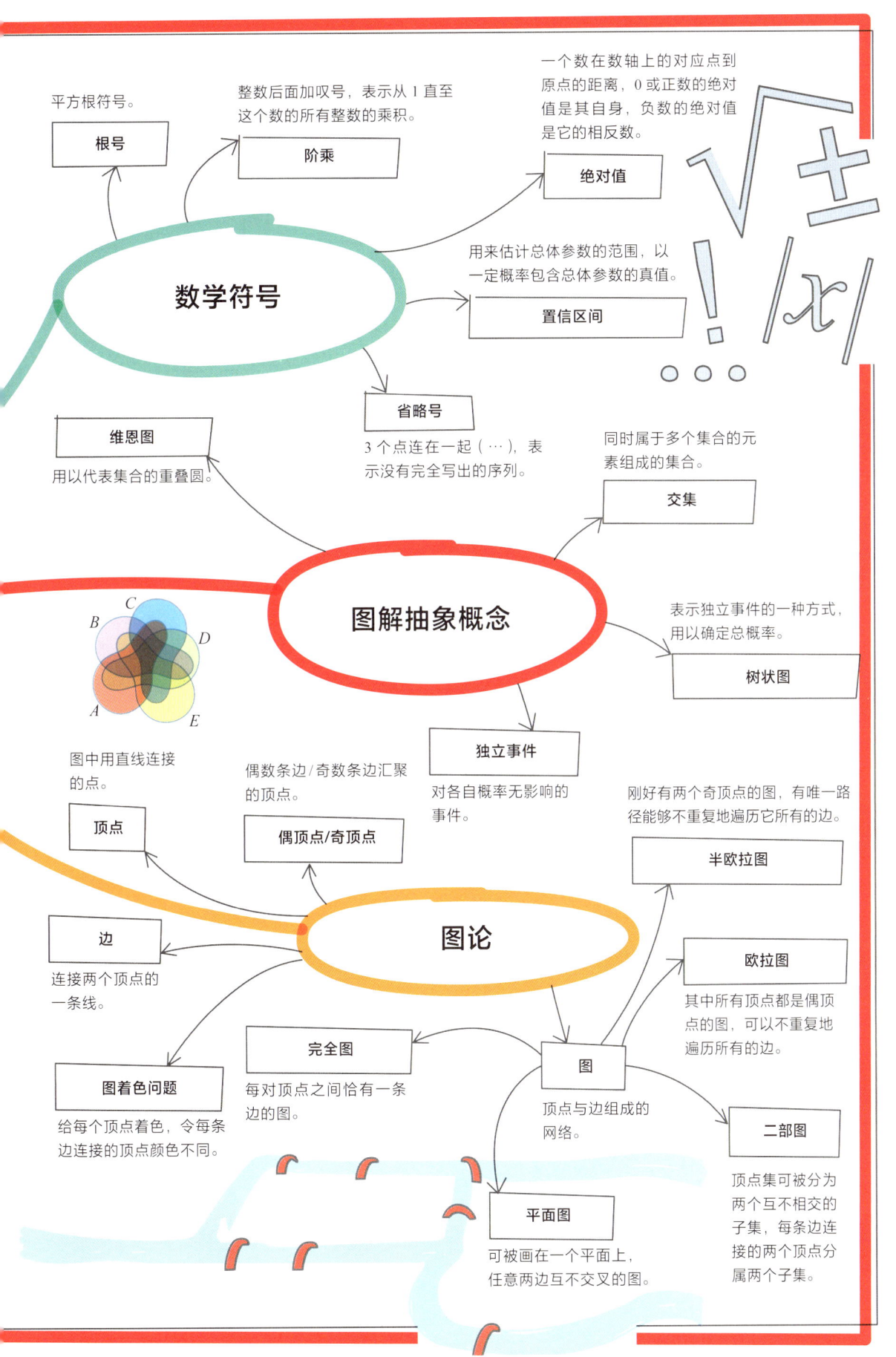

数学符号

- **根号**：平方根符号。
- **阶乘**：整数后面加叹号，表示从 1 直至这个数的所有整数的乘积。
- **绝对值**：一个数在数轴上的对应点到原点的距离，0 或正数的绝对值是其自身，负数的绝对值是它的相反数。
- **置信区间**：用来估计总体参数的范围，以一定概率包含总体参数的真值。
- **省略号**：3 个点连在一起（…），表示没有完全写出的序列。

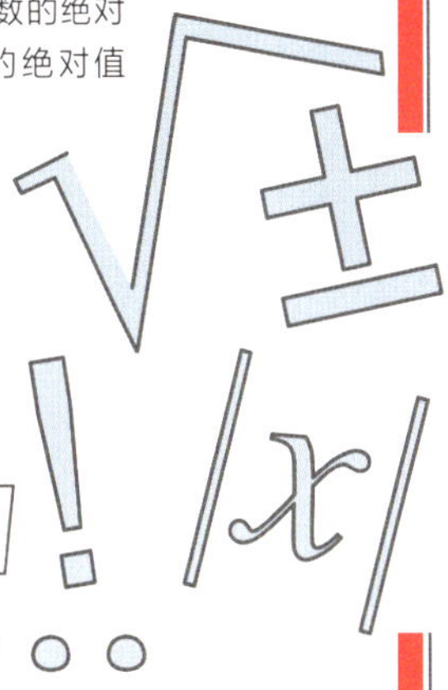

图解抽象概念

- **维恩图**：用以代表集合的重叠圆。
- **交集**：同时属于多个集合的元素组成的集合。
- **树状图**：表示独立事件的一种方式，用以确定总概率。
- **独立事件**：对各自概率无影响的事件。

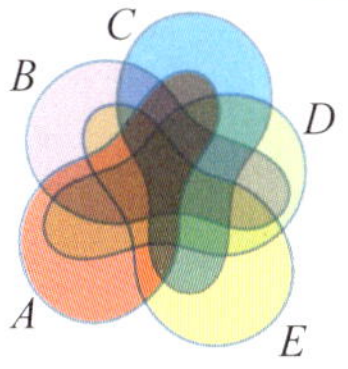

图论

- **顶点**：图中用直线连接的点。
- **偶顶点/奇顶点**：偶数条边/奇数条边汇聚的顶点。
- **边**：连接两个顶点的一条线。
- **图着色问题**：给每个顶点着色，令每条边连接的顶点颜色不同。
- **图**：顶点与边组成的网络。
  - **半欧拉图**：刚好有两个奇顶点的图，有唯一路径能够不重复地遍历它所有的边。
  - **欧拉图**：其中所有顶点都是偶顶点的图，可以不重复地遍历所有的边。
  - **完全图**：每对顶点之间恰有一条边的图。
  - **平面图**：可被画在一个平面上，任意两边互不交叉的图。
  - **二部图**：顶点集可被分为两个互不相交的子集，每条边连接的两个顶点分属两个子集。

第 5 章

算法和函数

函数是数学中的一个重要概念。函数按照特定模式接收输入并给出唯一输出。一个与函数相关的概念是算法，它提供一组从给定输入直到创建输出的指令。数学家研究输入值变化时函数的行为方式，并根据不同的用途将函数分类。

$f(x) = 2$

$f(x) = \sin$

$a + bx + cx^2 + dx^3 + \cdots$

$2x + 4$

$x^2 - 15x + 4$

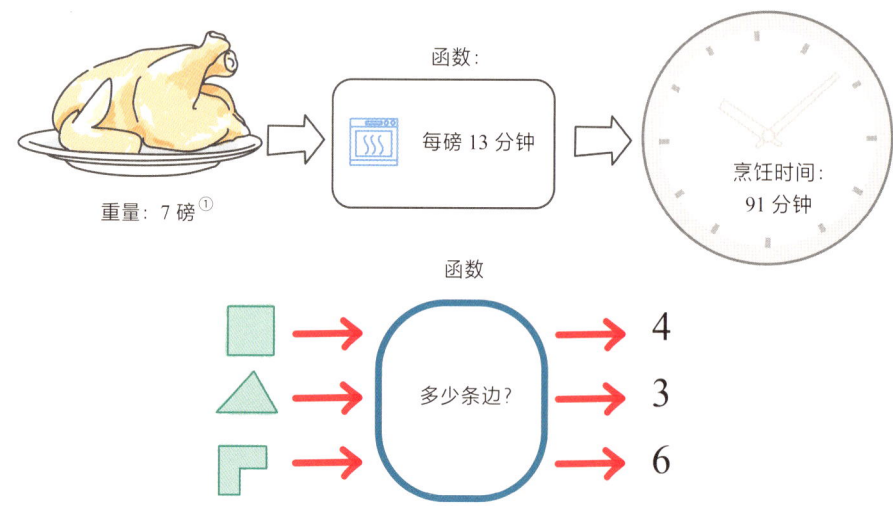

重量：7 磅① → 函数：每磅 13 分钟 → 烹饪时间：91 分钟

函数

■ → 多少条边？ → 4
▲ → 多少条边？ → 3
⌐ → 多少条边？ → 6

---

① 1 磅 ≈ 0.454 千克。——编者注

什么是函数？

函数表示每个输入值（自变量）对应唯一输出值（函数值）的一种对应关系。为定义一个函数，我们需要考虑可能的输入范围，以及对它产生的输出类型的期望。我们主要考虑涉及数的函数，但函数可以定义在任何类型的对象上。

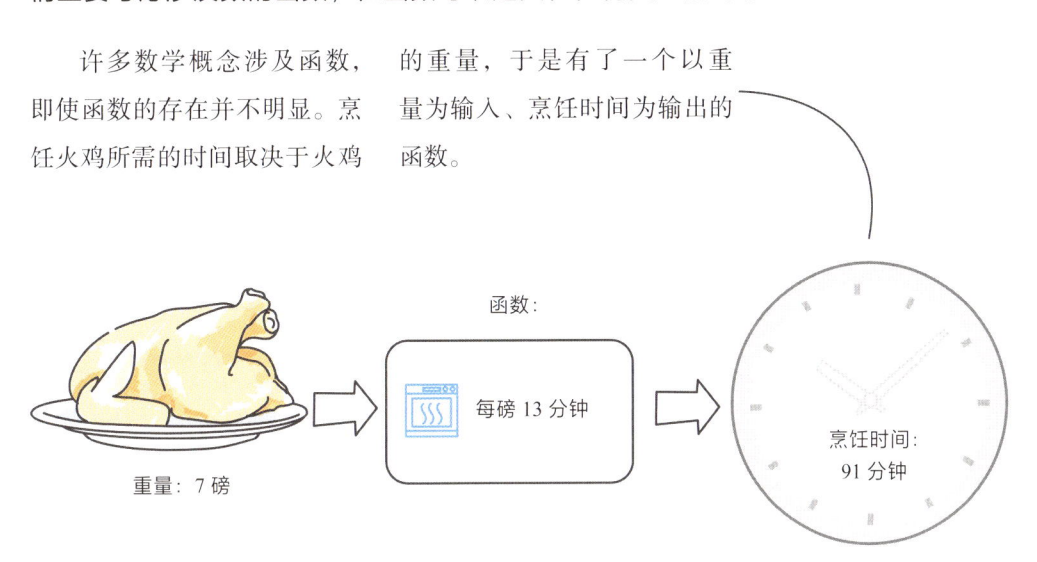

许多数学概念涉及函数，即使函数的存在并不明显。烹饪火鸡所需的时间取决于火鸡的重量，于是有了一个以重量为输入、烹饪时间为输出的函数。

函数：每磅 13 分钟

重量：7 磅

烹饪时间：91 分钟

通常，我们用自变量定义函数：如果输入是 x，输出是什么？我们可以用 f 代表一个函数，并将其应用于括号中的输入值：$f(x)$；然后将其作为方程的一部分，定义函数执行的实际运算。例如，$f(x) = 2x$ 是一个函数，它会将输入的任何数加倍。我们说，$f(x)$ 将 x **映射**到 $2x$。

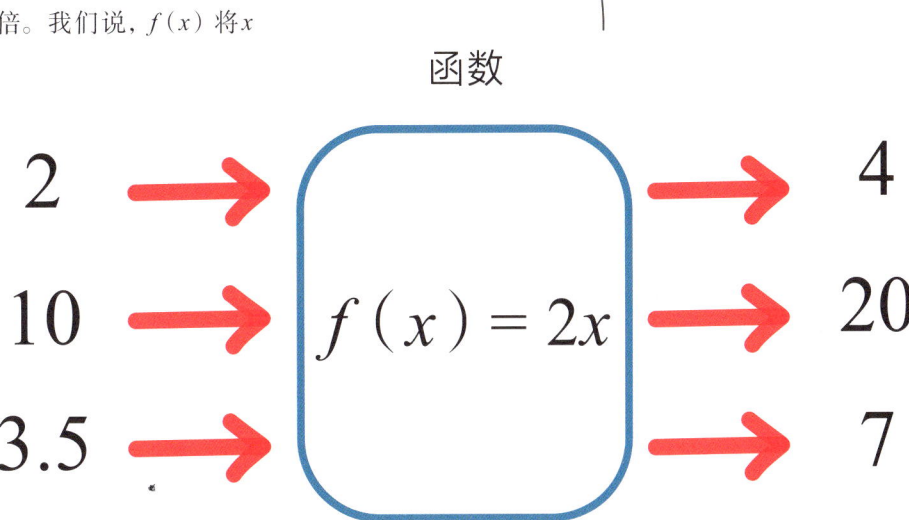

函数

$f(x) = 2x$

2 → 4
10 → 20
3.5 → 7

第 5 章 算法和函数

定义函数

对任何函数，我们可以指定可能的输入值集合，即函数的**定义域**；以及可能的输出值集合，即函数的**陪域**。例如，我们可以定义$f(x) = 2x$，令其仅接受整数输入，也仅输出整数。在定义函数时，我们可以指定定义域与陪域都是整数集合。

某些函数不能达到陪域中的所有值。对仅接受整数输入的$f(x) = 2x$，函数的值域（函数实际输出的所有可能的函数值）仅为偶数整数。如果以不同的方式定义函数，允许输入有理数（如3.5），我们也可以得到奇数，比如7（其实可以得到任何有理数）。有关定义域、值域和陪域的更多内容，见第83页。

函数不一定应用于数。我们可以就多边形的集合定义一个函数，它将每个多边形映射到表示其边数的整数，即一个为边计数的函数。

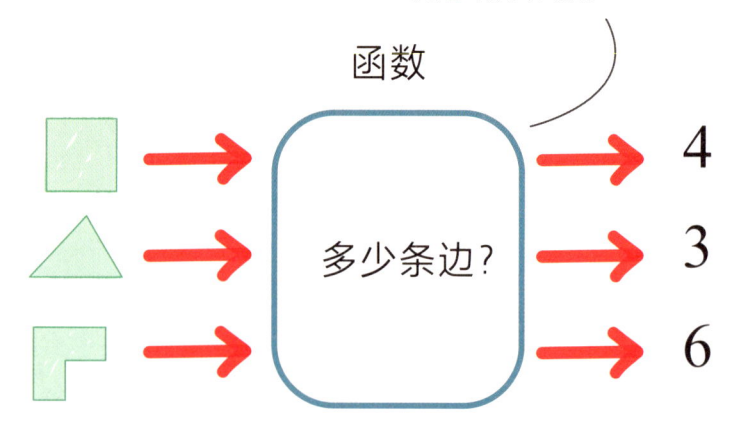

函数的应用

对一个函数做逆运算，可以创建一个**反函数**，将函数的输出映射返回输入。函数需要具备某些特定性质才能实现这点（见第83页），但上面提到的函数$f(x) = 2x$可以做逆运算，得到一个减半函数，写作$f^{-1}(x) = \frac{x}{2}$。

将这两个函数组合起来，即"将一个函数代入另一个函数"，会得到一个无任何作用的**恒等函数**$f(x) = x$。

函数的一个有趣例子是反比例函数：$f(x) = \frac{1}{x}$。这个函数是其自身的反函数，因为对一个数应用两次该函数，会回到原始数。

这个函数接收实数输入，但并非所有实数都适合作为这个函数的输入。我们不能用零，因为$\frac{1}{0}$的值是未定义的。如果某个函数定义域内的每个值都在值域内有唯一的映射，即用术语"良定义"来描述该函数。

反比例函数在实数上不是良定义的，但我们可以将其定义域设为去掉零后的实数集。对接近零的输入值，这个函数会给出一个非常大的输出值，但当输入值恰好为零时，我们无法定义函数的值。该函数的图象见第97页。

$$f(5) = \frac{1}{5} \qquad f\left(\frac{1}{5}\right) = \frac{1}{\frac{1}{5}} = 5$$

函数的类型

输入变化时，函数输出的对应变化叫作"函数的行为"。在研究函数时，将它们根据行为分类是很有用的。通过考虑输入和输出之间的关系，我们可以确认几种重要的函数类型。

一对一函数

如果某个函数的每个输入值对应唯一的输出值，即没有任何输出值对应多个输入值，我们便称其为**一对一函数**或单射函数。定义域为整数的函数 $f(x)=x+1$ 和 $f(x)=2x$ 就是这种函数。

如果可能的输出集合大于输入集合，或者二者都是无限大的，则函数可能是一对一的，但陪域中仍然存在未被任何输入值映射到的输出值。例如，如果我们的输入和输出都是正整数，则在正整数中，$f(x)=x+1$ 没有输入值会映射到 1 上。

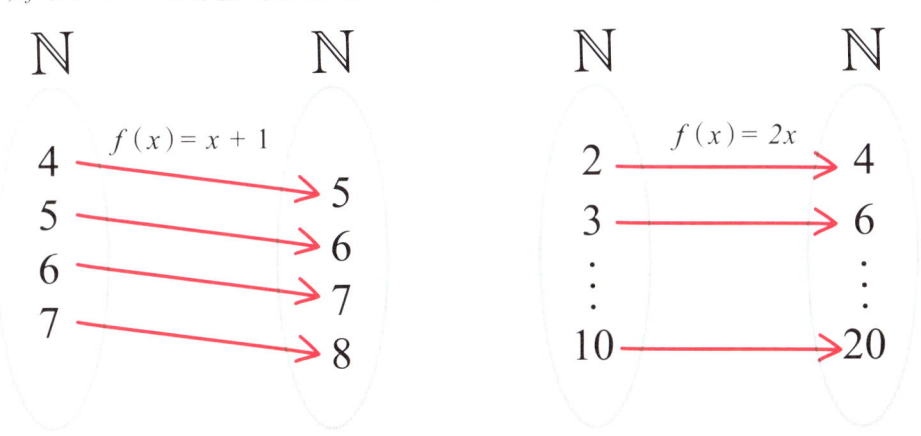

满射函数

如果陪域，即被映射到的集合中的每个元素都会被定义域中的至少一个元素映射到，则称该函数是**满射**的，或者说它是**满射函数**。直观地说，这就意味着，对任何特定的输出，我们总能找到至少一个输入，使函数产生该输出。也就是说，该函数的值域完全覆盖陪域。

满射并不意味着映射是唯一的，可能有两个输入值映射到同一个输出值上。这种现象可能发生在输入集合大于输出集合，或者两个集合都是无限的情况下。

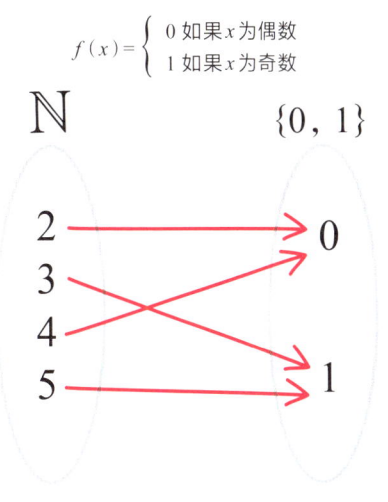

例如，我们可以定义一个函数 $f(x)$，按照偶数映射到 0、奇数映射到 1 的规则，将整数映射到集合 {0, 1} 上，

$$f(x) = \begin{cases} 0 & \text{如果 } x \text{ 为偶数} \\ 1 & \text{如果 } x \text{ 为奇数} \end{cases}$$

第 5 章　算法和函数　83

特定函数可能对某个定义域是满射的，但对另一个定义域不是满射。例如，当定义域与陪域都为整数时，$f(x)=2x$ 不是满射的；但当定义域和陪域都为有理数或实数时，它是满射的，因为现在每个整数都可得到映射。

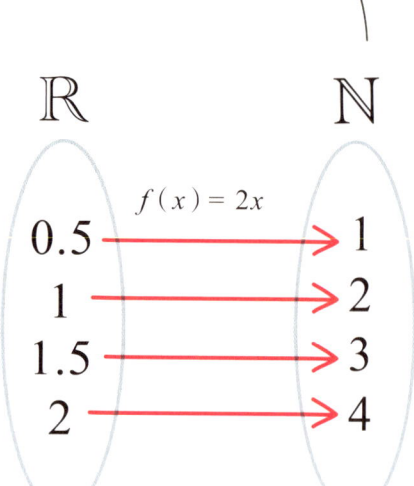

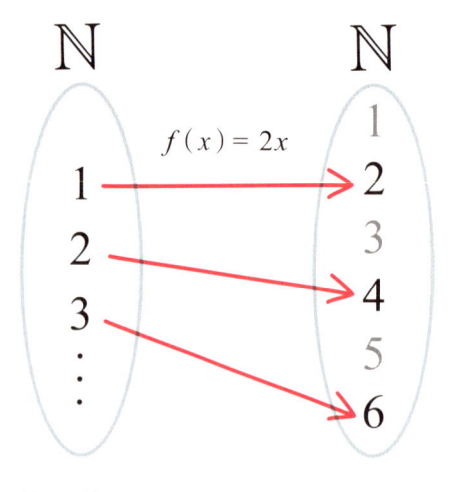

可逆函数

如果一个函数既是一对一函数，也是满射函数，则称其为"可逆函数"或"双射函数"。这意味着每个输入值都映射至唯一的输出值，且每个输出值都得到了某个输入值的映射。这种情况需要定义域与陪域大小相同，或者二者都是具有相同基数的无限集合，因为每个元素都必须映射到唯一的一个其他元素。

函数 $f(x)=x+1$ 即是一例，但这次将输入集设为全体整数（包括负数和零）。另一个可逆函数是 $f(x)=x$，即恒等函数。

这些函数之所以可逆，原因在于只要函数具有上述的这些性质，就有可能找到一个反函数。之前我们看到，$f(x)=2x$ 的反函数是 $f^{-1}(x)=x/2$，但这一反函数仅当函数定义域为有理数或实数时是良定义的，否则函数不是满射。恒等函数 $f(x)=x$ 是其自身的反函数。

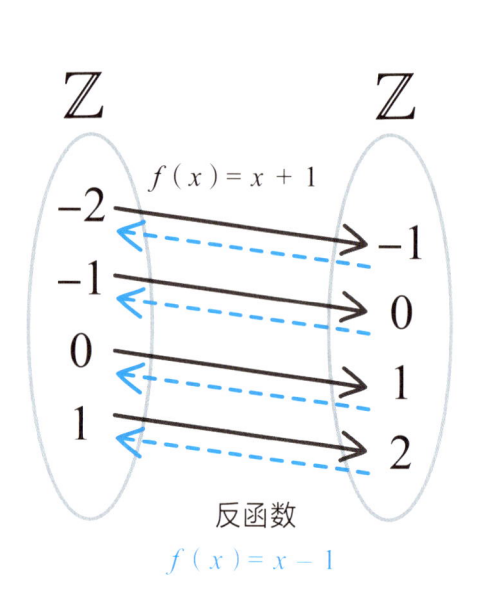

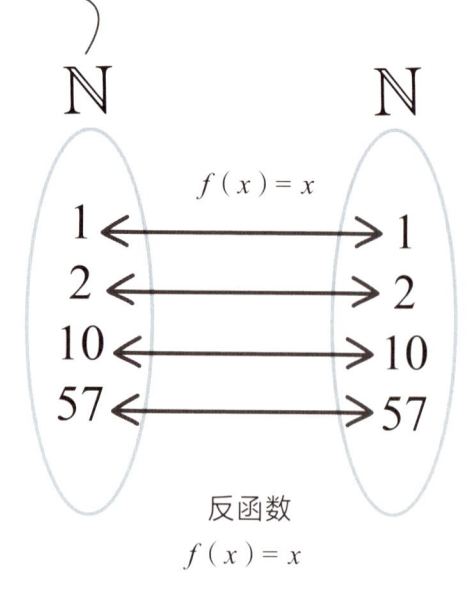

多项式函数

多项式函数是一种有趣且有用的函数类型。"多项式"这个词，指的是一个或多个自变量的非负整数次幂的和，其中幂可能带有系数。多项式比一般函数更易分析，因为它们的性质相似且更易预测。多项式可用来为现实世界的多种量生成简化模型。

多项式的类型

通常，多项式可以写成：

$$a + bx + cx^2 + dx^3$$

其中的 a、b、c、d 叫作"系数"，它们都是实数。我们知道有多少项时，可以按降幂顺序写出各项，以幂次最高的项为第 1 项。

我们可以根据多项式的最高幂次将其分类。例如，在多项式 $3x^2 + 5x + 3$ 中，x 的最高次项是 $3x^2$ 项，因此这个多项式的次数为 2。

多项式可以有多个自变量，在这种情况下，两个自变量的最高幂次之和为这一项的次数，参与各项次数的比较。

例如，$x^4 + y^3$ 是一个四次函数，因为最高幂次是 4。但 $x^2y^3 + 6x$ 是五次函数，因为其中一项的两个自变量幂次之和是 5（2 + 3）。

类型	次数	示例
一次函数	1	$2x + 4$
二次函数	2	$x^2 - 15x + 40$
三次函数	3	$23x^3 - 23y^3 + x + 2$
四次函数	4	$x^2y^2 - 2xy + 1$

我们可以将只有一个自变量 x 的多项式绘制在坐标图上。我们将 x 绘制在横轴上，并定义一个函数 $f(x)$ 等于我们的多项式，将其绘制在纵轴上。在绘制图象时，每种类型的多项式都代表不同形状的曲线。多项式的次数越高，曲线通常就越复杂。多项式的系数也决定了其曲线的形状。有关绘制函数图象的更多内容，见第 97 页。

一次函数是只带有 x 的倍数和纯数的项，它们定义一条直线。（有关一次函数及其用途的更多内容，见第 195 页。）

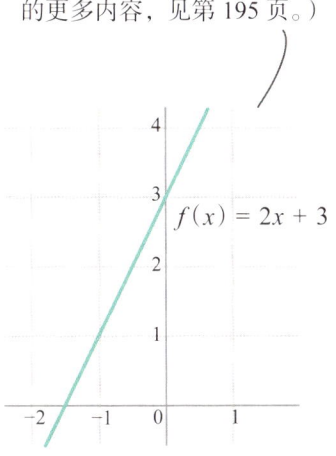

二次函数带有 x^2 项，其图象是一个先下降后上升的拱形（如果 x^2 项的系数为负数，则先上升后下降）。

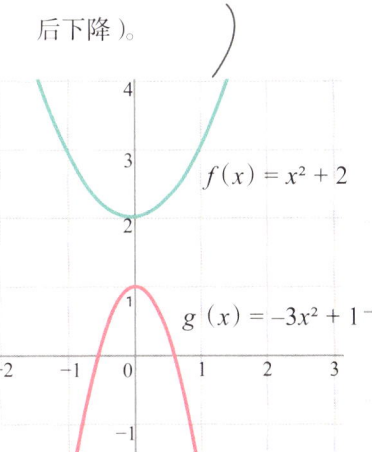

三次函数将最多两次改变方向，n 次函数的曲线通常最多有 $n - 1$ 个方向变化的点，称为"拐点"。这些点代表函数的极大值和极小值，可以通过微积分计算。

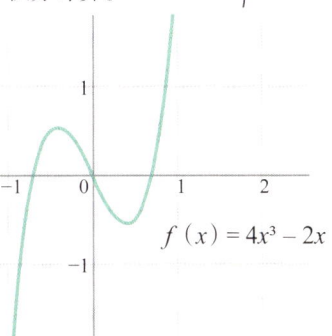

$f(x) = 2x + 3$

$f(x) = x^2 + 2$

$g(x) = -3x^2 + 1$

$f(x) = 4x^3 - 2x$

解多项式

解多项式即计算代入函数中令多项式等于零的自变量值，这些值叫作"解"。解多项式相当于找到多项式曲线与横轴相交的点，因为在这里 $y=0$。可能的解的数量会随着多项式次数的增加而增加：一次函数有一个解，二次函数最多有两个解，三次函数最多有三个解，以此类推。

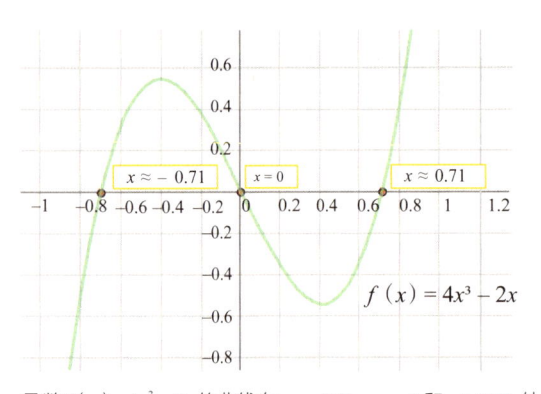

$x \approx -0.71$ $x = 0$ $x \approx 0.71$

$f(x) = 4x^3 - 2x$

函数 $f(x) = 4x^3 - 2x$ 的曲线在 $x \approx -0.71$、$x = 0$ 和 $x \approx 0.71$ 处与横轴相交，它们是方程 $4x^3 - 2x = 0$ 的三个解

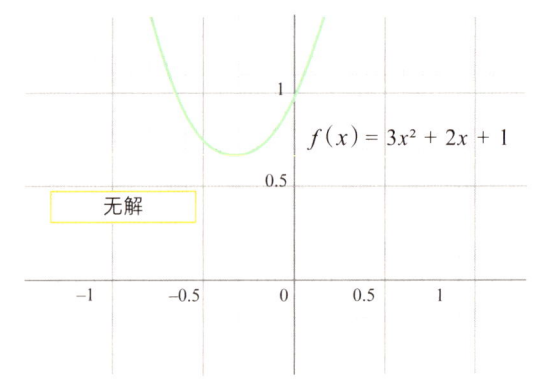

$f(x) = 3x^2 + 2x + 1$

无解

函数 $f(x) = 3x^2 + 2x + 1$ 的曲线不与横轴相交，因此方程 $3x^2 + 2x + 1 = 0$ 无解

现实世界中的多项式

在现实世界中，我们可以使用多项式来建模。例如，如果知道苹果的价格是1美元，面包是1.5美元，奶酪是3美元，我可以算出购买 a 个苹果、b 块面包和 c 盒奶酪的总价格为 $a + 1.5b + 3c$。

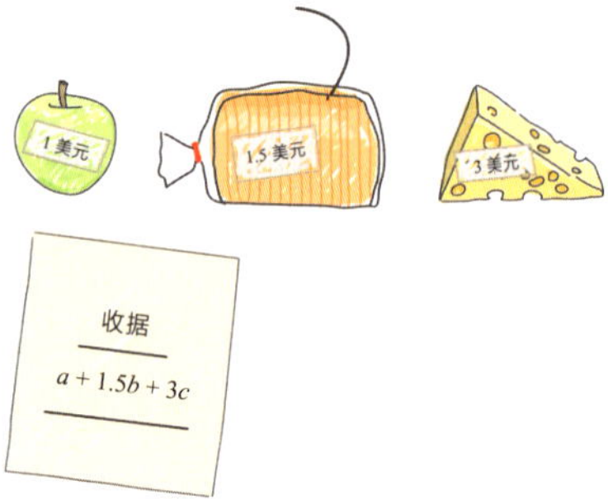

二次函数可以用来计算物体被抛起，经过某段时间后的高度（更多相关内容见第161页）。

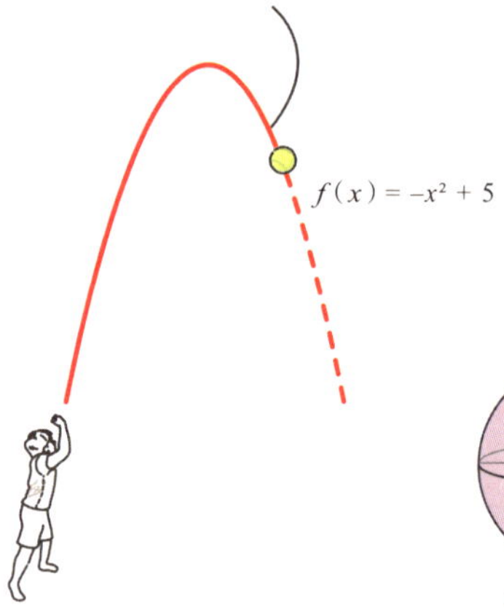

三次函数时常用来描述三维物体的体积。

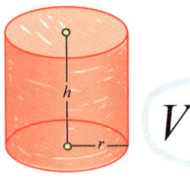

$f(x) = -x^2 + 5$

收据
$a + 1.5b + 3c$

给定一组 n 个点，我们可以找到一个 $n-1$ 次函数，它的曲线穿过所有这些点。就两点来说，我们可以找到一个一次函数，它的图象是连接这两点的一条直线。如果有3个点，我们可以找到一条经过所有3个点的二次函数；增加到4个点，则有一个三次函数，以此类推。

这在建模中十分有用。如果有一组数据点，例如在不同时间的潮水高度，我们可以找到一个多项式函数，使所有点都在该式的曲线上，用来描述这一运动，并用它预测未来的潮水高度。

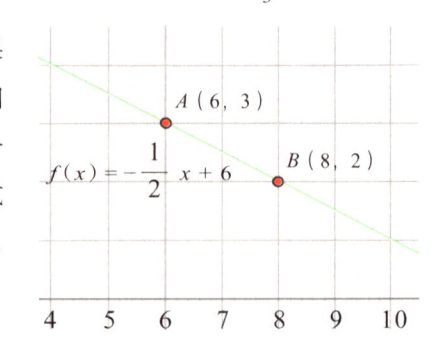

$V = \pi r^2 h$

圆柱体的体积由 $V = \pi r^2 h$ 得出，其中 r 为底面半径，h 为高度。r^2 乘 h 得到一个三次多项式

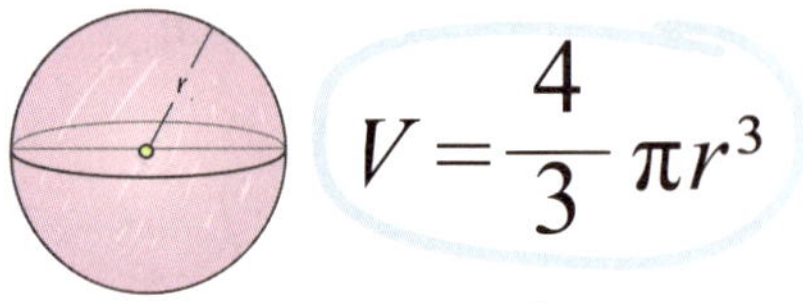

$V = \dfrac{4}{3}\pi r^3$

半径为 r 的球体体积由 $V = \dfrac{4}{3}\pi r^3$ 得出

$A(6, 3)$
$B(8, 2)$
$f(x) = -\dfrac{1}{2}x + 6$

分析函数

考察函数的行为方式有助于我们理解用函数建模的系统，并根据我们的模型得出更好的预测结果。分析就是利用工具来描述特定函数的性质。某些类型的函数在为现实世界现象建模时可能比其他函数更有用。

函数一个十分重要的类别是**连续函数**。简单地说，在这些函数的图象上没有间断或者跳跃（有关绘制函数图象的更多内容，见第 97 页）。这些类型的函数常被称为"良态"，因为它们的输出可以预测，更容易处理。

一切多项式函数在实数域上都是连续的，正弦和余弦这样的三角函数也是如此，它们具有无限重复的波动模式。

连续性的正式定义类似数列极限的定义，我们已在第 46 页看到过。在本质上，如果自变量 x 在定义区间内的任意点处发生的变化量非常小，我们便希望对应的函数值 $f(x)$ 的变化量也非常小。

我们可以玩一个类似的游戏，但这次，如果你指定一个希望函数值变化的极小量（用希腊字母 ε 表示），我可以告诉你一个自变量可以变化的极小量（用 δ 表示），它可以让函数值保持在距离原始值不超过 ε 的范围内。

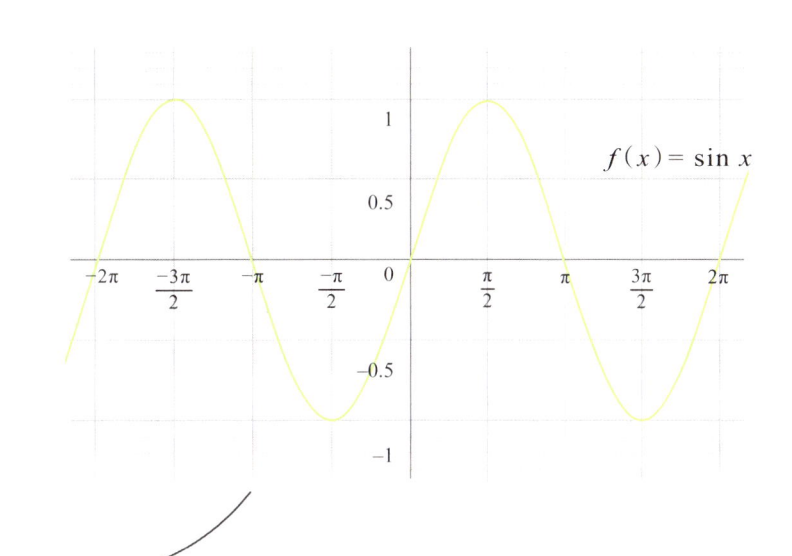

例如，如果我的函数是 $f(x) = 3x$，你可以给我一个像 $\varepsilon = 0.1$ 这样的小数值，我可以告诉你，只要将 x 的变化量控制在不超过 $\delta = 0.03$（选择这个值是因为它小于 0.1 的 1/3）即可。如果将 x 的变化量控制在小于 0.03 的范围内，则 $f(x)$ 的变化量将小于你设定的极限 0.1。无论你选择什么样的 ε 值，我都可以根据 $f(x)$ 的定义，使用"小于 1/3"的规则来找到一个合适的 δ 值。

这通常叫作"连续函数的 ε-δ 定义"。这或许是一个相当复杂的概念，却能保证函数的图象是平滑的，不存在大的间断或跳跃。

如果函数图象上有一个间断，我们可以检查包含该间断的一个狭小区间，其中自变量的变化量会远大于函数值的变化量。连续函数中是不可能发生这种情况的。

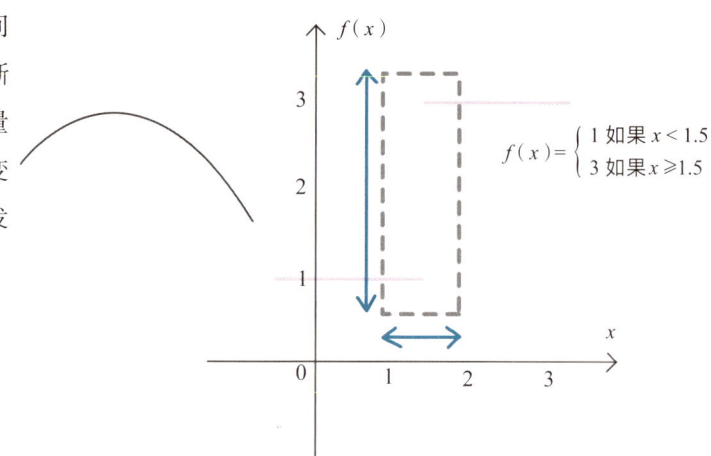

$$f(x) = \begin{cases} 1 & \text{如果 } x < 1.5 \\ 3 & \text{如果 } x \geqslant 1.5 \end{cases}$$

这是一个**分段函数**，即对不同的自变量范围有不同的定义。它不是连续函数，因为在 $x = 1.5$ 处有一个**间断点**

由于多项式函数都是良态且易于表述的，有时用**多项式近似**来逼近特定函数 $f(x)$ 是有用的。多项式近似是给出与 $y = f(x)$ 的图象相似的多项式，但其函数值更容易计算。

- $f(x) = \cos x$
- $f_2(x) = 1 - \dfrac{x^2}{2}$
- $f_4(x) = 1 - \dfrac{x^2}{2} + \dfrac{x^4}{24}$
- $f_6(x) = 1 - \dfrac{x^2}{2} + \dfrac{x^4}{24} - \dfrac{x^6}{720}$
- $f_8(x) = 1 - \dfrac{x^2}{2} + \dfrac{x^4}{24} - \dfrac{x^6}{720} + \dfrac{x^8}{40\,320}$

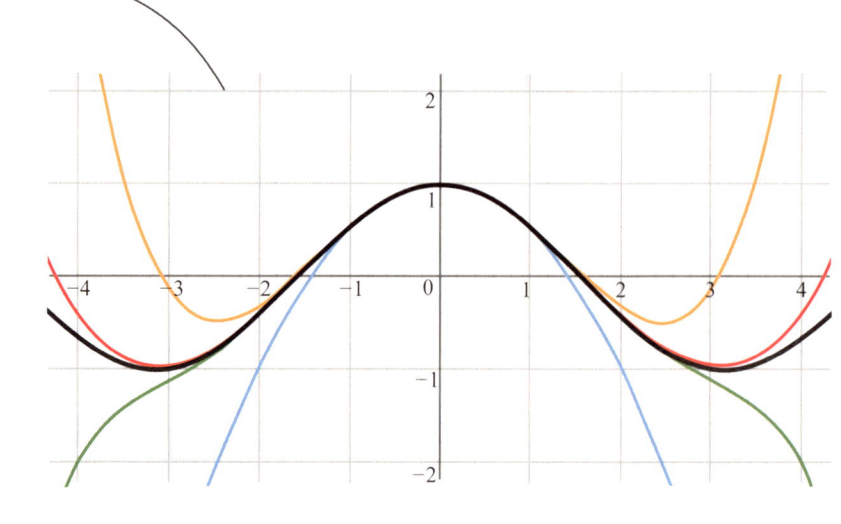

例如，余弦曲线可以通过一系列次数递增的多项式来近似。这个函数图象在开始时与 $f(x) = \cos x$ 非常不同，但其中的项越多，我们得到的近似效果就越好。

要完全匹配整个曲线，我们的多项式需要无限多个项，叫作"函数的泰勒级数"。但有时我们不需要精确到那种程度。虽然余弦曲线在两个方向上无限延伸，但我们可能只需要研究定义域的一小部分，在这种情况下，多项式近似可能就足够了。

算法

比起数学运算,算法通常与计算机科学的关联更多,但其背后的理念是与数学相关的,即一组可以按正确顺序应用以实现结果的指令。

人们在现实生活中经常遵循算法:从按照食谱烤制蛋糕,到费力地阅读组装家具的说明书。如果按照需要输入并遵循步骤推进,便总会给出正确的输出。

我们可以在数学中使用算法来执行计算或处理数据。"算法"(algorithm)一词来自科学家兼数学家阿布·贾法尔·穆罕默德·伊本·穆萨·花剌子米的名字,他在著作中阐述了如何执行数学计算(有关花剌子米的更多内容,见第144页)。

一个著名的例子是辗转相除法,它在数论中用于计算两个正整数的最大公因数,即能够整除这两个正整数的最大的数。例如,16和68都可以被2整除,也可以被4整除,于是4是它们共有的最大因数,记作(16,68) = 4。

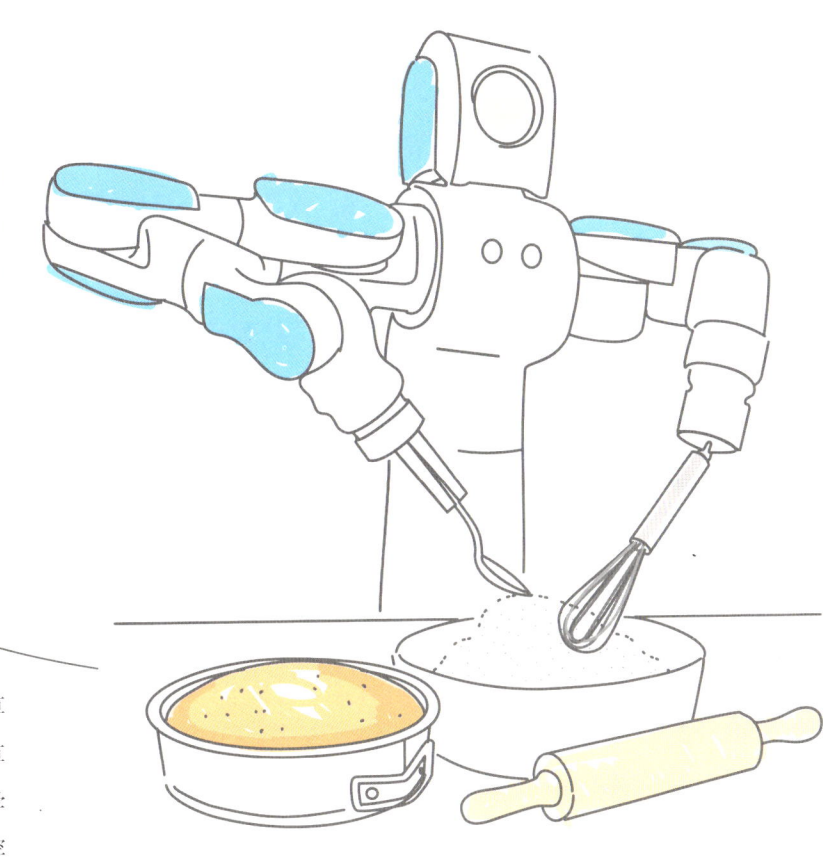

$$16 = 2 \times 2 \times 2 \times 2$$

$$68 = \underbrace{2 \times 2}_{4} \times 17$$

第 5 章 算法和函数 89

知道两个数的最大公因数有很多用途，而且可以应用在密码学中。但如果我们想要计算最大公因数，特别是用计算机计算的时候，有一个总可以找到它的有效方法，非常方便。

该算法基于这样一个理念：如果想要找到 a 和 b 两个数的最大公因数（其中 $a>b$），我可以计算 b 和 $a-b$ 的最大公因数，它等于 a 和 b 的最大公因数。

为了理解这一点，我们可从公因数的角度思考。既然我们知道 a 和 b 有一个公因数，如果我从 a 中减去 b，差仍然可以被原来的公因数整除。例如，36 和 18 都可以被 6 整除，它们的差是 18，也是 6 的倍数。

我们可以以此证明 $(a,b)=(b,a-b)$。实际上，我们如果减去 b 的任何倍数，这一结论仍然成立。于是，我们便可以创建一个找到最大公因数的算法，算法将在结果达到 0 时停止。

这一过程从取较大的数 a，并从中减去较小的数 b 的倍数开始，直至无法再减为止。这将留下一个余数 r。下一步是从 b 中减去上述余数的倍数，看看新的余数是多少。我们将在每个阶段使用前一阶段的余数，重复这个过程，直至余数为 0。

要找到 (48, 18)：

从 48 中减去若干个 18，剩下什么？

从 18 中减去若干个 12，剩下什么？

从 12 中减去若干个 6，剩下什么？

$$48 = (2 \times 18) + 12$$
$$18 = (1 \times 12) + 6$$
$$12 = (2 \times 6) + 0$$

所以，(48, 18) = (18, 12) = (12, 6) = (6, 0) = 6。

要将这个过程可视化，我们可以将除法过程想象为从矩形中取出正方形：在每个阶段，矩形较长的边代表较大的数，剩余的部分就是余数。

最大公因数是一个可以填充整个矩形的正方形的边长（在这个例子中为 6），因为整个矩形的高度和宽度必须能被该数整除，而边长为 6 的正方形是具有这一性质的最大正方形。

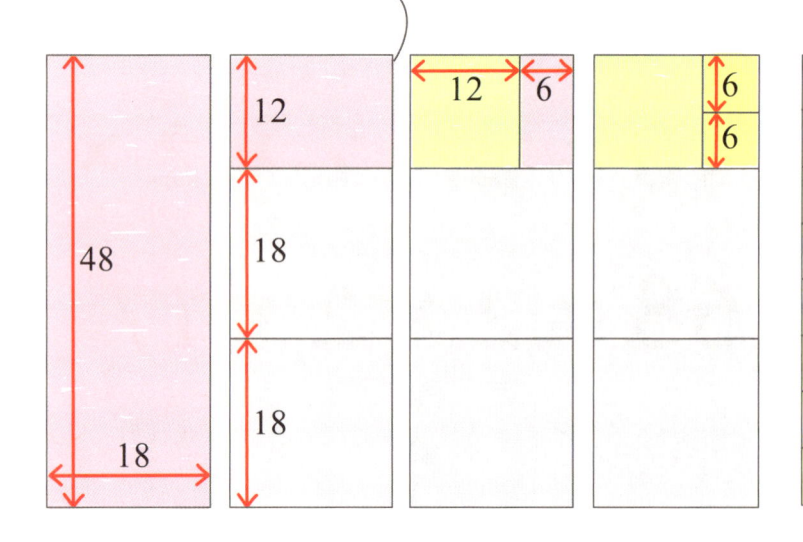

在数学运算中也有用于运算矩阵（见第 195 页）、做除法和计算平方根的算法，甚至还有一种数学算法，可以有效地将一组盒子装入给定空间（见第 187 页）。为这些任务提供分步的过程，说明我们可以可靠地执行它们，同时说明可以让计算机来完成这些工作。

计算机科学的一个完整分支与数学高度重叠，涉及**计算复杂性**。给定某个特定算法，实现该算法需要多少计算步骤（单独的加法或乘法）？其效率如何？

研究计算复杂性不仅能告诉我们得到答案需要多长时间，还能帮助我们理解算法的工作原理并设计更高效的算法。计算机科学中著名的"P vs NP问题"就涉及计算复杂性，而且是克雷数学研究所的千禧年大奖难题之一，解决这些问题中的任何一个，都能获得 100 万美元的奖金。有关计算复杂性的更多内容，见第 188 页。

第 5 章 算法和函数　91

回顾 ✓

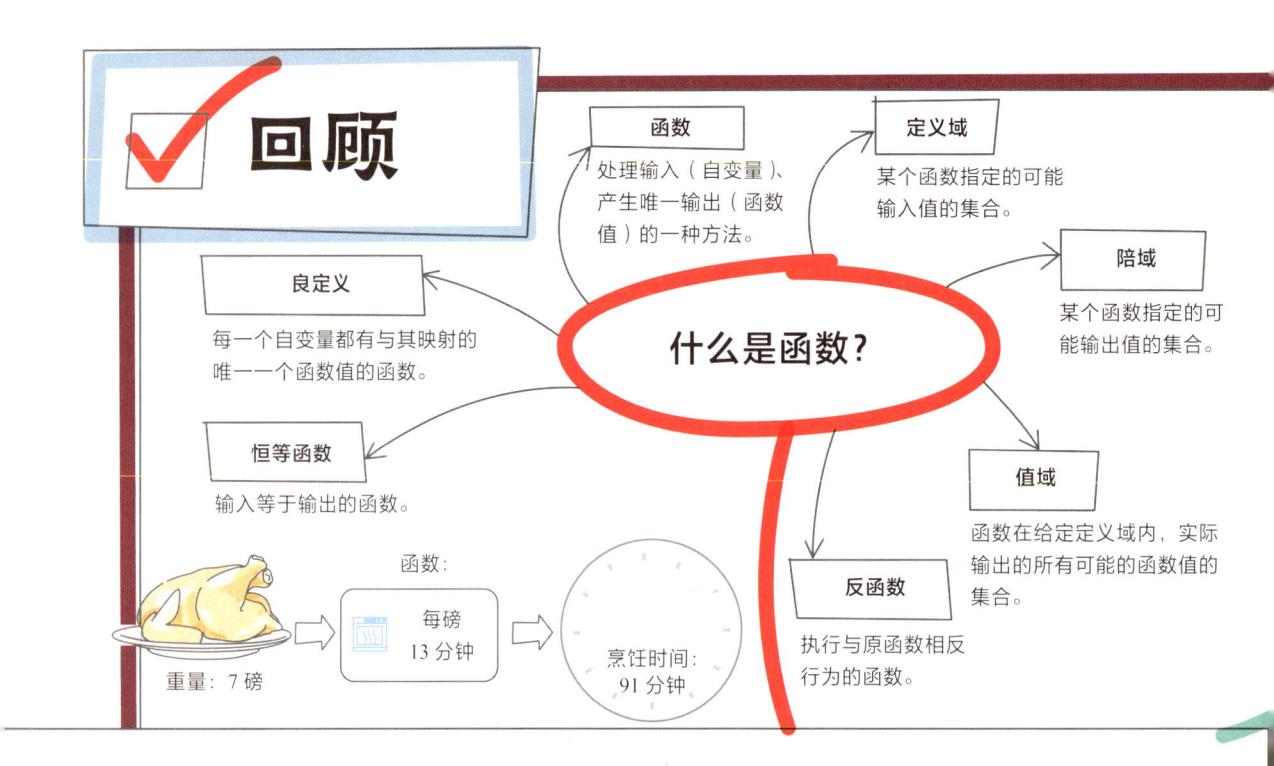

什么是函数?

函数
处理输入（自变量）、产生唯一输出（函数值）的一种方法。

定义域
某个函数指定的可能输入值的集合。

陪域
某个函数指定的可能输出值的集合。

值域
函数在给定定义域内，实际输出的所有可能的函数值的集合。

良定义
每一个自变量都有与其映射的唯一一个函数值的函数。

恒等函数
输入等于输出的函数。

反函数
执行与原函数相反行为的函数。

重量：7 磅 → 函数：每磅 13 分钟 → 烹饪时间：91 分钟

算法和函数

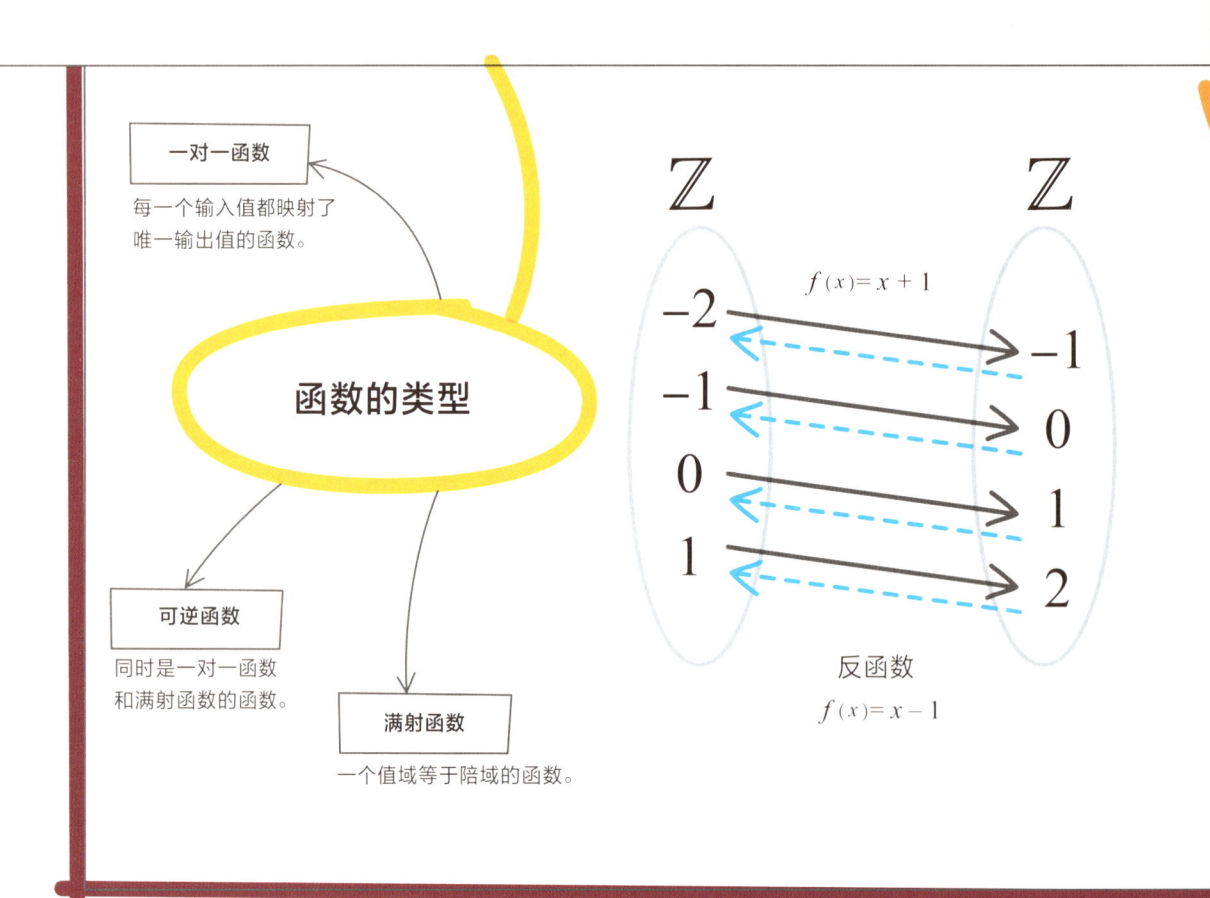

函数的类型

一对一函数
每一个输入值都映射了唯一输出值的函数。

可逆函数
同时是一对一函数和满射函数的函数。

满射函数
一个值域等于陪域的函数。

$Z \to Z$，$f(x) = x + 1$

−2 → −1
−1 → 0
0 → 1
1 → 2

反函数
$f(x) = x - 1$

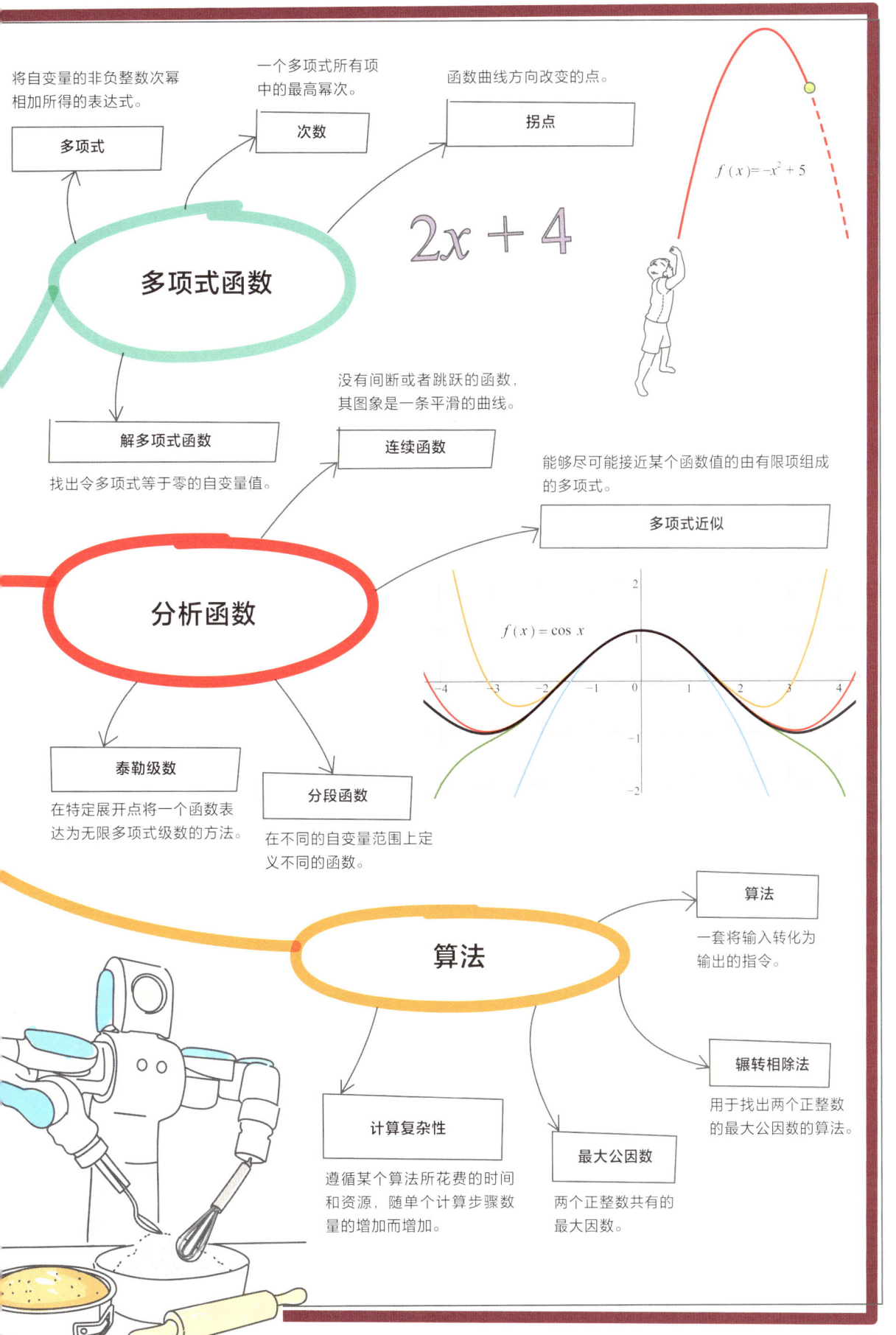

多项式

将自变量的非负整数次幂相加所得的表达式。

次数

一个多项式所有项中的最高幂次。

拐点

函数曲线方向改变的点。

$f(x) = -x^2 + 5$

多项式函数

$2x + 4$

解多项式函数

找出令多项式等于零的自变量值。

连续函数

没有间断或者跳跃的函数，其图象是一条平滑的曲线。

多项式近似

能够尽可能接近某个函数值的由有限项组成的多项式。

$f(x) = \cos x$

分析函数

泰勒级数

在特定展开点将一个函数表达为无限多项式级数的方法。

分段函数

在不同的自变量范围上定义不同的函数。

算法

一套将输入转化为输出的指令。

辗转相除法

用于找出两个正整数的最大公因数的算法。

计算复杂性

遵循某个算法所花费的时间和资源，随单个计算步骤数量的增加而增加。

最大公因数

两个正整数共有的最大因数。

第 5 章 算法和函数

第 6 章

图表和数据

数学为我们提供了许多有用的工具，其中之一是研究与理解我们周围世界的数据的能力。我们不仅能够绘制函数图象以观察它们的行为，还可以使用函数及其图象来模拟现实世界的状况。数据可视化能让数据和趋势更易理解与解释，而统计工具则帮助我们确定数据中的模式何时是有意义的，何时只是巧合。

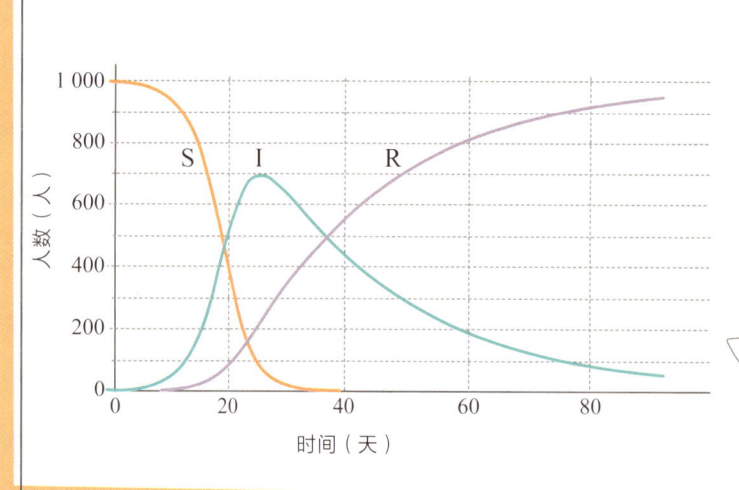

函数什么样？

有时候，观察函数的代数定义并不能清楚地看出函数的作用，而将其绘制成图象则可以让我们看到函数值是如何随着自变量的变化而变化的。借助函数图象，我们可以更好地研究函数的行为。

我们在前一章中看到了各种数学函数的例子，它们就是将输入值转化为输出值的方法。如果函数的自变量和函数值都是实数，你可以绘制函数的二维图象，将其形状可视化。

我们在右图中绘制了：

（1）函数的自变量（x 的值），沿横轴；

（2）函数的函数值 [$f(x)$ 的值]，沿纵轴。

人们有时称其为 $y = f(x)$ 的图象，因为 $f(x)$ 绘制在通常用作 y 轴的纵轴上。

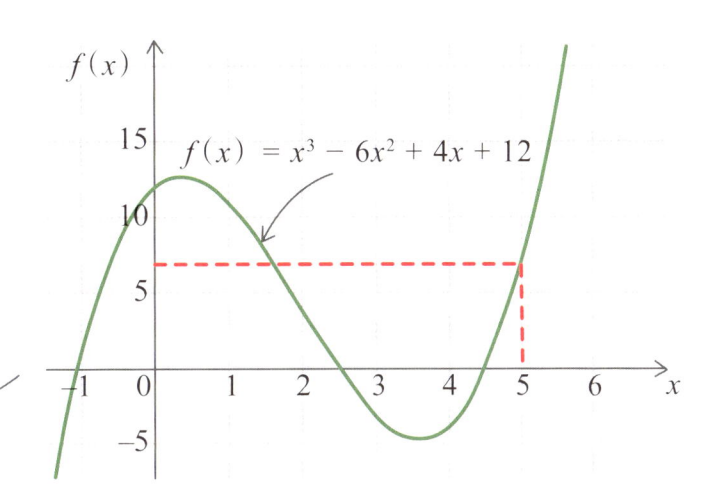

你可以通过图象找到与任意自变量 x 对应的 $f(x)$ 值，方法是从 x 值处垂直向上画一条线，直到与函数相交；然后水平向左或向右画一条线，直到与纵轴相交，即可看到函数值。

例如，沿着横轴上 5 处的虚线向上至与函数曲线相交，再水平延伸到纵轴，可以得知当 x 为 5 时，$f(x)$ 约为 7。

函数 $f(x) = \dfrac{1}{x}$ 的图象

有些函数的定义方式意味着，它们不会对每个可能的自变量都有函数值。右侧给出的是函数 $f(x) = \dfrac{1}{x}$ 的图象。图象显示，$f(x) = \dfrac{1}{x}$ 在 $x = 0$ 时未定义（当 $x = 0$ 时，$\dfrac{1}{x}$ 没有值，因为 $\dfrac{1}{0}$ 没有定义）。

这一图象不会通过 $x = 0$ 处的纵轴，但会在纵轴的两侧继续延伸。更多相关内容见第 82 页。

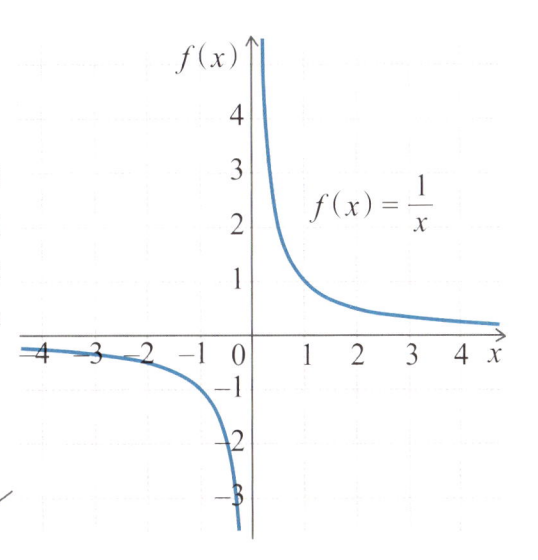

第 6 章 图表和数据

不连续函数

函数的一个重要性质是**连续性**（见第87页），这意味着它的图象没有间断或突然的跳跃。观察函数图象可以让我们轻松地判断函数是否在某些点上不连续，因为这些点会明显表现为线条上的断裂。右侧图中的函数是不连续的，因为它的图形在 $x = 1$ 处从 $f(x) = 2$ 跳跃到 $f(x) = 3$。

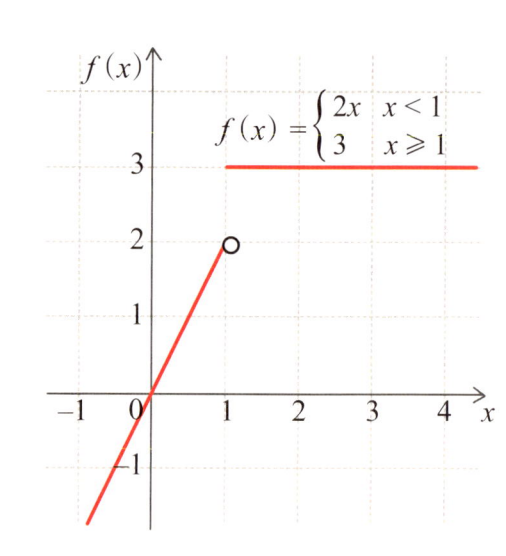

$$f(x) = \begin{cases} 2x & x < 1 \\ 3 & x \geq 1 \end{cases}$$

增函数和减函数

如果函数值随自变量 x 的增大（或减小）而增大（或减小），我们可以称函数在给定的区间上是单调递增的（或单调递减的）。当函数单调递增时，图象的线条上升；相应地，当函数单调递减时，线条下降。

右图的 $f(x) = -(x - 2.5)^2 + 3$ 在 $x = 1$ 到 $x = 2$ 之间是单调递增的，而在 $x = 3$ 到 $x = 4$ 之间是单调递减的。

如果某个函数在其整个定义域上始终单调递增，我们称其为"递增函数"；如果某个函数在整个定义域上始终单调递减，则称其为"递减函数"。

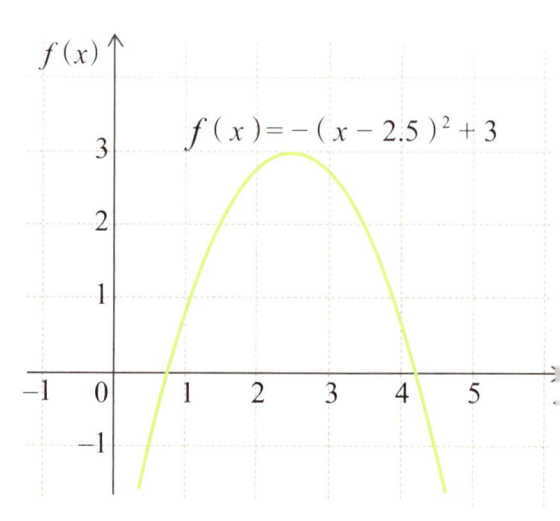

$f(x) = -(x - 2.5)^2 + 3$

函数的交点

右图中有两个函数：$f(x) = 2x$ 和 $g(x) = x + 1$。将 $f(x)$ 和 $g(x)$ 的图象绘制在同一坐标系中，我们可以一目了然地看到它们图象的交点。

如果仅从代数公式出发，我们可以将两个函数的表达式设为相等（$2x = x + 1$），以此来找到交点，并确定哪些 x 值会给出有效解。然而，图象使我们能够直观地看出交点在哪里。

在此，我们可以看到两条线在 $x = 1$ 处相交，并通过代数计算验证这一点：当 $f(x) = g(x)$，即 $2x = x + 1$ 时，在两边都减去 x，所以 $x = 1$ 成立。

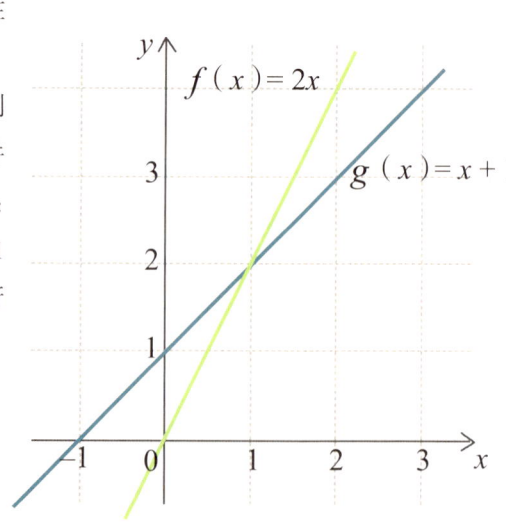

$f(x) = 2x$

$g(x) = x + 1$

现实世界中的函数

当函数代表现实世界的量时，图象则是观察和理解事物如何随时间变化的一种非常有用的方式。

我们可以借助函数描述现实世界的系统及其随时间的变化。有关如何做到这一点的更多内容，可参考第 9 章关于建模的内容。我们可以通过绘制以时间为自变量、时间函数为函数值的图象，看到该函数随时间变化的行为方式。通常，这有助于我们预测未来。

位移 – 时间图

物体的位移可以告诉你它离起点有多远。如果一个物体在移动，我们可以用**位移–时间图**来绘制其位移随时间的变化状况。

我们可以将时间绘制在横轴上（作为自变量），位移绘制在纵轴上（作为函数值）。

从下图中可以看出，一个对象从初始位置移动了 4 米，停留了 5 秒，然后返回。但它在返回时移动得更快，因为右侧的线段更陡峭。

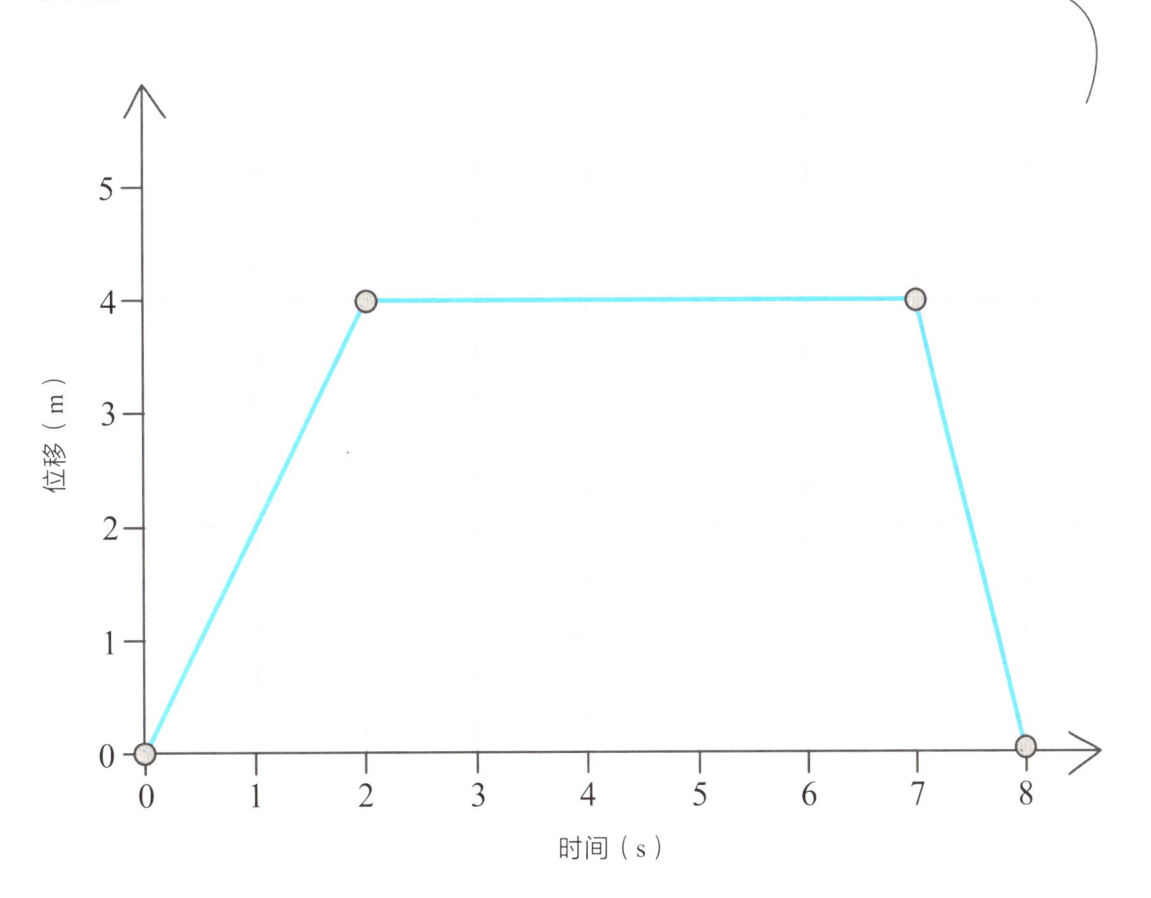

速度-时间图

同样，你也可以用**速度-时间图**来绘制速度随时间的变化状况。我们仍然将时间绘制在横轴上（作为自变量），但这次将速度绘制在纵轴上（作为函数值）。

在下面这张速度-时间图中，我们看到一个物体从静止开始运动。它加速了一段时间，然后以恒定的速度运动。接着，它减速直至静止。

我们还可以根据图象计算物体移动的距离，即图象线段与横轴围成的面积。

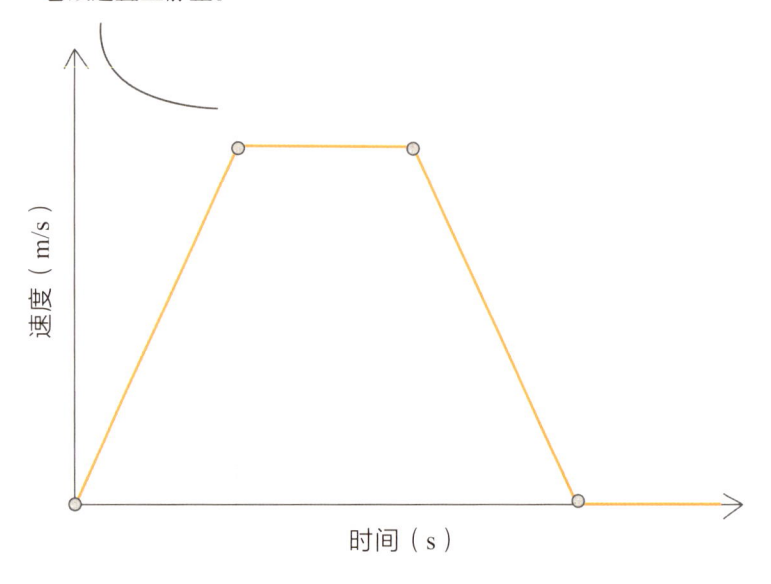

金融图表

数学广泛应用于金融系统和交易的建模中。下图表显示了一种货币在几年内的相对价值。图中的峰值代表该货币价值较高的时期，而突然下跌可能对应着不确定或动荡时期。

根据政治局势、相关国家的经济状况或公司表现，金融数学家会尝试预测货币或公司股票的价值何时上涨。关于数学在金融中应用的更多内容，见第 162 页。

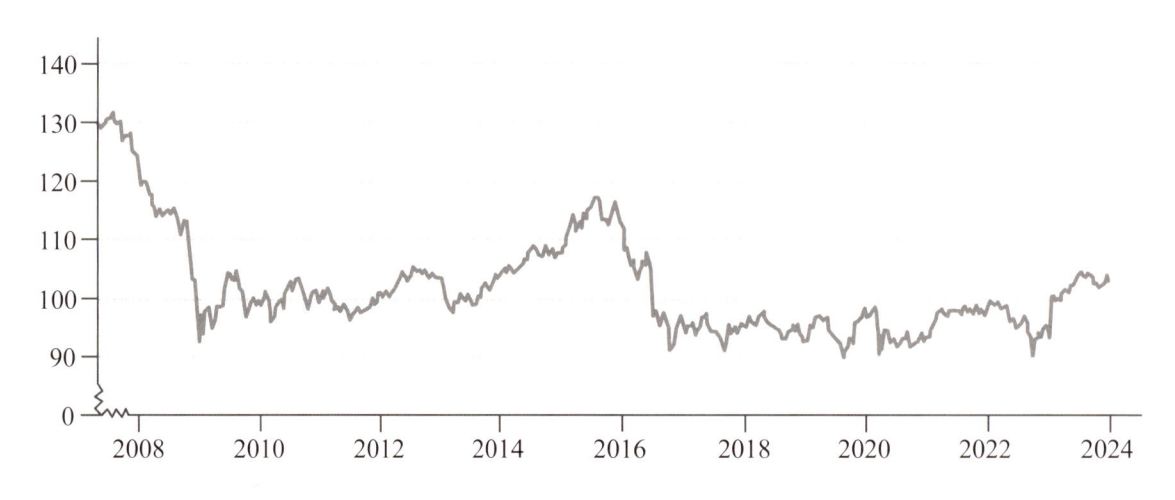

化学反应图

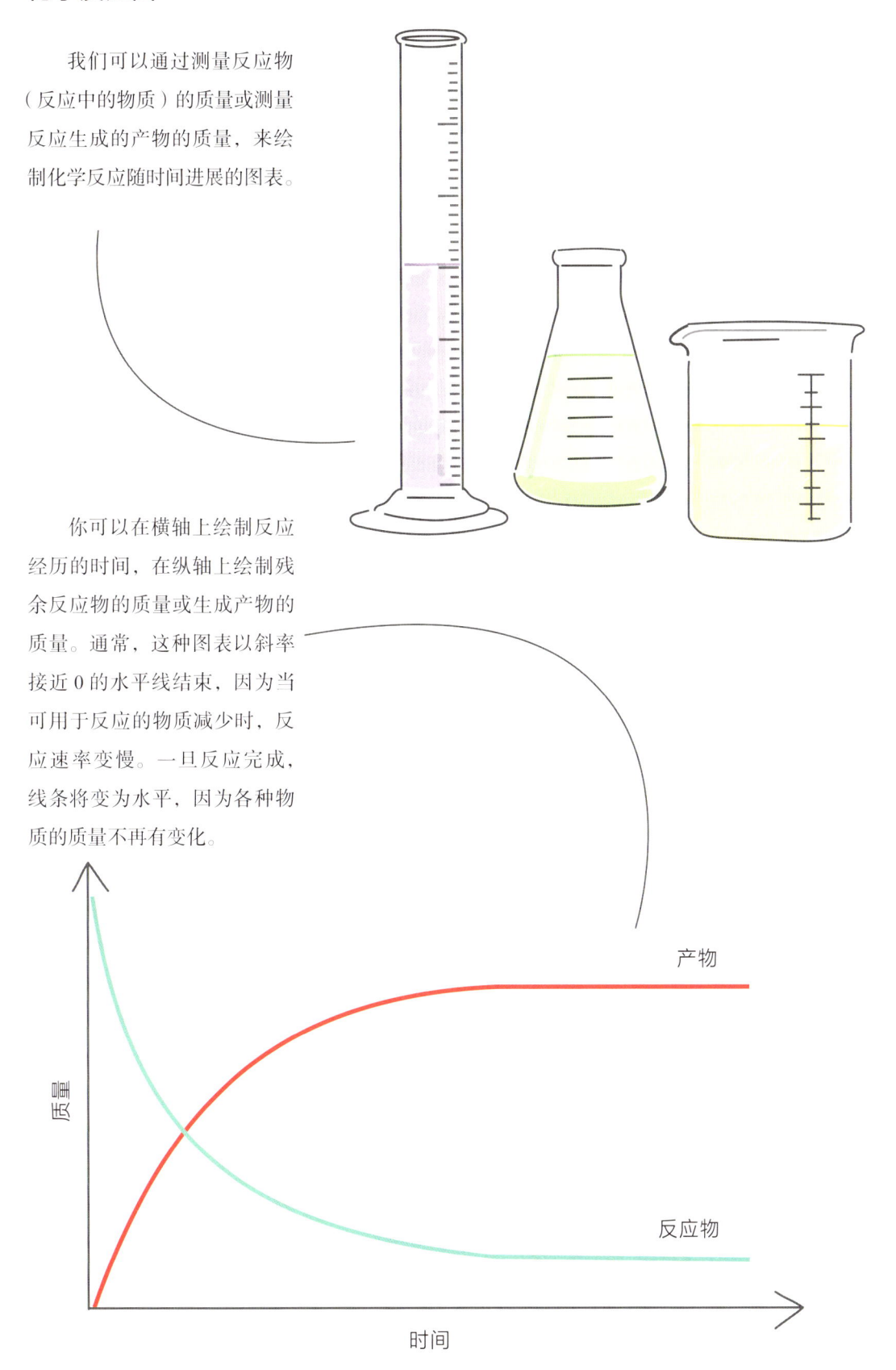

我们可以通过测量反应物（反应中的物质）的质量或测量反应生成的产物的质量，来绘制化学反应随时间进展的图表。

你可以在横轴上绘制反应经历的时间，在纵轴上绘制残余反应物的质量或生成产物的质量。通常，这种图表以斜率接近 0 的水平线结束，因为当可用于反应的物质减少时，反应速率变慢。一旦反应完成，线条将变为水平，因为各种物质的质量不再有变化。

为疾病建模的图表

可以用数学模型模拟病原体（如病毒）的增长和传播。流行病学家需要考虑疾病的基本再生数、群体的混合程度及疾病的传播方式。通常，这些模型包含随机元素，因为它们模拟的是复杂的现实世界互动系统。

下面这张图表的横轴代表时间（历经的天数），纵轴代表人数。三条曲线分别显示：

S：易感人群的比例；
I：感染人数；
R：康复人数。

这一测量疾病传播的方法叫作"SIR模型"。

我们从图中可以看到，随着感染人数增加，易感人群的比例以相同的速率下降。随着时间的推移，越来越多的患者加入康复人数的曲线。更精细的模型可能会纳入接种疫苗或从未感染疾病的人群比例。

有关数学模型的更多内容，见第 9 章。

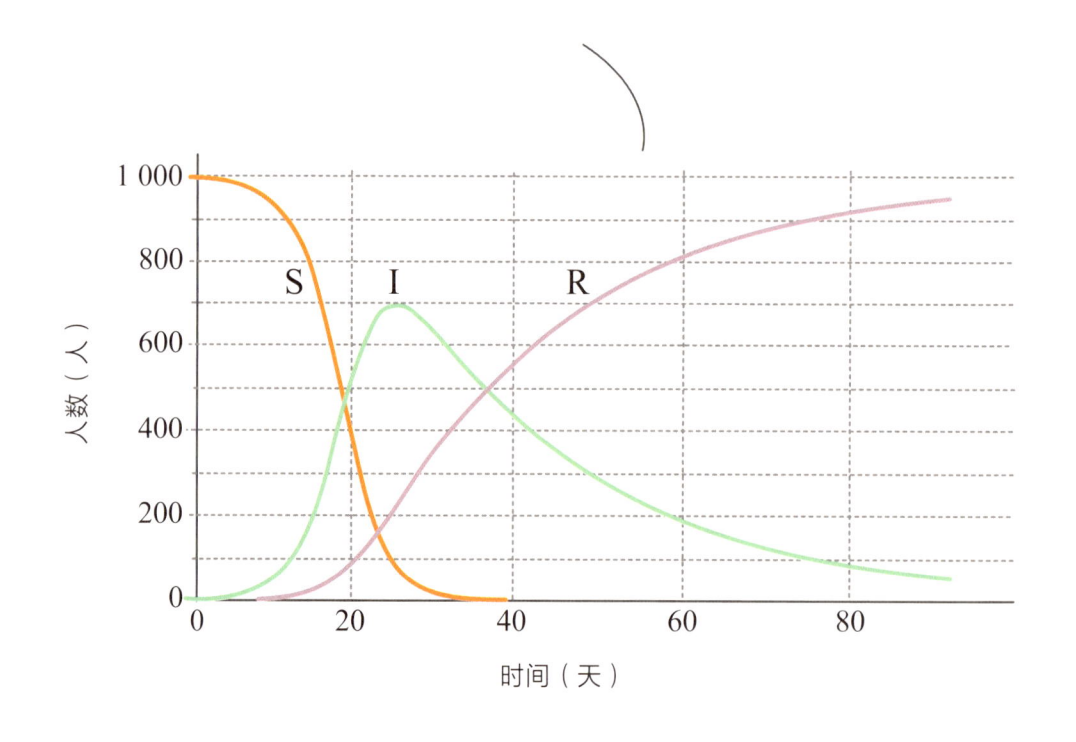

图解数据

另一种我们可以用图表呈现的数值信息是数据。数据可以描述现实世界状况的数量、比例和统计结果。有许多图解数据的方法，选择合适的方法有助于更清晰地呈现信息。

数据图的类型

条形图可以比较可分类收集数量的数据，例如销售的产品单位数量或一系列活动中参加每个活动的人数。条形的高度让我们可以比较数据集合中的值，并一目了然地看出相对值。

然而，条形图也可能存在一些问题。例如，如果所有值都非常接近，人们通常就会截断纵轴，使纵轴刻度不从 0 开始，而是从一个较大的值开始，见下方紫色条形图。

尽管从图来看音乐会似乎比其他活动更受欢迎，但它仅比第 2 名多了两位参与者！

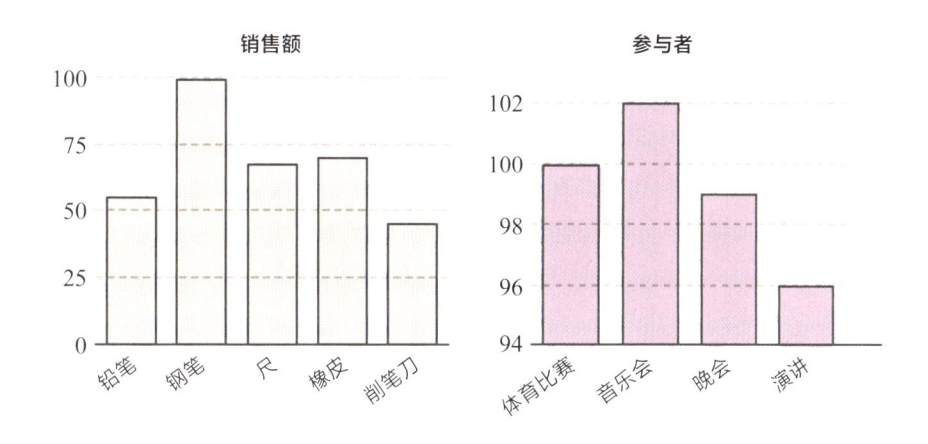

当所显示的数据代表占整体的比例时，**饼形图**非常有用。例如，饼形图可以显示一组人中偏爱某一选项的百分比，或者显示某项内容在不同地区的分布状况。饼形图的各个区域应涵盖所有的可能性，并且相加等于所描述的总数量。

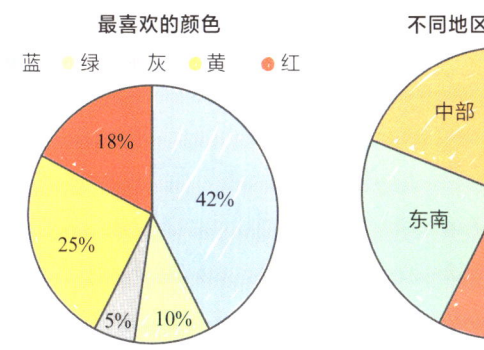

当所比较的值相似时，饼形图的用处相对较小，因为很难判断哪个集合更大。在这种情况下，条形图更易读取信息，因为条形的区别会更明显。

第 6 章　图表和数据

如果可能的值出现在一个连续的范围内，比如高度或者一天内的时间，则**直方图**更实用。与其将数据在不同的类别中分组，不如将可能的数据值范围分成一组**区间**（有时叫作"组"），这些区间共同覆盖整个范围，且互不重叠。

区间不需要宽度相同。例如，我们可以将一天的时间划分为上午 9 点之前，上午 9 点到 10 点，上午 10 点到 11 点，以此类推，以便查看我们感兴趣的时间段的更多细节。

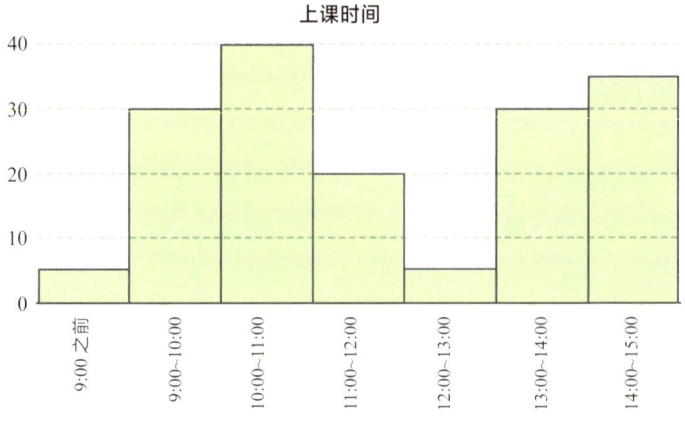

有时，使用更窄的区间会揭示出更多的信息。在右侧这张直方图中，对上面提到的同一数据集，使用 10 分钟的区间能提供更有用的信息。

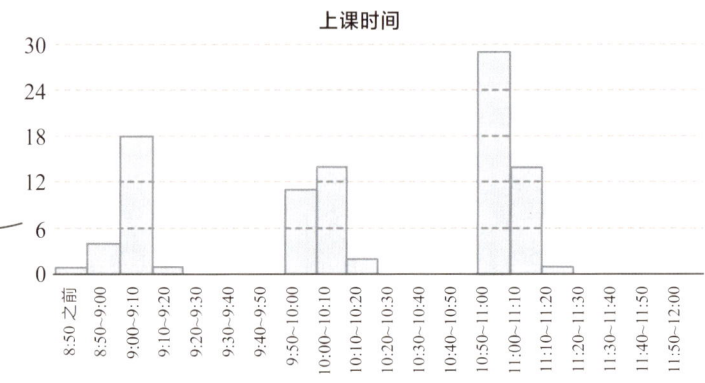

科学实验能够测量系统输入的变化对输出的影响。在使用两个轴的**散点图**上展示结果可能很有用。输入（自变量）显示在横轴上，输出（函数值，依赖于自变量）显示在纵轴上。

散点图让我们能够看到数据的变化趋势。数据点向上呈对角线分布，当自变量增大时，函数值也会增大，这叫作"正相关"。如果函数值在自变量增大时减小，我们会看到向下的坡度，叫作"负相关"。

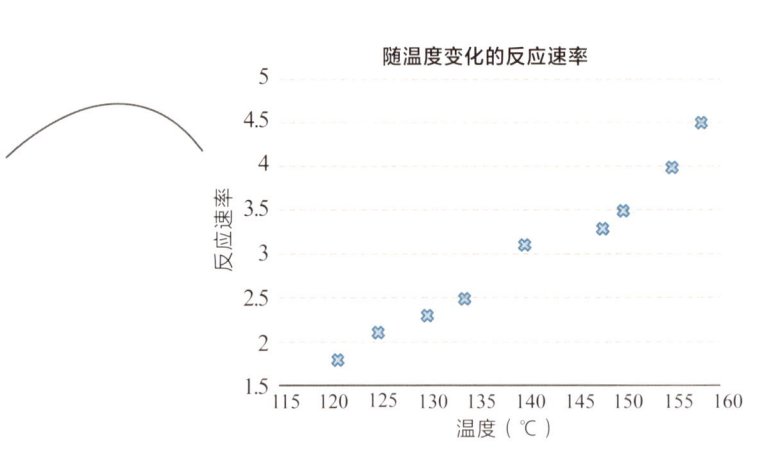

如果自变量和函数值是相关的，我们不能假设改变自变量会引起函数值的变化。但如果两个变量之间存在任何相关性，就表明有进一步研究的必要。

概率

概率是对随机事件或不确定性的研究：当一个事件可能有多种结果（比如掷骰子）时，我们可以利用对情况的理解来预测可能的结果，以及每种结果发生的可能性。

可以用概率为现实世界的许多系统建模。在某些情况下，结果由物理规则决定，比如在桌上掷骰子，骰子落到桌上时哪一面朝上可能受到数百个变量的影响，包括骰子的方向、重量、速度和旋转速率，桌子的弹性，甚至房间内的空气运动。在这种情况下，可能性非常复杂，我们不可能预测结果，必须依赖概率。

在具有固定的可能结果集且每个结果的可能性相等的情况下（比如，骰子 6 个面中的每一面都可能朝上），我们可以简单地计算概率。如果有 n 个可能的结果，所有结果的可能性相等，则任何一个结果出现的概率都是 $1/n$。

通常，我们可以通过定义一个单一事件的概率来说明。

$$某个事件的概率 = \frac{该事件发生的结果数}{所有可能的结果数}$$

从装有 5 个红色、5 个白色辅币的袋子里抽出一个红色辅币的概率：$\frac{5}{10} = \frac{1}{2}$

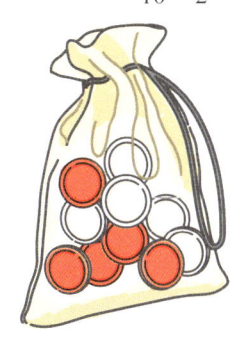

生日是星期三的人的概率：$\frac{1}{7}$

生日快乐

第 6 章　图表和数据　105

组合概率

在大多数情况下，实际结果的复杂程度超过单一的可能结果集。我们可以列出所有可能性并计算选项数量，也能计算多个事件的组合概率。例如，如果我们同时抛掷一枚硬币与一个 6 面骰子，则硬币有两种可能的结果（正面或反面），每种结果的概率为 1/2；骰子有 6 种可能的结果（1、2、3、4、5 或 6），每种结果的概率为 1/6。如果想要计算骰子掷出偶数且硬币抛到正面的概率，我们可以列出所有选项并计算想要的结果的概率。

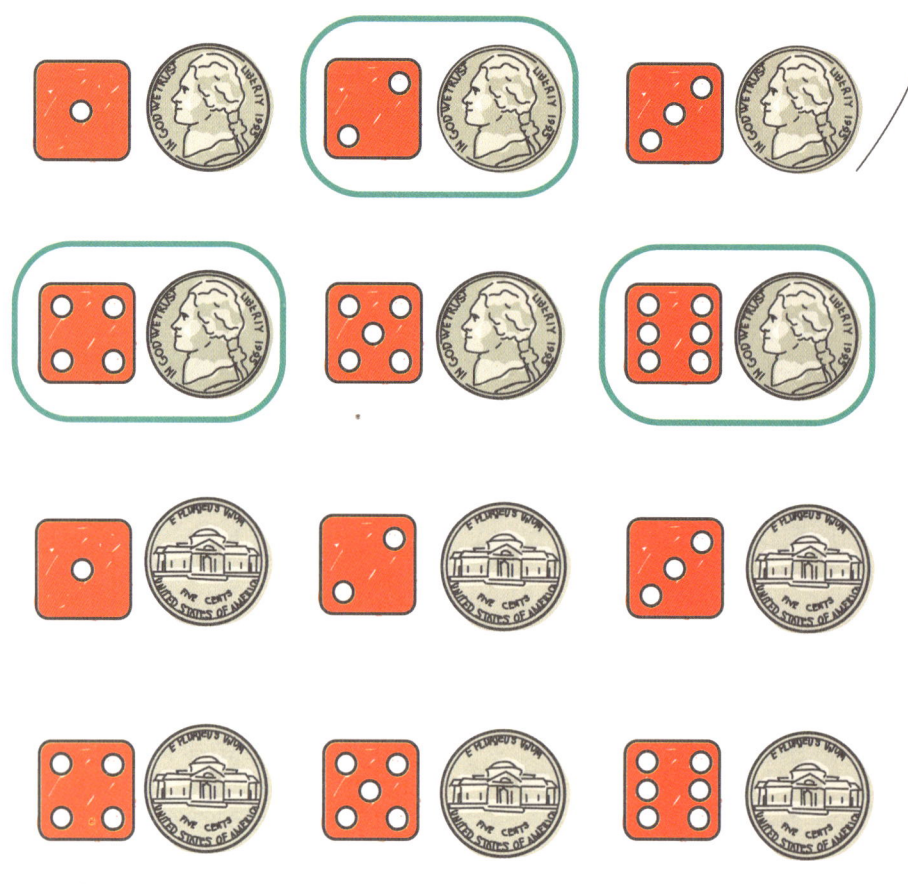

"掷骰子"和"抛硬币"这两个事件是独立的，即一个事件的结果不会影响另一个事件的结果。对同时发生的独立事件，其概率可以通过乘法加以组合，因此骰子掷出偶数（3/6 = 1/2）且硬币抛到正面（也是 1/2）的概率可以通过计算得出：

$$\frac{1}{2} \times \frac{1}{2} = \frac{1}{4}$$

我们计算所得的概率为 1/4，等于通过列举可能性所得的概率：在 12 种可能的情况中，有 3 种符合要求的结果，即 3/12 = 1/4。

一般地说，对事件 A 和 B，若将 A 的概率记为 P(A)，B 的概率记为 P(B)，则将两个事件同时发生的概率记为 P(A ∩ B)（这里使用的符号类似于数学逻辑中的"与"，后者将在第 120 页讨论）。

非独立事件的概率

我们经常需要为非独立事件建模，例如从同一副牌中抽取两张都是A的概率，或者某人既咳嗽又扁桃体发炎的概率。在这种情况下，我们不能直接将两个概率相乘，因为非独立的两个事件可能相互影响，改变最终的概率。

在这种情况下，我们需要使用**条件概率**，即研究在一个事件已经发生的情况下，另一个事件发生的概率。以两张A牌为例，如果第一张牌不是A，则第二张牌抽到A的概率会变高（因为牌中仍有4张A，但总牌数减少了）；如果第一张牌是A，则第二张牌抽到A的概率会变低（因为牌中只剩下3张A）。

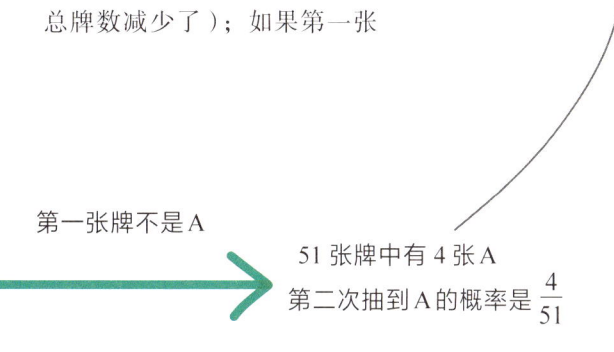

52张牌中有4张A
第一次抽到A的概率是 $\frac{4}{52}$

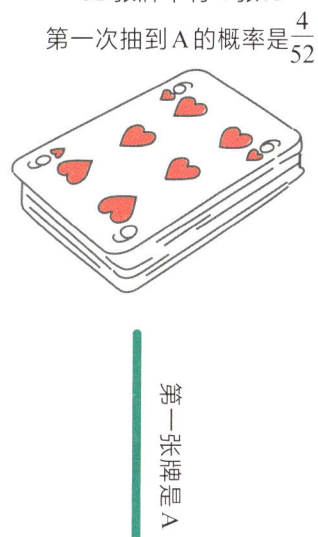

第一张牌不是A

51张牌中有4张A
第二次抽到A的概率是 $\frac{4}{51}$

第一张牌是A

51张牌中有3张A
第二次抽到A的概率是 $\frac{3}{51}$

我们用符号$P(A|B)$表示"在B发生的条件下A发生的概率"，即如果事件B已经发生，事件A发生的概率是多少。

对组合条件概率，我们可以使用**贝叶斯公式**：

$$P(A|B) = \frac{P(A \cap B)}{P(B)}$$

于是，在抽牌的例子中，抽到两张A的概率为：

$$P(第二张为A|第一张为A) = \frac{P(两张都为A)}{P(第一张为A)}$$

整理，可得两张都是A的概率为：

$$P(两张都为A) = P(第一张为A) \times P(第二张为A|第一张为A)$$

第一张牌是A的概率为$\frac{4}{52}$。

对第二张牌，我们需要使用条件概率：如果第一张牌是A，则余下的51张牌中有3张A，在这种情况下，第二张牌为A的概率是$\frac{3}{51}$。也就是说，两张牌都是A的概率是$\frac{4}{52} \times \frac{3}{51} = \frac{12}{2652} = \frac{1}{221}$。

第6章 图表和数据 107

统计学

统计学利用概率做出预测。尽管测量大数据集（如庞大的人口）或一系列事件的结果可能不切实际，但我们可以使用统计学，通过研究较小的数据集来推断整个数据集的信息。

假设你想知道世界上喜欢奶酪的成年人的比例，一种方法是逐个询问全世界的成年人。然而，这样做既不切实际又成本高昂，因此我们需要统计学。

样本即从总体中选出的一个子集。统计学让我们可以通过样本来推断总体的特性。我们可以将对样本的观察结果推广至总体。

当然，这需要满足一些条件，特别是样本必须具有**代表性**。我们不能选择一个包含"我们爱奶酪协会"全体会员的样本，因为这可能导致结果出现偏差。

可以利用多种抽样方法确保样本能够代表总体：**随机抽样**意味着从总体中随机选择一组对象。

还有**分层抽样**，即将总体划分为不同的子总体，例如按年龄或地理位置分类。然后根据每个子总体在总体中的比例，从每个子总体中随机抽取样本，以确保总样本中的每个子总体都占有固定的比例。

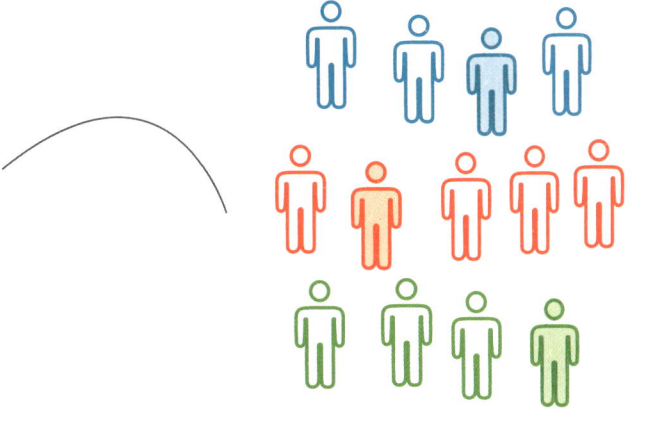

影响因素仍然存在：要求人们完成调查，意味着你的样本更有可能是那些喜欢填写调查问卷的人的意见！重要的是找到选择和研究样本的方法，减少出现偏差的可能性。

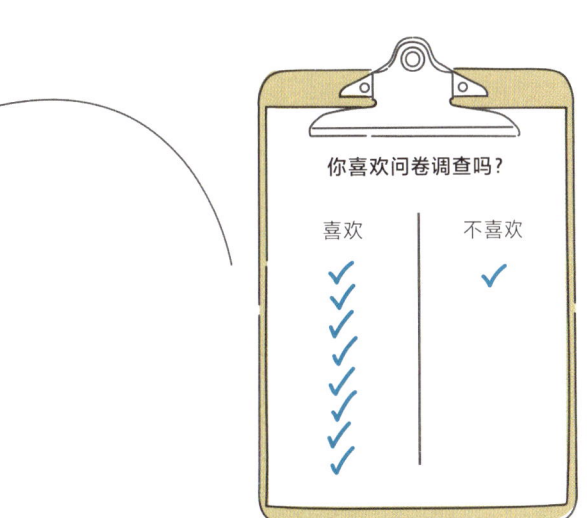

研究统计数据

一旦收集了样本的数据，我们就可以利用**描述性统计**分析它们，确定样本能告诉我们哪些关于总体的信息。一些简单的描述性统计方法如下：

统计方法	描述	示例	用途
均值	所有数之和除以数的个数	2、3、5、7、15 的平均值：$(2+3+5+7+15)\div 5=6.4$	找到数的平均值
中位数	将所有数按照大小顺序排列，取中间位置的数	2、3、5、7、15 的中位数为 5	反映数据的中间水平，受异常值影响较小
极差	最高值与最低值的差	2、3、5、7、15 的极差：$15-2=13$	更进一步说明数据如何分布

第 6 章　图表和数据　109

比较均值和中位数可以帮助我们理解数据的分布情况。如果均值与中位数相近，说明数据在范围两端的极端值较少，更集中地分布在中间，或者数据很可能关于中间对称。

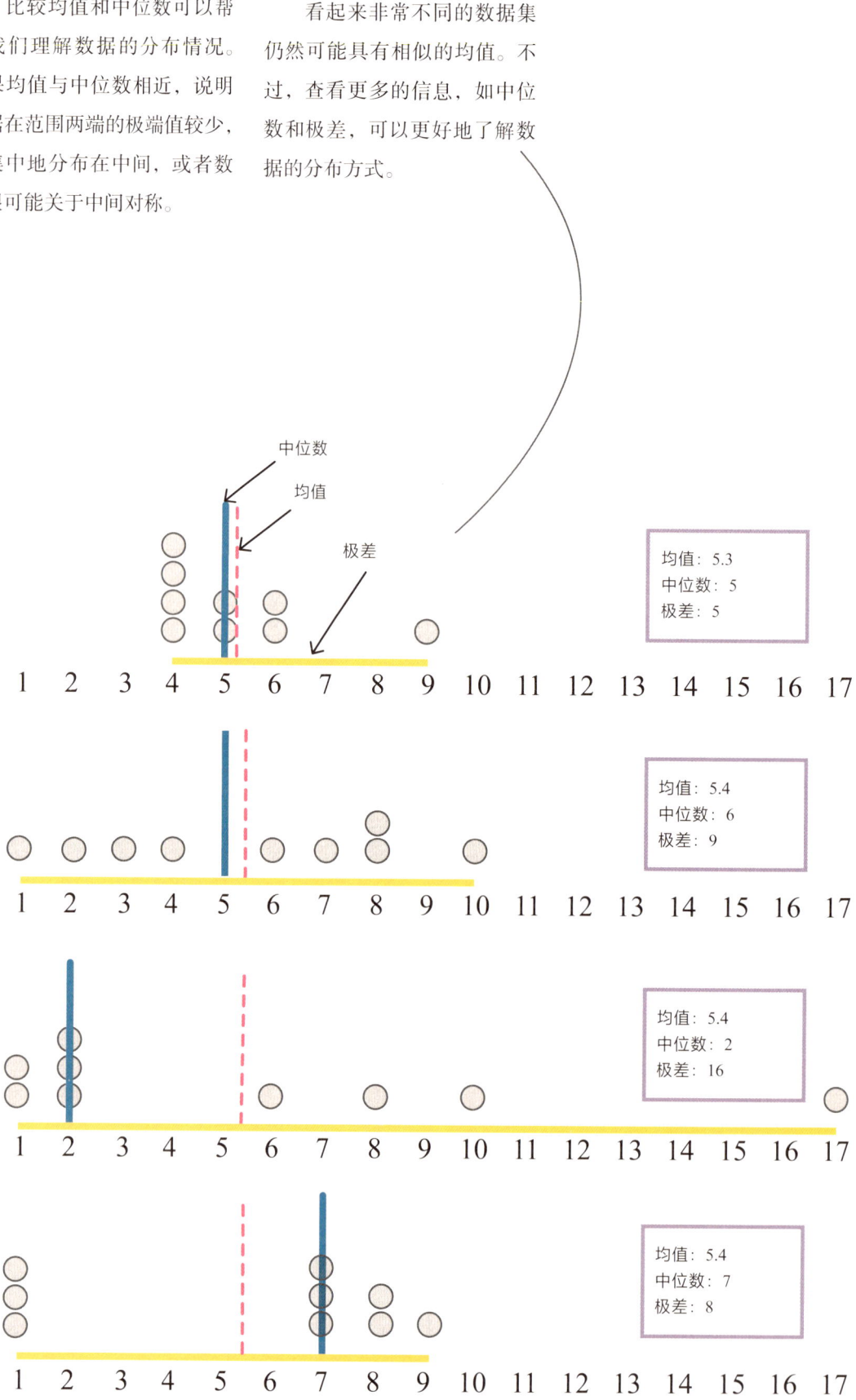

看起来非常不同的数据集仍然可能具有相似的均值。不过，查看更多的信息，如中位数和极差，可以更好地了解数据的分布方式。

中位数
均值
极差

均值：5.3
中位数：5
极差：5

均值：5.4
中位数：6
极差：9

均值：5.4
中位数：2
极差：16

均值：5.4
中位数：7
极差：8

外推

一旦发现样本的一些特性，我们就可以将其**外推**到总体。如果我们询问 50 个人是否喜欢奶酪，其中 50% 的人回答"是"，而且我们假设这是一个具有代表性的样本，于是便可以推断：总体的 50% 是奶酪爱好者。

这个方法也可以用于科学研究：对一个小样本做实验测试，研究改变条件时会发生什么现象。实验结果即为现实世界数据的一个样本。

我们可以利用统计方法检验科研发现是否具有**统计显著性**。这是一种衡量方法，检验研究结果是真正有用且重要，还是仅为巧合。

假设你在参加一项单项选择题测试，每道题有 3 个可能的答案。如果你对题目涉及的知识一无所知，只能凭猜测选择答案，每道题你都有大约 1/3 的概率答对，答对所有题目纯粹是偶然的。

假设检验让我们能够确定，从样本中发现的结果是否是偶然发生的，就像纯粹靠运气答对所有单项选择题一样；或者上述情况发生的概率足够低，说明你确实对题目有所了解才选对了答案。

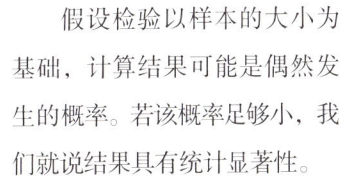

假设检验以样本的大小为基础，计算结果可能是偶然发生的概率。若该概率足够小，我们就说结果具有统计显著性。

例如，假设单项选择题测试共 10 题，你答对 8 题，答错 2 题。纯粹靠运气发生这种情况的概率是 $(\frac{1}{3})^8 \times (\frac{2}{3})^2 \approx$ 0.000067，即 0.0067%（大约 $\frac{1}{15\,000}$）。当一个事件偶然发生的概率低于某个阈值时，表明结果可能存在非随机的原因。许多统计学家用 5%（$\frac{1}{20}$）作为这个阈值。

✓ 回顾

函数
将输入转化为输出的一种方法。

单调递增/单调递减
函数的自变量在其定义域内增大（或减小）时，函数值也随之增大（或减小）

函数什么样？

递增函数
在定义域上单调递增的函数。

递减函数
在定义域上单调递减的函数。

图象
直观表现函数的一种方法，告诉我们每个输入会产生怎样的输出。

$f(x) = 2x$
$g(x) = x+1$

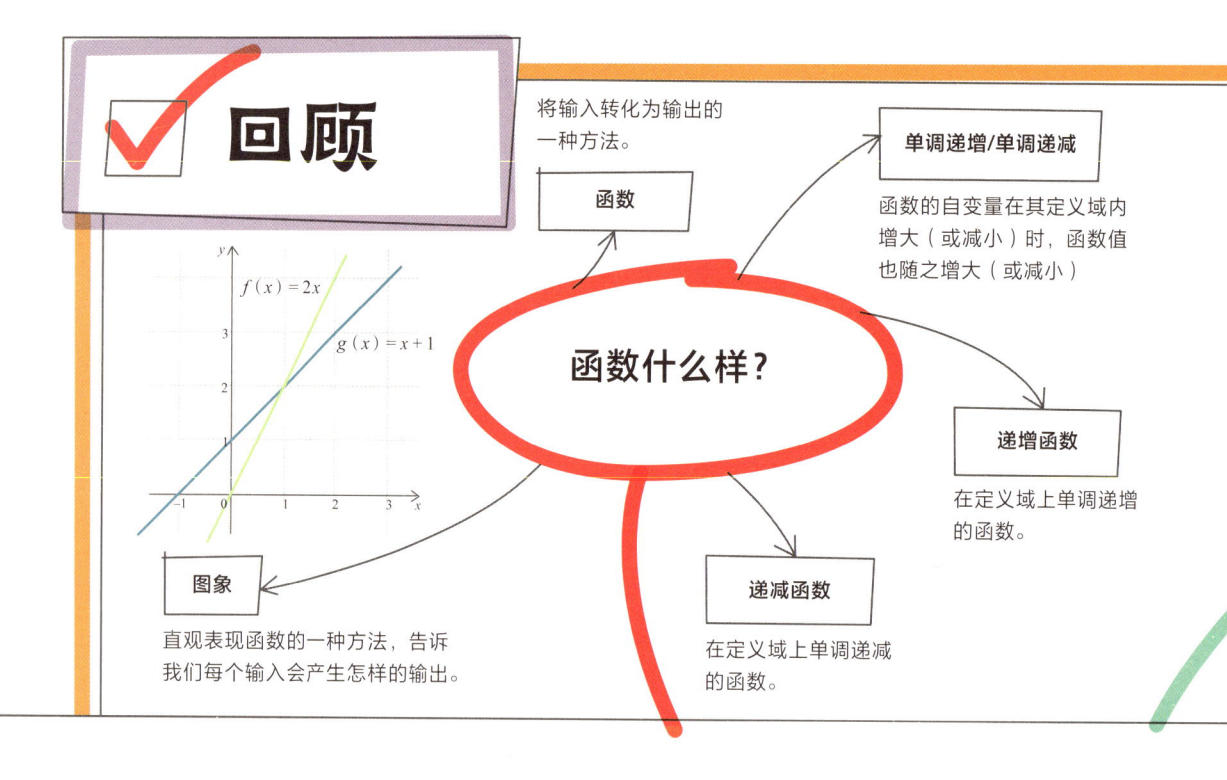

图表和数据

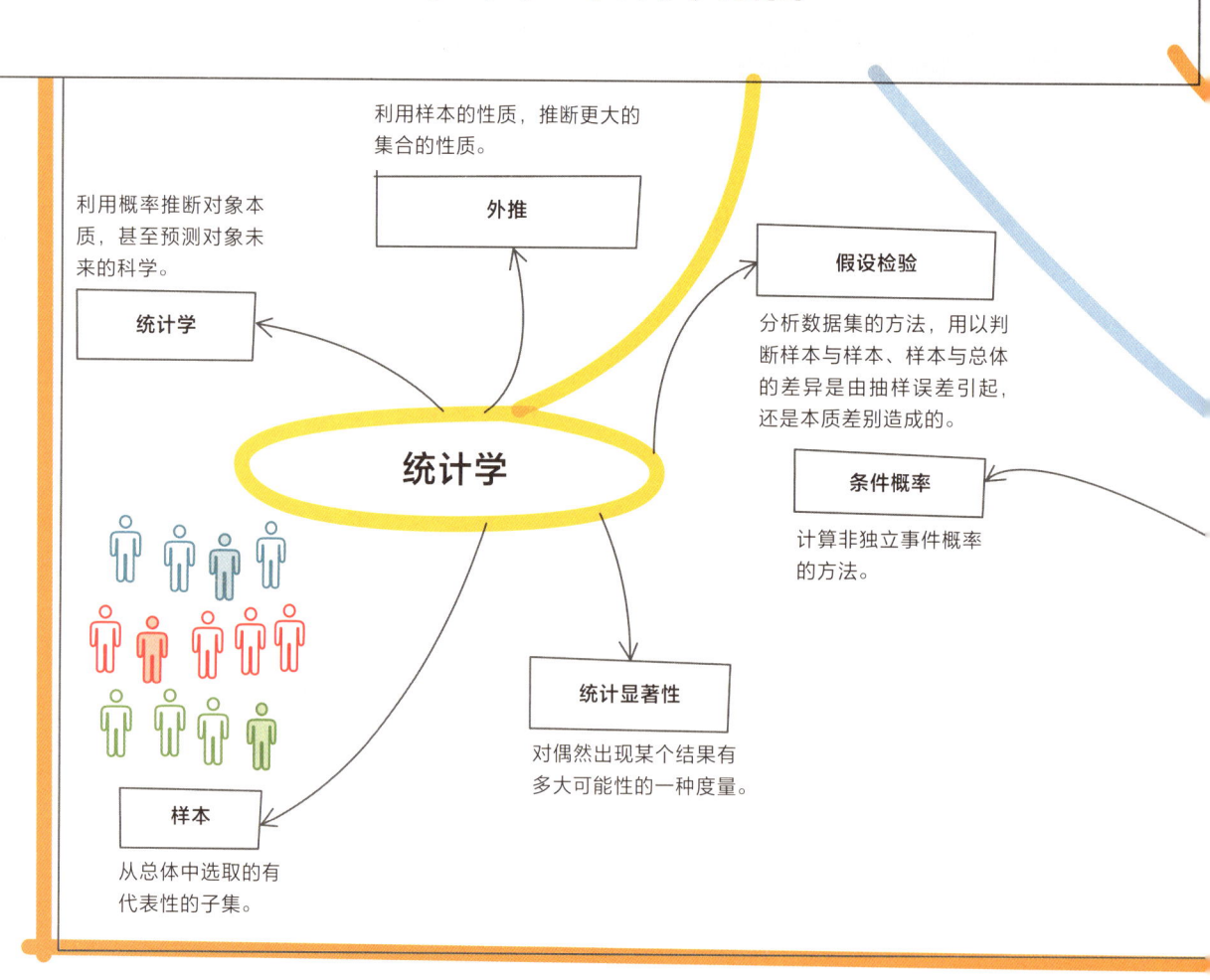

外推
利用样本的性质，推断更大的集合的性质。

统计学
利用概率推断对象本质，甚至预测对象未来的科学。

统计学

假设检验
分析数据集的方法，用以判断样本与样本、样本与总体的差异是由抽样误差引起，还是本质差别造成的。

条件概率
计算非独立事件概率的方法。

统计显著性
对偶然出现某个结果有多大可能性的一种度量。

样本
从总体中选取的有代表性的子集。

112 图解代数

位移-时间图

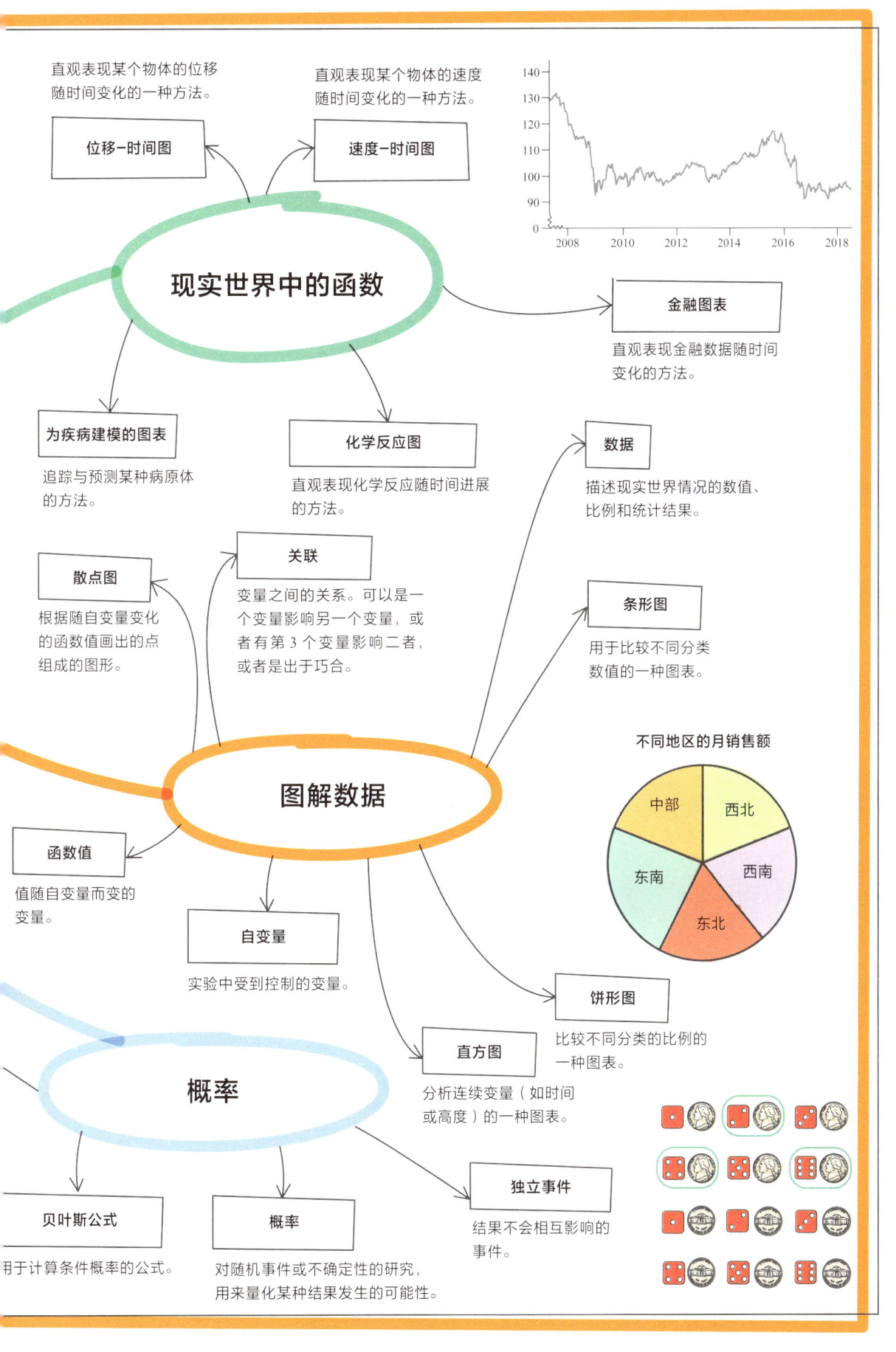

直观表现某个物体的位移随时间变化的一种方法。

速度-时间图

直观表现某个物体的速度随时间变化的一种方法。

现实世界中的函数

金融图表

直观表现金融数据随时间变化的方法。

为疾病建模的图表

追踪与预测某种病原体的方法。

化学反应图

直观表现化学反应随时间进展的方法。

数据

描述现实世界情况的数值、比例和统计结果。

散点图

根据随自变量变化的函数值画出的点组成的图形。

关联

变量之间的关系。可以是一个变量影响另一个变量，或者有第 3 个变量影响二者，或者是出于巧合。

条形图

用于比较不同分类数值的一种图表。

图解数据

函数值

值随自变量而变的变量。

自变量

实验中受到控制的变量。

饼形图

比较不同分类的比例的一种图表。

直方图

分析连续变量（如时间或高度）的一种图表。

概率

贝叶斯公式

用于计算条件概率的公式。

概率

对随机事件或不确定性的研究，用来量化某种结果发生的可能性。

独立事件

结果不会相互影响的事件。

第 6 章 图表和数据

第 7 章

逻辑和证明

数学的一切内容都建立在逻辑和结构的基本原理之上。发现新的数学思想令人兴奋，但为了确保它们始终为真，我们需要证明它们，并将其转化为定理。

我们已经在前文看到一些数学证明的例子，如在第40页，我们看到了一个表明存在无限多个素数的证明；在第12页，我们证明了有理数是可数的无限集合。

证明有多种形式，我们将在本章看到一些不同的证明方法，并探索数学家使用的逻辑工具。

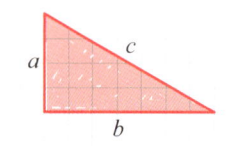

$a^2 + b^2 = c^2$

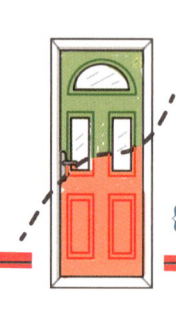

$\{1, 2\} \times \{A, B\}$

什么是数学证明？

大多数数学研究是建立在其他数学家的研究基础上的。但我们如何才能知道其他人的发现是绝对正确的呢？数学家运用证明方法，使用逻辑工具和技巧，让所有人确信某个理论是正确的，从而创造能够经受时间检验的数学事实。

发现新的数学知识的过程是令人兴奋且富有创造性的。数学家会提出一个想法，通常叫作"猜想"或"命题"。也许他们在某个数学结构中看到了某种规律，或者发现两个事物之间的联系。然后，他们的目标是确定其猜想是否正确，以及在哪些情况下适用。

猜想向来难以确定，各类科学家都在寻求这种问题的答案。在数学中，我们可以凭借"数学证明"这一工具，毫无疑问地确定某个想法是正确的。

我们需要从基本原理和公认的现有事实出发，结合并利用这些事实构建证明，以证明我们的猜想是成立的。

例如，我可以提出一个猜想：如果你取一个偶数的平方，其结果永远是偶数。你可以找到一些符合这一规律的例子，如 $4^2 = 16$，4 和 16 都是偶数；$6^2 = 36$ 也符合这一规律；$10^2 = 100$ 同样符合。看起来这一猜想似乎总是成立。但我们能够确定每个偶数的平方都是偶数吗？我们无法测试每一个偶数，因为有无限多的偶数（见第 10 页）。因此，我们需要找到另一种方法来证明这一猜想。

如果一个数是偶数，则它可以被 2 整除，因此我们可以设其为 $2n$（2 乘 n，其中 n 是整数）。如果我们将 $2n$ 平方，会得到 $2n \times 2n = 4n^2$。这是一个偶数吗？是的，因为它可以写成 $2 \times (2n^2)$，是 2 的倍数，所以它必定是偶数。

任何偶数的平方都是偶数。

$$(2n)^2 = 4n^2 = 2 \times (2n^2)$$

这并非史上最令人震惊的数学事实，但我们确实知道它对任何偶数都成立，因为我们可以证明这一点。

在证明的过程中，我们利用了几项已知的数学事实：

第一，偶数的定义，即可被 2 整除的整数。

第二，当把 $2n$ 这样的数平方时，我们需要让 2 和 n 分别平方，然后将结果相乘。

第三，$4 = 2 \times 2$。

我们结合这些既定事实，形成了一个证明。一旦证明完成，数学家就可以在任何情况下不加证明地使用其结果。

第 7 章 逻辑和证明

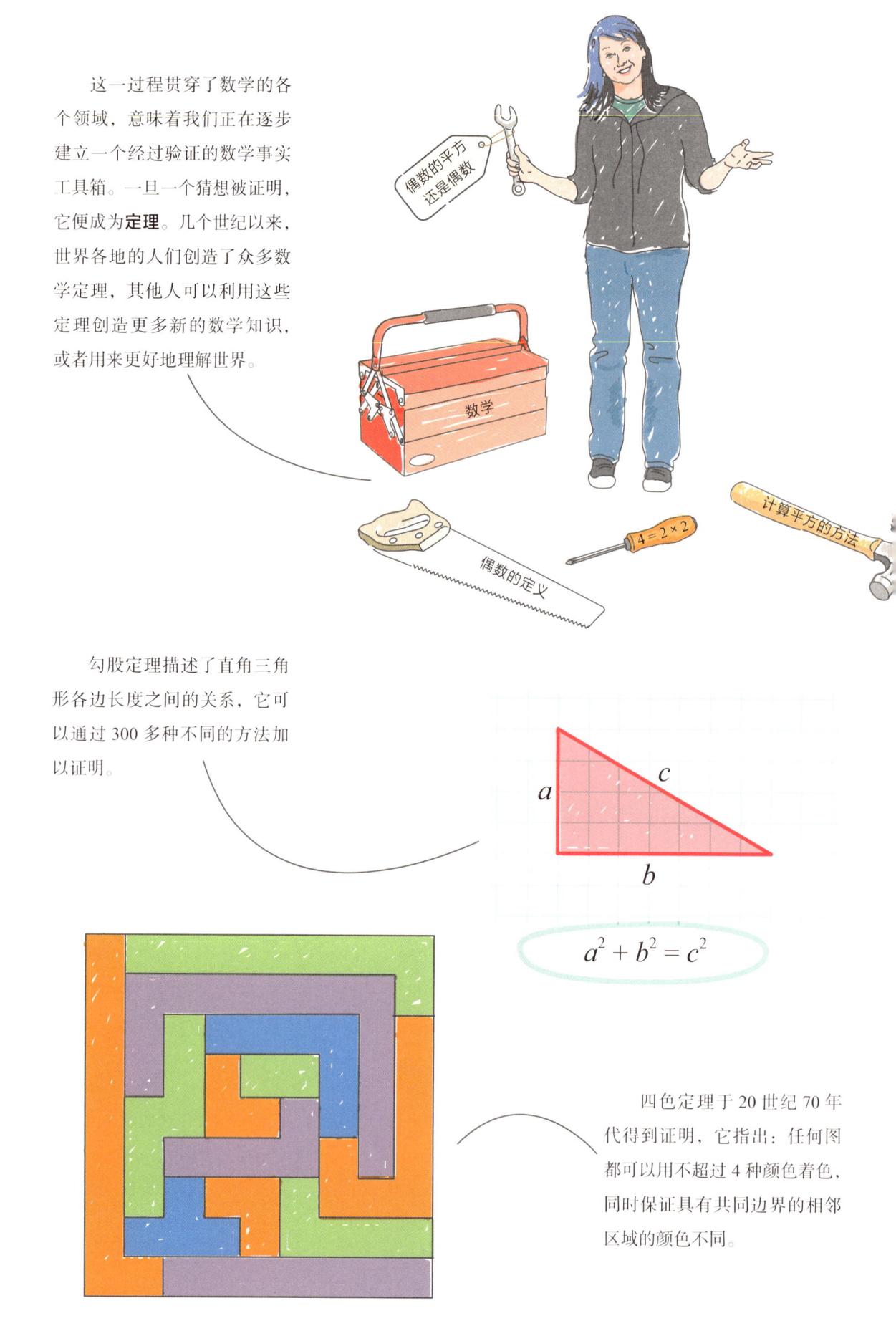

这一过程贯穿了数学的各个领域，意味着我们正在逐步建立一个经过验证的数学事实工具箱。一旦一个猜想被证明，它便成为**定理**。几个世纪以来，世界各地的人们创造了众多数学定理，其他人可以利用这些定理创造更多新的数学知识，或者用来更好地理解世界。

偶数的平方还是偶数

数学

偶数的定义

4 = 2 × 2

计算平方的方法

   勾股定理描述了直角三角形各边长度之间的关系，它可以通过 300 多种不同的方法加以证明。

$$a^2 + b^2 = c^2$$

   四色定理于 20 世纪 70 年代得到证明，它指出：任何图都可以用不超过 4 种颜色着色，同时保证具有共同边界的相邻区域的颜色不同。

数学逻辑

　　一般而言,"逻辑"这个词被用来描述每一步推理的过程;在数学中,逻辑的含义与此极为相似:给定已有的信息,我们如何一步一步地推断出其他结论?数学家需要像侦探一样慎之又慎,不要妄下结论或做出无法证明的假设。逻辑为我们提供了确保结论正确的工具。

　　在基本层面上,可以将逻辑陈述视为单独的对象。**命题**是一个陈述,可能为真也可能为假,并且可以通过不同的方式与其他命题组合在一起。

　　"我的鞋子是棕色的""所有的狗都叫"或者"1 + 1 = 3"都可以称为"命题"。

第 7 章　逻辑和证明

命题逻辑就是用简单命题通过不同的逻辑方式组合展开推理。在书写逻辑陈述时，我们通常使用单个字母（如 p 与 q）来表示命题。

我们可以使用逻辑运算符（如"与""或""非"）来组合命题。这些运算符用特定符号表示（"与"的符号是 $\wedge$，"或"的符号是 $\vee$，"非"的符号是 $\neg$），让我们能够构建更复杂的陈述。

p 与 q

p = "我有一顶帽子。"

q = "我有一条围巾。"

$p \wedge q$ = "我有一顶帽子与一条围巾。"

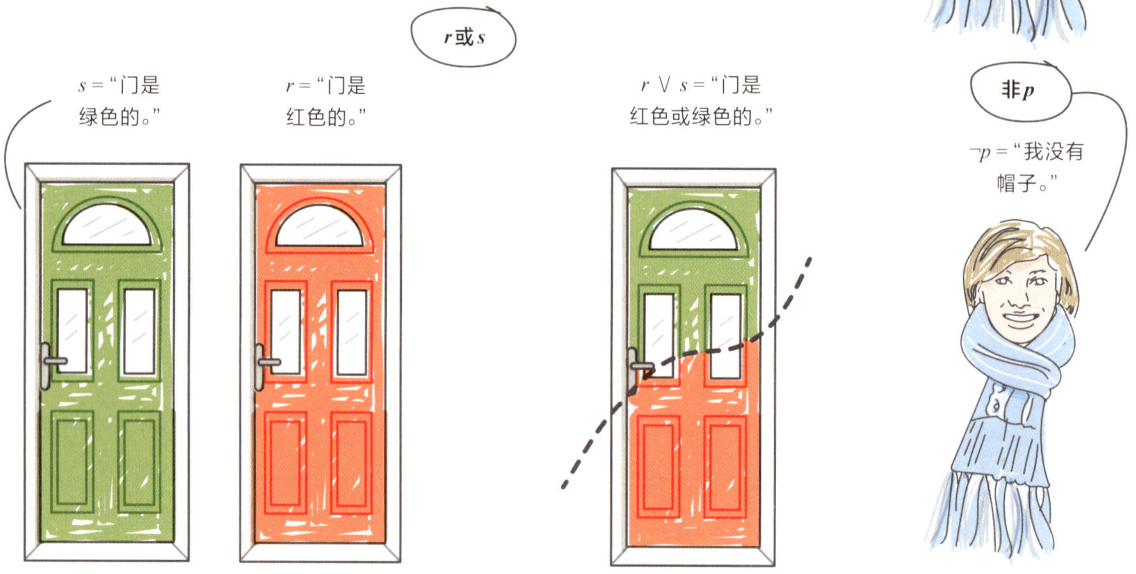

r 或 s

s = "门是绿色的。"

r = "门是红色的。"

$r \vee s$ = "门是红色或绿色的。"

非 p

$\neg p$ = "我没有帽子。"

逻辑的一个重要概念是**肯定前件式**原则。它来源于拉丁短语，意为"通过放置的方法"，描述了通过组合其他命题来创建新命题的能力。例如：

p = "我的所有东西都是蓝色的。"

q = "我有一辆车。"

则从 p 与 q 可以推断，我有一辆蓝色的车。

人们在数学证明中使用了这种推理方法。例如，如果我们知道某个集合中的所有数都具有某种性质，则可证明"若数 x 属于该集合，则 x 必定具有该性质"。这可能看起来显而易见，然而，在数学证明中，每一步都需要遵循严格的逻辑，以确保没有遗漏可能性或做出无根据的假设。

数学家伯特兰·罗素和阿尔弗雷德·诺思·怀特海在二人的著作《数学原理》（1903）中，收入了一个对"1 + 1 = 2"的证明。该证明的篇幅超过 200 页，从最基本的概念开始：加法的含义、两个事物相等的含义，以及符号"1"和"2"代表什么。他们希望阐明，每个数学思想都可以分解为最简单的逻辑术语。二人在证明之后加上了这样一句话："上述命题偶尔有用！"

证明的类型

不同的数学思想需要不同的证明方法。想证明你的想法是正确的，可以有许多不同的方法，具体使用哪种方法取决于你想要证明的内容。

直接证明

直接证明是从公认的事实或公理出发，用逻辑组合这些事实，推演出命题真伪的方法。

两个奇数之和永远是偶数

如果试图证明两个奇数之和永远是偶数，我们可以从奇数的定义开始。

我们将任何奇数表示为 $2n+1$，其中 n 可以是任意整数。$2n$ 总是偶数，因此 $2n+1$ 一定是奇数。

这是最直接的方法，但仅当存在一条直接的逻辑推理链，能够从已建立的数学事实推导出你想要证明的陈述时，这种方法才有效。

假设将两个奇数相加，考虑到两个奇数可能不是同一个数，因此可以将它们表示为 $2n+1$ 和 $2m+1$，其中 m 和 n 都是整数。

然后，我们可以得出这两个数之和为：$(2n+1)+(2m+1)=2n+2m+2$

它是不是偶数呢？我们可以将等式重写，从而更清楚地表明它可以被 2 整除：

$$2n+2m+2=2(n+m+1)$$

无论 n 和 m 的值是多少，结果必定是偶数。至此，"两个奇数之和永远是偶数"已告证毕，其中每一步都从前一步推导而来，利用已知事实构建了一个证明。

$5=(2\times 2)+1$

$9=(2\times 4)+1$

$11=(2\times 5)+1$

$15=(2\times 7)+1$

逆否命题证明

数学陈述的**逆否命题**是一种等价的陈述，但以否定的方式表达。

例如，我可以说："如果一个形状是正方形，则它有 4 条边。"

这相当于说："如果一个形状没有 4 条边，则它不是正方形。"

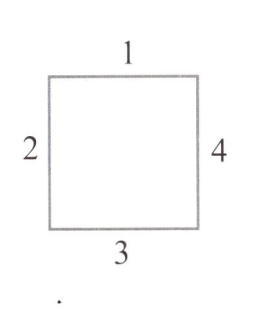

第一句中的两个陈述都被改为否定句，而且交换了位置。

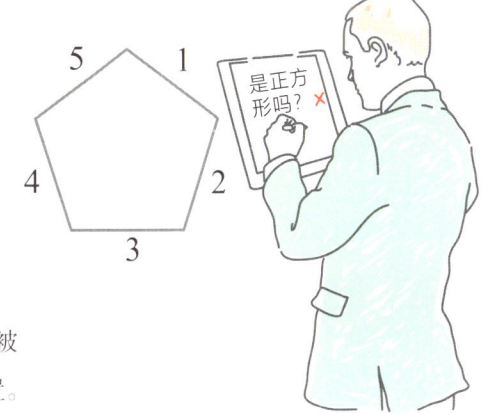

第 7 章　逻辑和证明

如果某数不能被 2 整除，则它也不能被 4 整除

我们可以通过考虑这个命题的逆否命题予以证明。其逆否命题是：

"如果一个数可被 4 整除，则它必可被 2 整除。"

这一命题较易证明，现陈述如下：

（1）如果某数可以被 4 整除，我们可以将其写为 $4n$，其中 n 是整数。

（2）该数可以写成 $4n = 2(2n)$。

（3）所以，这个数可以被 2 整除。

（4）据此，我们知道其逆否命题成立：

"如果某数不能被 2 整除，则它也不能被 4 整除。"

反证法

反证法需要首先假定某个命题的否定为真，然后找到一个与已知事实或公理矛盾的结论来证明原命题为真。例如，如果我想证明给定集合中的所有数都具有某个特定性质，我可以先假设集合中存在一个不具备该性质的数，由此开始逻辑推理，直到找出一个矛盾。

要找出一个矛盾，我们需要从假定出发开始逻辑推理，直至推导出某个我们已经确定为假的结果为真。同样，我们也可以从假定出发进行逻辑推理，证明第一步的假设为假。

当找到这样的矛盾时，我们便知道一开始所做的假定必然是错误的。

$\sqrt{2}$ 是无理数

我们曾在第 8 页看到利用反证法证明的一个例子，当时我们证明了 $\sqrt{2}$ 是无理数。

我们假定可以将 $\sqrt{2}$ 写成一个分数，然后得到一个两边永远无法相等的方程，即一个矛盾。我们也在第 40 页用反证法证明了存在无穷多个素数。

穷举法

这个方法的名字听起来仿佛你在证明一个命题时用尽全力之后宣告放弃,但此"用尽"非彼"用尽"!在数学中,如果你想要证明事物的有限集合为真,或者有限的可能性为真,**穷举法**是很有用的。你只需要核实一切可能的情况,说明你的陈述全都为真。同样重要的是,需要证明你核实的情况涵盖了一切可能性。

10 到 15 的所有数都可以写成连续数之和

我们可以用穷举法证明,10 到 15 的所有数都可以写成连续数的和。我们只需要找出用连续数之和表达 10、11、12、13、14、15 的方法即可。

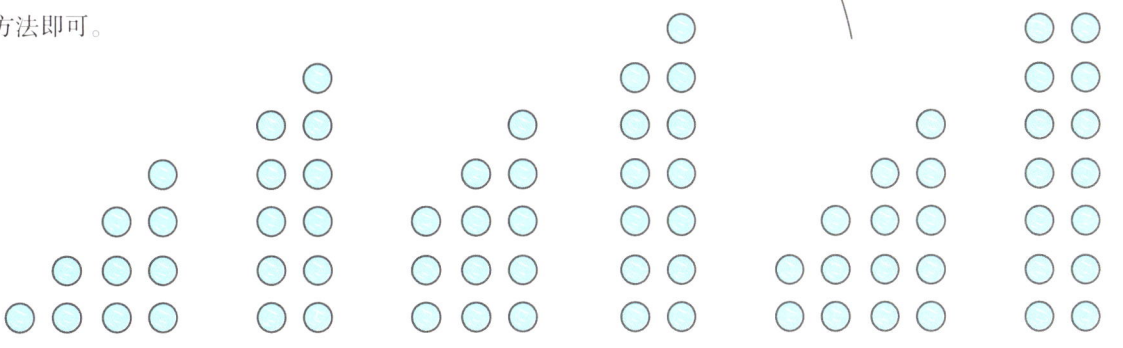

$10 = 1 + 2 + 3 + 4 \quad 11 = 5 + 6 \quad 12 = 3 + 4 + 5 \quad 13 = 6 + 7 \quad 14 = 2 + 3 + 4 + 5 \quad 15 = 7 + 8$

我们可能会希望证明某个理论对所有数都适用。我们可以将所有数分为有限的类别,例如"3 的倍数""比 3 的倍数多 1"和"比 3 的倍数多 2",以此类推,下一个数将再次属于第一类——"3 的倍数"。然后,我们可以使用穷举法分别证明每一种情况。

1 2 3 4 5 6 7 8 9 10 11 12 13 14 15

数学归纳法

数学归纳法用于证明某个性质适用于无限良序集合中的每个元素。面对无限集合，你永远无法检查所有情况，因此穷举法失效。数学归纳法需要依赖一种有序递增的结构，即一个能通过递推覆盖整个集合的数 n（$n \geq 1$，$n \in \mathbf{N}$）。

数学归纳法包括两个步骤：

（1）归纳奠基：证明命题对初始值（如 $n = 1$）成立。

（2）归纳递推：假设结果对 n 成立，然后证明结果对 $n + 1$ 也成立。为此，我们可以使用假设及任何其他既有事实。

由于知道命题至少在基本情况下是有效的，我们便可以重复运用归纳递推，说明命题永远有效。这就如同一个链式反应，或者正在倒下的多米诺骨牌。我们从证明基本情况开始，就相当于推倒了第一张骨牌。然后，我们假定，如果任何一张骨牌倒下，都将推倒紧挨它的下一张骨牌。这就意味着，如果第一张骨牌倒下，后面的所有骨牌都会倒下。

1 到 n 的整数之和可以写作 $\dfrac{n(n+1)}{2}$

归纳奠基：检查结果对 $n = 1$ 是成立的。

我们可以得出：

$$\dfrac{n(n+1)}{2} = \dfrac{1(1+1)}{2} = \dfrac{2}{2} = 1。$$

归纳递推：假设这个公式对数 k 成立，于是我们就可以利用 $1 + 2 + \cdots + k = \dfrac{k(k+1)}{2}$ 来证明当 $n = k + 1$ 时，结果仍然成立。

1 到 $k + 1$ 的和是之前的和 $1 + 2 + \cdots + k$，再加上 $k + 1$。

由于知道前 k 项的和是 $\dfrac{k(k+1)}{2}$，我们可以将 $k + 1$ 项的和写成：

$$\dfrac{k(k+1)}{2} + (k+1)$$

将右边的项改写为分母为 2 的分数，即上下同时乘 2：

$$\dfrac{k(k+1)}{2} + \dfrac{2(k+1)}{2}$$

然后将两个分数合并：

$$\dfrac{k(k+1) + 2(k+1)}{2}$$

分子中的两项都是 $k + 1$ 的倍数，所以我们可以将分式整理为：

$$\dfrac{(k+2)(k+1)}{2}$$

这刚好就是之前的公式，只不过把 k 换成了 $k + 1$，因为 $k + 2 = (k + 1) + 1$。

所以，如果公式对 $n = 1$ 有效，我们便知道它也对 $n = 2$ 有效，随之是 $n = 3$，以此类推。我们证明了它对 n 的任何取值都有效，即从 1 到 n 的整数之和可以写成 $\dfrac{n(n+1)}{2}$。

图解证明

虽然许多数学证明是通过逻辑推理完成的，但使用图形来证明某些命题也常常可行。虽然这种方法在几何证明中更加有用，但代数命题也可以通过图解证明来展示。

整数 1 到 n 的和

我们在上一节看到，如果将 1 到 n 的所有整数相加，其和为 $\frac{n(n+1)}{2}$。

如果想用另一种方式证明这个命题，可以利用一个图形，将和表示为一组连接的阶梯状方块。

这样的两个阶梯可以拼成一个 $n \times (n+1)$ 的矩形。这意味着每个阶梯占据该矩形面积的一半，即 $\frac{n(n+1)}{2}$。

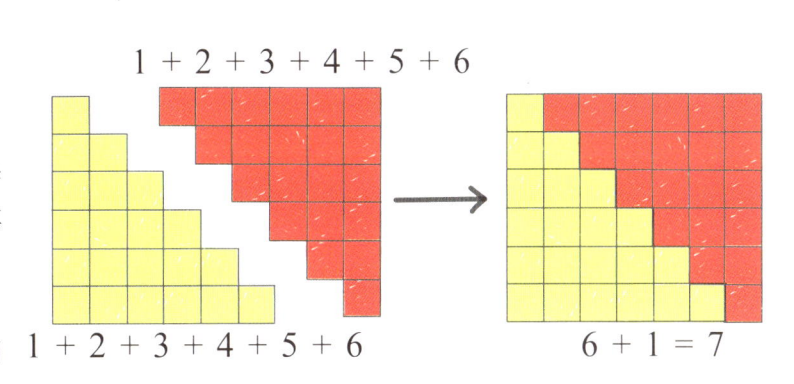

$$1 + 2 + 3 + 4 + 5 + 6$$

$$6 + 1 = 7$$

$$2 \times (1 + 2 + 3 + 4 + 5 + 6) = 7 \times 6$$

$$(1 + 2 + 3 + 4 + 5 + 6) = \frac{7 \times 6}{2}$$

前 n 个奇数的和

如果不是将所有整数相加，而是只将奇数相加，则其和总是一个平方数。例如，1 + 3 + 5 = 9，即 3^2。我们可以将每个奇数表示为一条在中间拐弯的方块条，这些方块条总能组合成正方形。

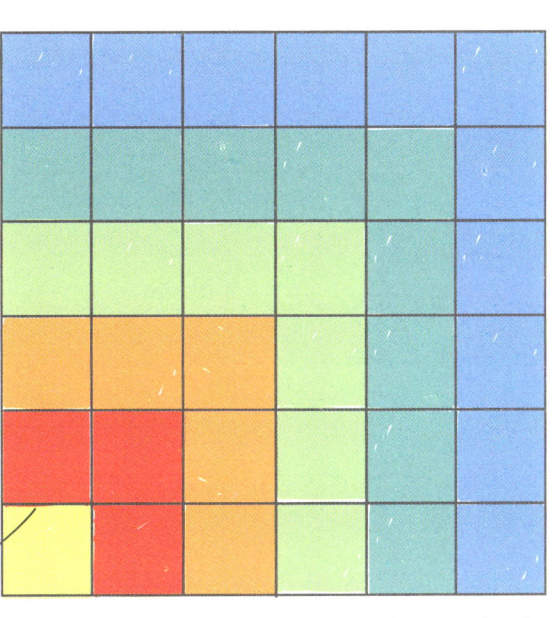

1　3　5　7　9　11

第 7 章　逻辑和证明

两个平方数之差

平方差公式表明，如果两个数的平方相减，其差可以分解为两个数的和与差的乘积：

$$a^2 - b^2 = (a+b)(a-b)$$

可以通过一个大正方形和一个小正方形来呈现这个过程：

大正方形的边长为 a，面积为 a^2。

小正方形的边长为 b，面积为 b^2。

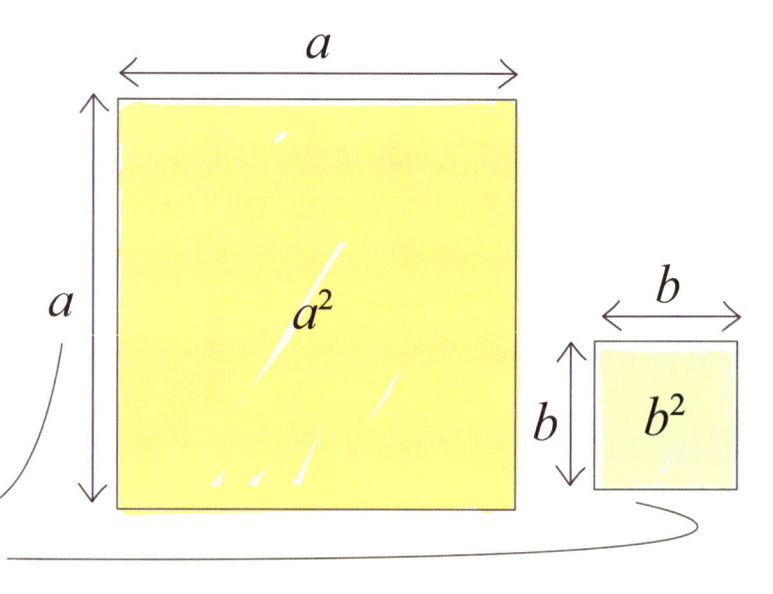

从大正方形的面积中减去小正方形的面积。

然后，分割剩余的面积。

将其中一块移动到末端，形成一个矩形，其长边为 $a+b$，短边为 $a-b$，因此面积为 $(a+b)(a-b)$。

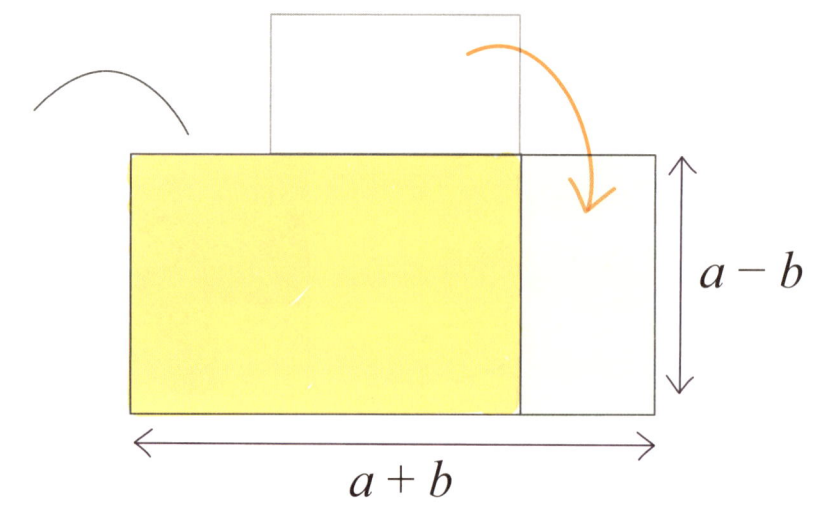

集合论

我们在第 3 页学习了如何使用集合计数，并在第 23 页和第 25 页理解了加法和乘法。集合是支撑数学思维的基础概念之一，我们有许多工具来理解与运算集合。

我们使用花括号来表示集合，其两端各有半边括号，将集合中的各项包含其中，这些项就是**元素**。

$$\{1, 2, 3, 4, 5\}$$

$$\{x, y, z, \{2, 3\}, \pi\}$$

集合可以包含数、其他类型的数学对象，甚至其他集合。集合可以相加，构建一个包含二者全体元素的新集合。这种将两个集合相加的方式叫作取它们的**并集**，即元素属于集合 A 或属于集合 B，记作 $A \cup B$。我们还可以从一个集合中减去另一个集合，得到**差集**，记作 $A \setminus B$。此外，我们可以通过取**交集**来找到两个集合共有的元素，即元素属于集合 A 且属于集合 B，记作 $A \cap B$。（有关图解这些集合的方法，见第 72 页。）

$$\{1, 2, 3\} \cup \{1, 2, 4\} = \{1, 2, 3, 4\}$$

$$\{1, 2, 3\} \setminus \{1, 3, 4\} = \{2\}$$

$$\{1, 2, 3\} \cap \{1, 3, 4\} = \{1, 3\}$$

我们甚至可以将两个集合相乘，即取两个集合的笛卡儿积，构建一个新集合，新集合的元素为原集合元素的有序对。

$$\{1, 2\} \times \{A, B\} = \{(A, 1), (A, 2), (B, 1), (B, 2)\}$$

第 7 章 逻辑和证明

我们称包含在较大集合中的较小集合为**子集**。例如，集合 {x, y} 是集合 {x, y, z} 的子集。我们用 {x, y} ⊊ {x, y, z} 表示 {x, y} 的所有元素都包含在 {x, y, z} 中。

一个集合的幂集包含该集合的所有可能子集。例如，一个包含 3 个元素的集合的幂集有 8 个元素。

$$P(\{x, y, z\}) = \{\{\}, \{x\}, \{y\}, \{z\}, \{x, y\}, \{x, z\}, \{y, z\}, \{x, y, z\}\}$$

集合符号是一种正式的表达方式，用于描述你在现实生活中已经熟悉的概念。在现实生活中，你会遇到具有共同属性的对象，比如班级中完成作业的学生子集，或者对菜单中的餐点加以分组和组合。

集合可以是有限的或无限的（见第 10 页），且常用于编码和计算机科学，以存储与运算数据集合。

集合提供了一种描述数学概念的通用语言。正如我们在第 72 页看到的那样，可以用一组顶点和一组边表示图。我们还可以用集合作为群和域的基础（有关代数结构的更多内容，见第 12 章）。

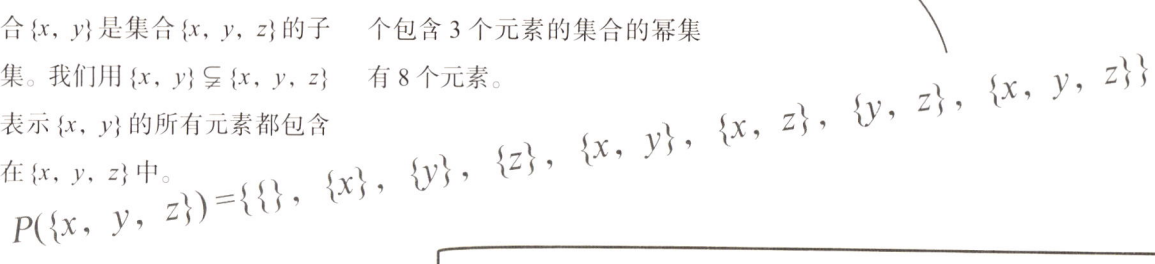

菜单

1. 奶酪三明治　　　4 美元
2. 培根三明治　　　8 美元
3. 鹰嘴豆泥三明治　7 美元
4. 水煮蛋沙拉　　　3 美元
5. 鸡肉沙拉　　　　5 美元

素食选项 (V) = {1, 3, 4}
无麸质选项 (G) = {4, 5}
可以用 5 美元购买的餐点 (F) = {1, 4, 5}
包含鸡肉的餐点 (C) = {5}

我是素食者，只有 5 美元
$V \cap F = \{1, 4\}$

我对麸质过敏，而且不喜欢鸡肉
$G \setminus C = \{4\}$

哈斯图

哈斯图是另一种展示集合之间关系的方式。这种图以德国数学家赫尔穆特·哈斯的名字命名（但在哈斯之前就有其他数学家在使用这种图），它展示了我们如何为集合"排序"。

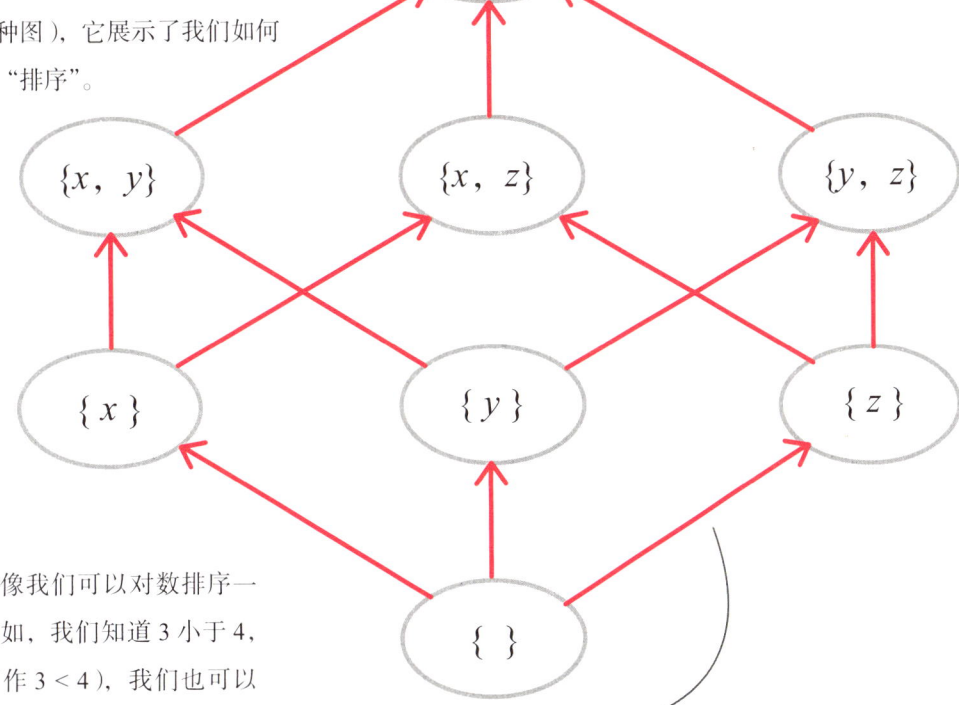

就像我们可以对数排序一样（例如，我们知道 3 小于 4，可以写作 3 < 4），我们也可以通过集合之间的包含关系对集合排序。

例如，我们知道，$\{x, y\} \subsetneq \{x, y, z\}$ 中的 $\subsetneq$ 相当于数的关系中的"<"。此外，这两个集合之间没有其他集合，也就是说，它们之间仅相差一个元素，所以它们在包含关系链中不存在中间集合。

上图是一张有向图（关于有向图，见第 75 页），它显示了构成 $\{x, y, z\}$ 幂集的所有集合之间的关系，包括所有可能的零元素、一元素、二元素和三元素子集。

在这幅图中，箭头从任意集合指向直接包含它的集合。因此，集合 $\{x, y\}$ 有一个箭头指向 $\{x, y, z\}$。我们不会从 $\{y\}$ 这类集合直接向 $\{x, y, z\}$ 画箭头，因为在它们中间存在 $\{x, y\}$ 与 $\{y, z\}$ 这两个集合。

如果我们为自然数集绘制类似的图，使用"小于"的标准排序，它将由一条无限延伸的链组成，数之间通过箭头连接，例如 1 → 2 → 3，以此类推。

每个非空子集都有最小元素，所以我们说自然数集是**良序**的。对集合来说，元素之间可能无法完全比较，这种允许不可比较的排序就是**偏序**，而哈斯图让我们能够看到不同集合之间的偏序关系。

研究哈斯图有助于理解抽象结构，这种图在编程中也有应用。在幂集的情况下，哈斯图具有立方体的结构。事实上，对包含 N 个对象的集合，其幂集的结构将是一个 N 维立方体。

第 7 章 逻辑和证明 129

✓ 回顾

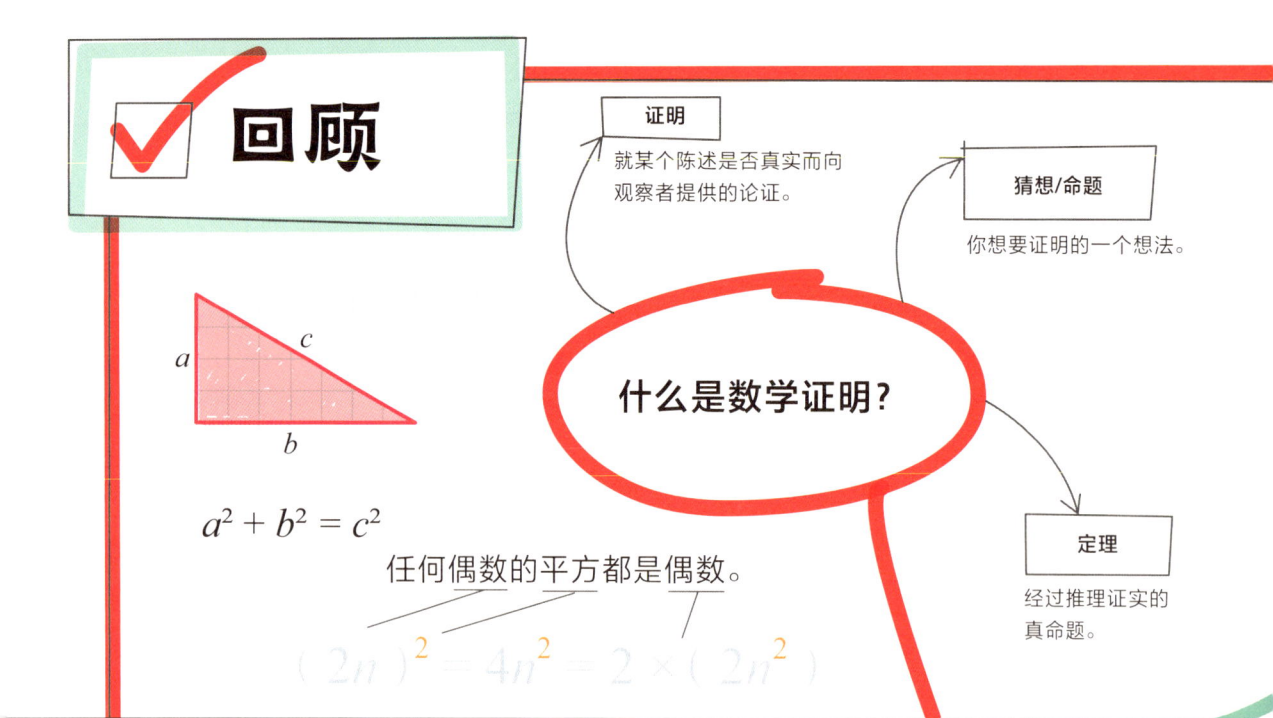

证明
就某个陈述是否真实而向观察者提供的论证。

猜想/命题
你想要证明的一个想法。

什么是数学证明？

$a^2 + b^2 = c^2$

任何偶数的平方都是偶数。

$(2n)^2 = 4n^2 = 2 \times (2n^2)$

定理
经过推理证实的真命题。

逻辑和证明

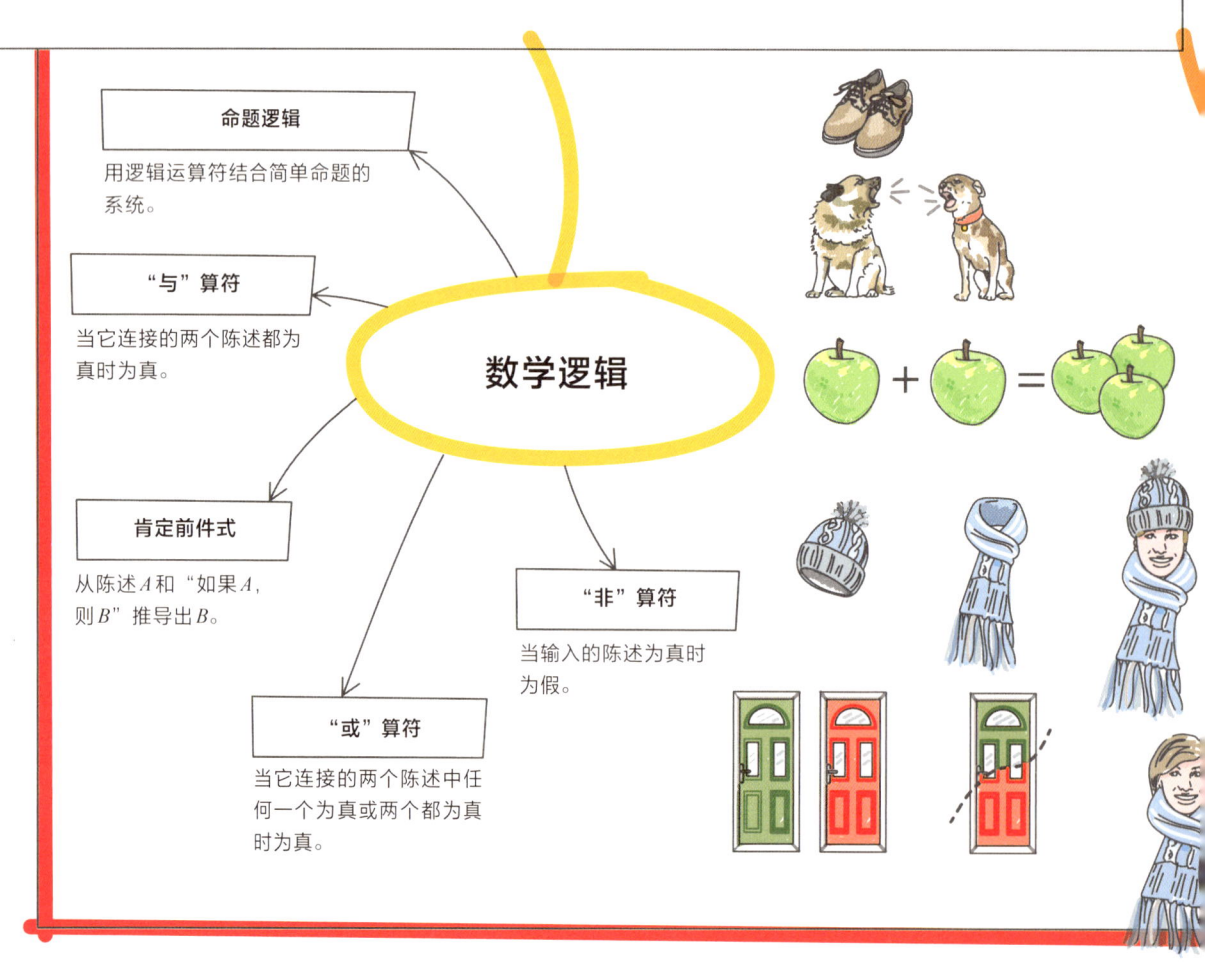

命题逻辑
用逻辑运算符结合简单命题的系统。

"与"算符
当它连接的两个陈述都为真时为真。

肯定前件式
从陈述 A 和"如果 A，则 B"推导出 B。

数学逻辑

"非"算符
当输入的陈述为真时为假。

"或"算符
当它连接的两个陈述中任何一个为真或两个都为真时为真。

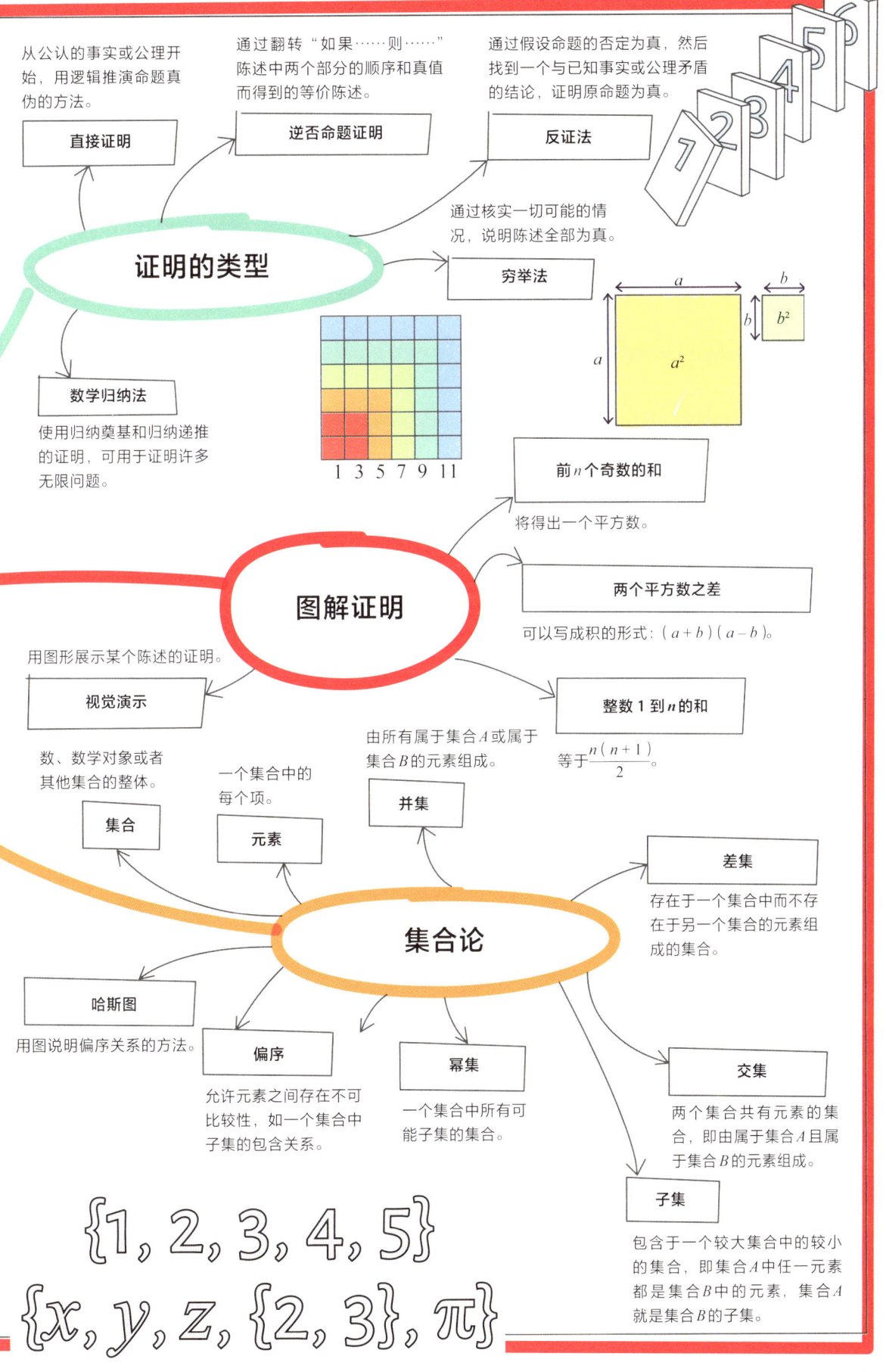

从公认的事实或公理开始，用逻辑推演命题真伪的方法。

通过翻转"如果……则……"陈述中两个部分的顺序和真值而得到的等价陈述。

通过假设命题的否定为真，然后找到一个与已知事实或公理矛盾的结论，证明原命题为真。

直接证明

逆否命题证明

反证法

通过核实一切可能的情况，说明陈述全部为真。

穷举法

证明的类型

数学归纳法

使用归纳奠基和归纳递推的证明，可用于证明许多无限问题。

1 3 5 7 9 11

前 n 个奇数的和

将得出一个平方数。

两个平方数之差

可以写成积的形式：$(a+b)(a-b)$。

图解证明

用图形展示某个陈述的证明。

视觉演示

整数 1 到 n 的和

等于 $\frac{n(n+1)}{2}$。

数、数学对象或者其他集合的整体。

一个集合中的每个项。

由所有属于集合 A 或属于集合 B 的元素组成。

集合

元素

并集

差集

存在于一个集合中而不存在于另一个集合的元素组成的集合。

集合论

哈斯图

用图说明偏序关系的方法。

偏序

允许元素之间存在不可比较性，如一个集合中子集的包含关系。

幂集

一个集合中所有可能子集的集合。

交集

两个集合共有元素的集合，即由属于集合 A 且属于集合 B 的元素组成。

子集

包含于一个较大集合中的较小的集合，即集合 A 中任一元素都是集合 B 中的元素，集合 A 就是集合 B 的子集。

$\{1, 2, 3, 4, 5\}$
$\{x, y, z, \{2, 3\}, \pi\}$

第 7 章　逻辑和证明

第 8 章

数学简史

许多数学知识是由世界各地的学者发现并记录的，其间跨越多个时代、文明与国家——从古埃及、巴比伦和古希腊，到中国、日本和波斯等。在计算机出现之前，一些令人惊讶的先进思想已经得到发展，而数学的书写和交流方式对其传播是至关重要的。

数学的起源

数学的许多基本概念，如计数、测量和计算等，是在多个世纪前发展起来的。为了理解世界、旅行和相互交流，我们需要数的力量。

人类已知最早的数学活动之一是**莱邦博骨**——狒狒的胫骨，由考古学家在南非发现，可以追溯至大约 4.4 万年前。其侧面有 29 道刻痕，据推测用于追踪月相周期，或者可能是月历。

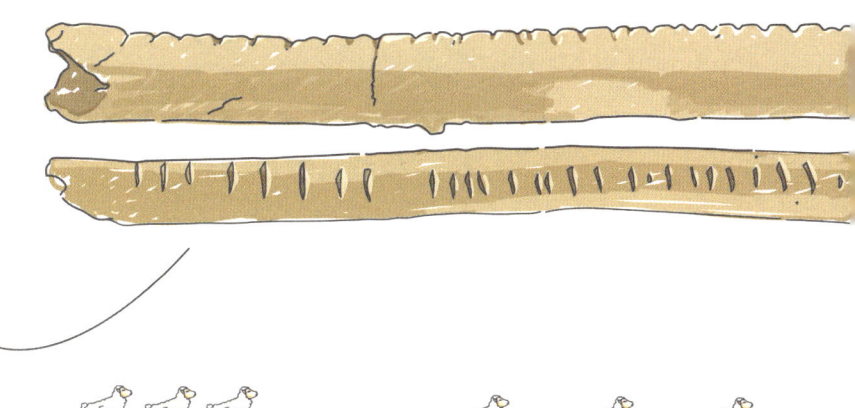

毫无疑问，在拥有表达数学思想的正式方式之前，人类就在计数和测量事物了。追踪牧群的规模、计算剩余的食物量及了解季节何时变化，所有这些都要求人们理解并学习计数和加法。

随着社会变得越发复杂，需要数学的一些原因也变得更加平常和熟悉，比如**金融**。如果你要完成交易、灌溉农田或根据土地面积征税，就需要有能力计算形状的面积与估计容器的容积。这促成了**测量学**的发展，这门学问是对形状及其长度、体积和表面积的研究。

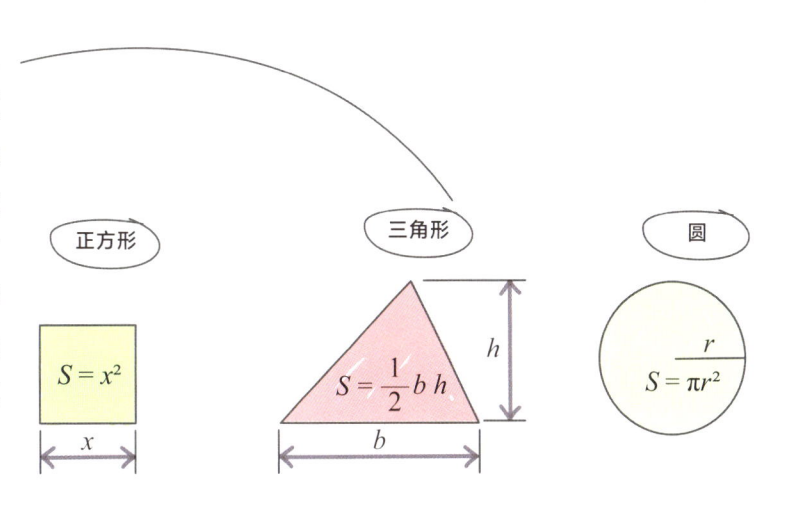

正方形: $S = x^2$

三角形: $S = \dfrac{1}{2} b h$

圆: $S = \pi r^2$

第 8 章 数学简史 **135**

另一个推动数学发展的重要动力来自**天文学**。许多文明都对观测星辰并尝试预测其运动抱有浓厚兴趣，而理解地球在太空中如何运动，让我们得以开发更精确的计时技术，如日晷和时钟。

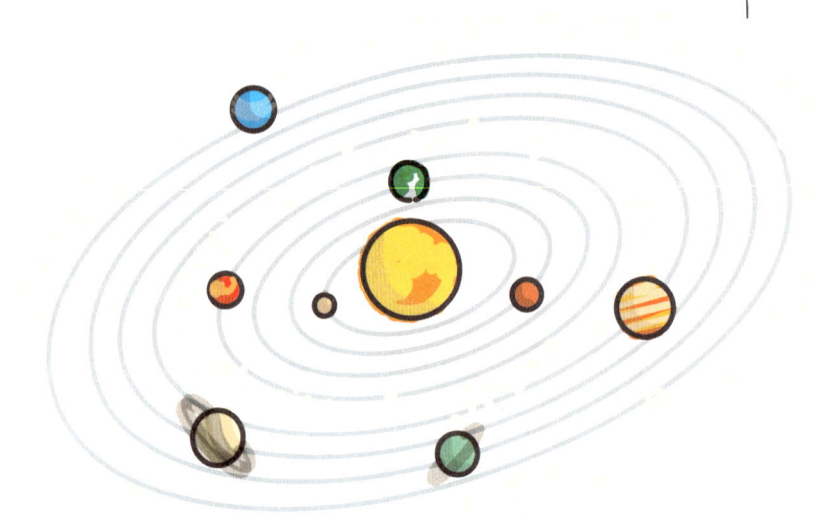

准确的时间也对**导航**至关重要：在没有全球定位系统（GPS）的情况下，绘制全球地图、驾驶帆船横跨辽阔的海域都离不开对太阳和星星位置的参考。精确的测量和计算及准确的时钟，使航海者能够计算航行的方向。**六分仪**是测量地平线与天空中星辰之间角度的一种仪器，用以确定使用者的纬度和经度。

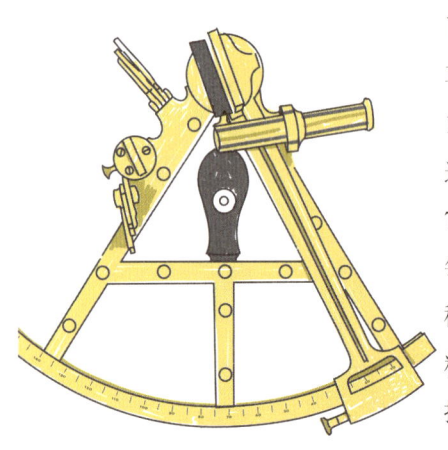

所有这些想法促使人们研究数学，而且研究的深入程度远远超越了计数和算术这些基础数学。反过来，这又为数学家和科学家打开大门，让他们得以超越已有的知识，探索新领域，并利用得到的结果发展全新的数学领域。

也有证据表明，数学研究有时仅仅是由好奇心驱动的——在许多历史时期都发现了谜题和数学玩具。《莱因德纸草书》是一份可追溯到公元前1850年的埃及文献，其中包含这样一个谜题："7间房子里有7只猫。每只猫杀死7只老鼠。每只老鼠本能吃7穗麦粒。每穗麦粒可以生产7赫卡特的面粉。这些猫减少了多少面粉的损失？"

数字的演变

尽管当前世界上大多数人都用第 16 页所述的十进制来计数，但情况并非一直如此。十进制使用的是阿拉伯数字，它们是在印度和波斯发展起来的，后来被欧洲数学家采用。

阿拉伯数字

阿拉伯数字系统起源于公元 3 世纪的印度，并在公元 7 世纪上半叶由阿拉伯数学家进一步发展，成为我们现在使用的数字系统。这些符号起源于古印度的婆罗米文，经过几个世纪的演变，成为我们熟悉的数字。

除了表示数字 0 到 9 的符号，该系统还逐渐融入了位值系统，出现了表示一、十、百和千的列。在此之前，人们使用的是一系列不同的系统，比如不使用位值、也没有表示 0 的罗马数字。

通过阿拉伯数学家花剌子米和金迪等人的著作，十进制计数法传播到了世界其他地区，并于约公元 1500 年在欧洲成为通用方法。这个想法是由数学家斐波那契在他的著作《计算之书》中提出的（有关斐波那契研究的更多内容，见第 47 页）。

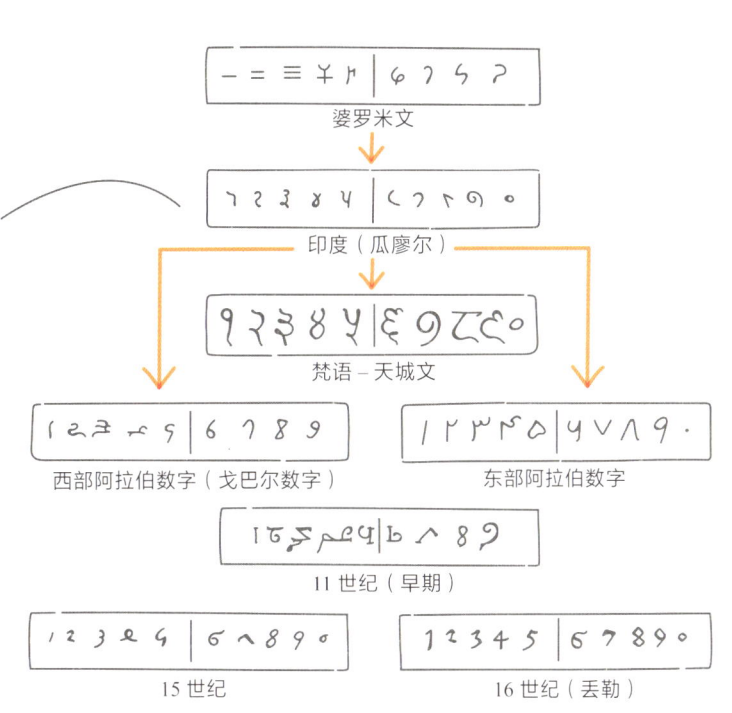

婆罗米文

印度（瓜廖尔）

梵语 – 天城文

西部阿拉伯数字（戈巴尔数字）

东部阿拉伯数字

11 世纪（早期）

15 世纪

16 世纪（丢勒）

古埃及人的数字和分数

古埃及人拥有自己的数字系统。这一系统比阿拉伯数字早了几千年,也基于十进制系统。古埃及人使用不同的符号表示 1、10、100、1 000 等,并根据需要重复绘制这些符号来表示某个数。

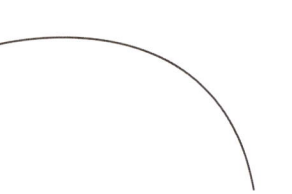

数值	1	10	100	1 000	10 000	100 000	100 万或者许多
象形文字								

这些符号代表物体的形象:10 是一个用来绑住牛腿的牛脚镣;100 是一卷绳子;1 000 是一朵睡莲或荷花;而 10 000 是一根微曲的手指。

12   120

埃及人不但拥有自己的数字系统,对分数的思考方式也很有趣,他们将所有分数写成**分数单位**的和。分数单位即分子为 1,分母是正整数的分数。符号 ⬭ 放在数字上方,表示以该数为分母的分数,称作该数的**倒数**。

$$\frac{1}{2} + \frac{1}{10}$$

你可能会疑惑,为什么世界各地的文明在不同的历史时期,都独立发展出十进制计数系统?这可能是因为人类有 10 根手指。

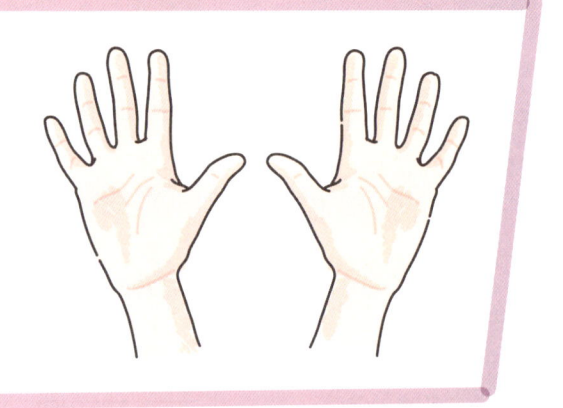

例如分数 $\frac{3}{5}$，它的分子不是 1，但可以写成 $\frac{1}{2}+\frac{1}{10}$。任何分数都可以写成分数单位之和，而且我们可以在第 89 页"算法"一节中看到为这样书写设计的多种算法。对任何给定的分数，将其表达为分数单位之和的方法可能不止一种，例如：

$$\frac{2}{3} = \frac{1}{3} + \frac{1}{3} \qquad \frac{2}{3} = \frac{1}{3} + \frac{1}{5} + \frac{1}{12} + \frac{1}{20}$$

通常，以这种方式书写分数可以让事情变得更简单，特别是当你需要将某物平均分配给多个人的时候。例如，如果你有 5 块比萨，要分给 6 个人，$\frac{5}{6}$ 块比萨可能比 $\frac{1}{2}+\frac{1}{3}$ 更难想象。如果你将其中 3 块比萨切成两半，另外 2 块切成 3 份，每个人就能得到一份 $\frac{1}{2}$ 比萨和一份 $\frac{1}{3}$ 比萨！

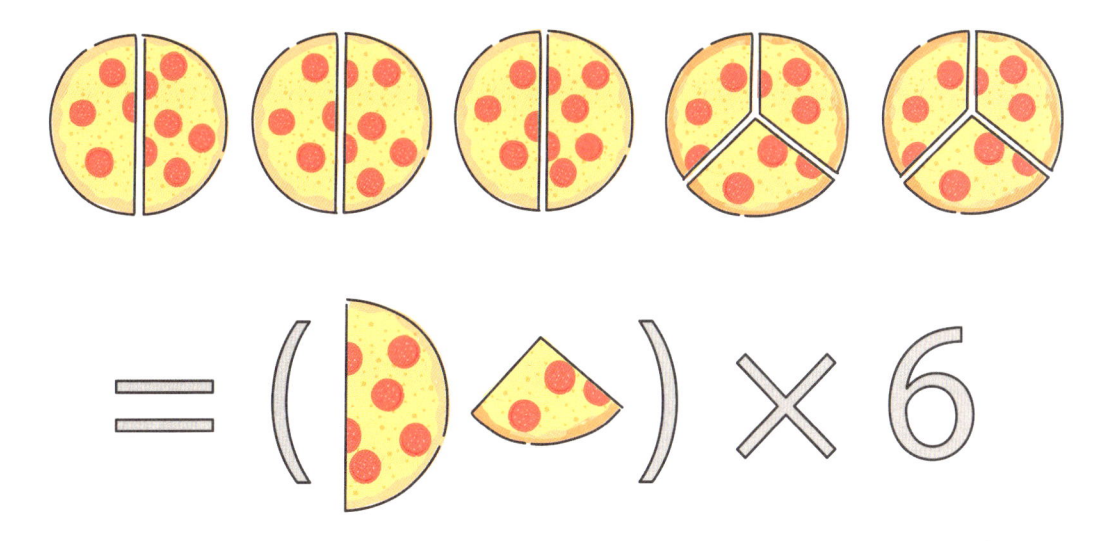

巴比伦人的数字

另一个拥有有趣数字系统的文明是巴比伦人。他们像古埃及人那样，用符号代表 1 和 10，而这些符号属于**楔形文字**，该文字是用芦苇笔杆在泥板上刻出的印记。同样，巴比伦人也会重复书写某个符号来代表一个数位，例如在写好了 10 个 1 之后，就可以用一个代表 10 的符号代替它们。

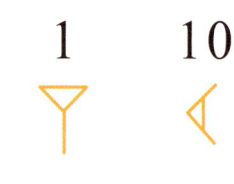

34　56　62　67　　160　　　3 804
　　　　　　　　　2×60 + 40　3 600 + 3×60 + 24

与古埃及人不同，虽然巴比伦人也引入了位值系统，但他们采用的是六十进制。这意味着，当画了 6 个 10 后，你只需用一个 1 来代替，它被放在一边，表示 60 的个数。

每个数由若干个 10 和 1 表示，超过 60 的数在左边有第二组符号，表示 60 的倍数。如果我们在左边再加上第三组符号，它们表示的是 60^2（3 600）的倍数，以此类推。

巴比伦人使用他们的计数系统来制定基于太阳和月亮的历法，一年有 360 天。

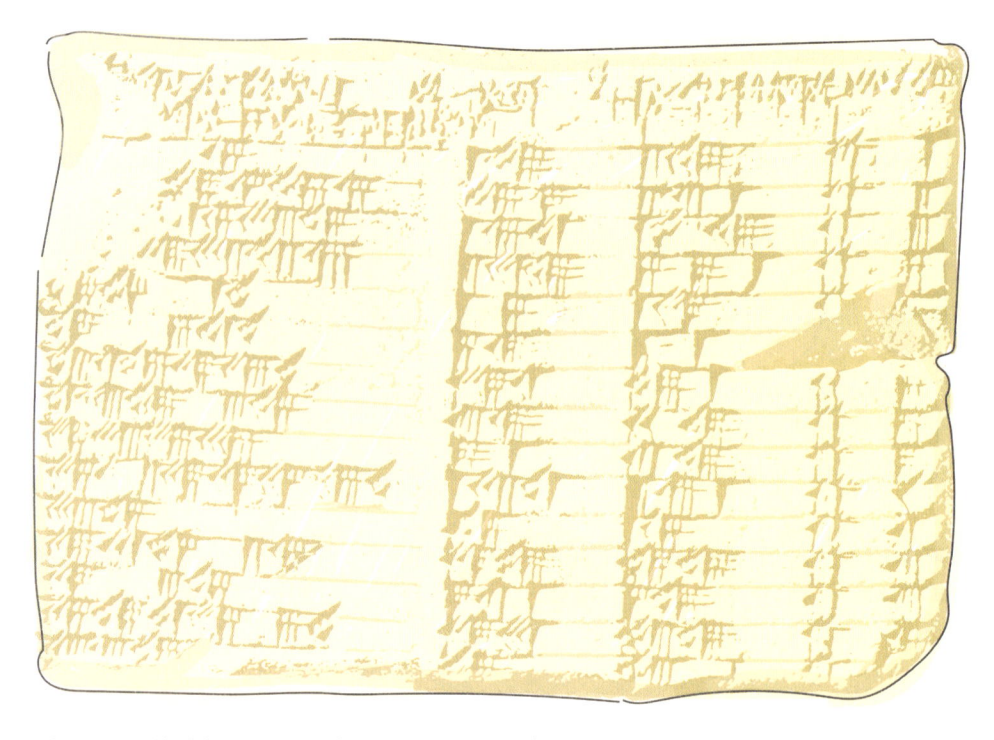

上图中所示的普林顿 322 号是一块巴比伦泥版文书，人们在其中发现了数学计算的例子，包括现在被称为"勾股数组"的数集。这些数集是 3 个整数的集合，可以构成直角三角形的边长，比如 3、4、5。这块泥版文书被认为写于约公元前 1800 年，比毕达哥拉斯的出生早 1 000 多年。

现代人类文化在某些方面延续了巴比伦人的六十进制，例如将六十进制用于时间单位：1 分钟有 60 秒，1 小时有 60 分钟；以及一个完整圆周有 360°。这些可能都要归功于巴比伦人。

文字数学

我们已经看到，代数是为复杂系统建模并理解它们的有力工具，但它并非一直是数学发现的重要部分。在代数诞生之前，数学家以文字的方式展开推理。我们当今使用的代数符号和表示法是历经多年发展的成果。

早期数学家研究了许多我们今天仍在使用的数学思想，但他们记录这些思想的方式却与今天大相径庭。现代学生在学校学习**勾股定理**，将其写为 $a^2 + b^2 = c^2$，其中 a 和 b 是直角三角形的两条直角边的长度，c 是斜边的长度。

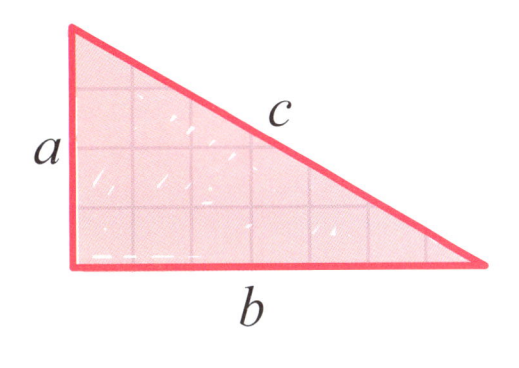

$$a^2 + b^2 = c^2$$

但是，这个定理可以等价地以文字表达为"直角所对的边长的平方等于构成直角的两边长的平方和"，而这正是古希腊人采用的表述方式。

早期有关代数的主要著作之一，是由数学家花剌子米在公元 9 世纪撰写的《还原与对消的科学》(al-Kitāb al-Mukhtaṣar fī Ḥisāb al-Jabr wal-Muqābalah)，人们常将其简称为《代数学》(al-Jabr)，这也是"代数"(algebra) 一词的由来。

这本书涵盖了代数的许多基本运算。书名中的"还原"指的是通过补全缺失项，将方程中的负项转化为正项；对消则相当于现代计算中消除方程两边的同类项来简化方程。

还原：$x^2 = 40x - 4x^2$ 变为 $5x^2 = 40x$

对消：$x^2 + 5 = 40x + 4x^2$ 变为 $5 = 40x + 3x^2$

书中还有如何运算和比较代数式的方法，以及各种形状的面积和体积公式。花剌子米还计算了 π 的近似值，精确到 4 位小数。

然而，书中给出的一切数学表达式都未使用代数符号。下页紫色框中是书中的一些陈述及其现代代数符号的对等表达。

"十加二，乘十减一。"

$$12 \times 9 \ (=108)$$

"一物加一等于二。"

$$x + 1 = 2 \ (\text{所以} x = 1)$$

"五个平方等于八十。"

$$5x^2 = 80 \ (\text{所以} x^2 = 16)$$

"一个平方加上十个相同的根，等于三十九。"

$$x^2 + 10x = 39$$

"十加一物，自乘。"

$$(10+x)(10+x)$$

在书中，最后一个例子后面跟着完整的计算："十乘十是一百，十乘一物是十物；一物乘十也是十物；一物乘一物是一个正的平方，所以整个乘积是一百迪拉姆加二十物加一个正的平方。"这里说的乘积是 $100 + 20x + x^2$。

    这种用文字叙述的计算有时被称为"修辞代数"，无论读或理解都很困难，用它想象代数关系必定是真正的挑战。

    时光荏苒，人们找到了更简洁的书面计算方式。一个著名的例子是英国威尔士医生兼数学家罗伯特·雷科德，他在其著作《砺智石》（1557）中写道，每次比较两个量时都要写"等于"实在太耗时。

> Howbeit, for easie alteratiō of *equations*. I will propounde a fewe exāples, bicause the extraction of their rootes, maie the more aptly bee wroughte. And to auoide the tediouse repetition of these woordes: is equalle to: I will sette as I doe often in woorke vse, a paire of paralleles, or Gemowe lines of one lengthe, thus:═══════, bicause noe. 2. thynges, can be moare equalle. And now marke these nombers.

这段话包括如下内容："为避免重复写'等于'这个词，我将像我经常做的那样，用一对平行线或等长的双线，即'===='来表示，因为没有两样东西比它们更相等。"

于是，雷科德决定用两条平行的线（叫作"gemowe lines"，源自法语单词gemeau，意为"双胞胎"）代替"等于"，用他自己的话说："没有两样东西比它们更相等。"

雷科德书中的方程：$14x + 15 = 71$

15—16世纪，包括欧洲在内的世界范围内，人们引入了形形色色的其他数学符号和运算。勒内·笛卡儿在其著作《几何学》（1637）中首次使用x这样的符号表示未知量，而莱昂哈德·欧拉（见第145页）则引入了用e表示自然对数的底、f表示函数及i表示虚数（见第14页）。

随着时间的推移，为了记录和交流数学思想，数学家之间逐渐形成了我们今天使用的符号体系和惯例。我们对此心怀敬意，因为它们更容易理解，也能更快地书写！

青史留名的数学家

多个世纪以来，许多人为数学的发展做出了贡献。通常，人们会以首次提出或通过著作将数学思想推广的数学家的名字命名他们的发现。有些数学家尤其家喻户晓！

希帕蒂亚（约 370—约 415）

希帕蒂亚来自古罗马亚历山大城，在柏拉图学派的一所学校中研究、讲授数学与哲学。她与她的父亲、亚历山大城的赛翁一起，为多部数学著作撰写**评注**。父女二人在其他数学家的著作中添加额外的注释，扩展了原文的思想并澄清了解释。

这些著作包括托勒密讨论天体运动的《天文学大成》，欧几里得奠定了几何学基础的《几何原本》，以及丢番图那涵盖了许多数论与代数基础概念的《算术》。

希帕蒂亚的所有著作都已失传，我们只能通过其他文献中对这些著作的引用得知它们曾经存在。不过普遍认为，希帕蒂亚和父亲对《几何原本》的修订和补充已成为该书此后所有版本的一部分。

花剌子米（约 780—约 850）

阿布·贾法尔·穆罕默德·伊本·穆萨·花剌子米是一位阿拉伯数学家，在巴格达生活与工作。关于他生平的详细信息不多，但他的著作《还原与对消的科学》（见第 141 页）被普遍认为是代数领域的重要著作之一。在几个世纪中，它一直是学习该学科的标准教材。

花剌子米在巴格达的智慧之家学习与工作，除了研究算法和代数，他还撰写了有关阿拉伯数字（见第 137 页）的著作。人们认为他是用符号 0 表示零的先驱，而此前零是用一个点表示的。此外，花剌子米也研究了天文学、历法和日晷，并制作了供这类计算使用的正弦和正切表。花剌子米还撰写了一部地理学的著作，计算了世界各地不同地点的纬度和经度，并制作了一些非常精确的地图。

莱昂哈德·欧拉（1707—1783）

欧拉是瑞士数学家，对几何学、三角学、微积分、图论（见第 72 页）和数论等多个数学领域都有大量贡献。他从年轻时就开始大量发表各种数学主题的论文，并与当时许多其他著名数学家开展合作。

许多数学思想都要归功于欧拉，例如著名的**巴塞尔问题**，即计算从 1 到 n 的所有数的平方倒数之和。欧拉证明，当 n 趋近于无穷大时，这个和会趋近于 $\pi^2/6$。他还提出了欧拉公式：

$$e^{i\pi} + 1 = 0$$

这个恒等式包含了**自然对数的底** $e = 2.71828\cdots$（有时称为"欧拉数"）、0、1、虚数 i（见第 14 页）及 π，它们都是重要的数学常数；该公式同时涉及加法、乘法和幂运算，它们都是最基础的数学运算。

欧拉还在物理学、天文学、制图学，甚至音乐理论等领域做出了贡献。晚年，欧拉因疾病失明，但在儿子约翰和克里斯托弗的帮助下，凭借记忆继续工作。在此期间，有时他仍能每周发表一篇论文。

埃达·洛夫莱斯（1815—1852）

埃达·洛夫莱斯的母亲也对数学感兴趣，她鼓励埃达学习数学。埃达成绩优异，对数学充满热情。作为诗人拜伦勋爵的女儿，她经常参加社交聚会，并与数学家兼科学家玛丽·萨默维尔成为朋友。埃达参加了许多数学讲座和科学演示，并与数学家奥古斯塔斯·德摩根通信交流。

埃达最著名的工作是与数学家和发明家查尔斯·巴贝奇合作，后者提出了机械计算机"差分机"的概念。埃达在 18 岁时参观了巴贝奇的工作室，看到了这台机器的早期原型机，并对巴贝奇的工作深感着迷，其中包括他后来更复杂的"分析机"。

1842 年，巴贝奇请埃达翻译意大利工程师路易吉·梅纳布雷亚关于分析机的讲座笔记。埃达在翻译时附上了她自己关于分析机的工作原理及其未来在数学计算中潜在应用的大量注释，这些注释的长度大约是原文的 3 倍。

伯努利数是在求某些特殊级数的和时非常有用的一组数列，埃达的著作中包括使计算机计算伯努利数的一系列指令。正因如此，埃达·洛夫莱斯常被认为是世界上第一位计算机程序员：她为一台尚不存在的计算机编写了程序！

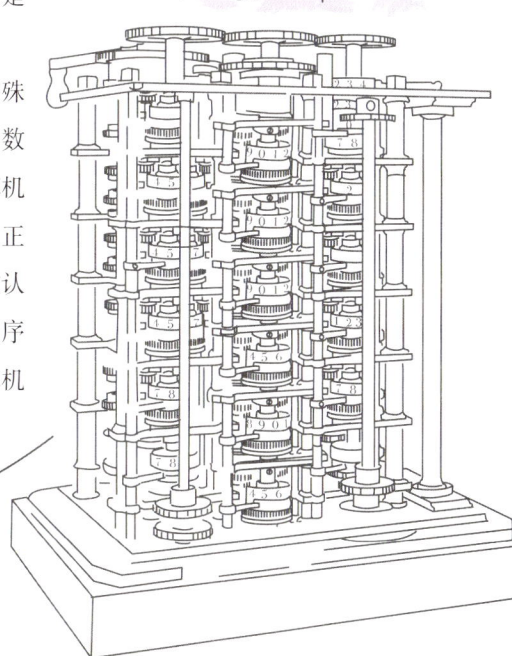

回顾

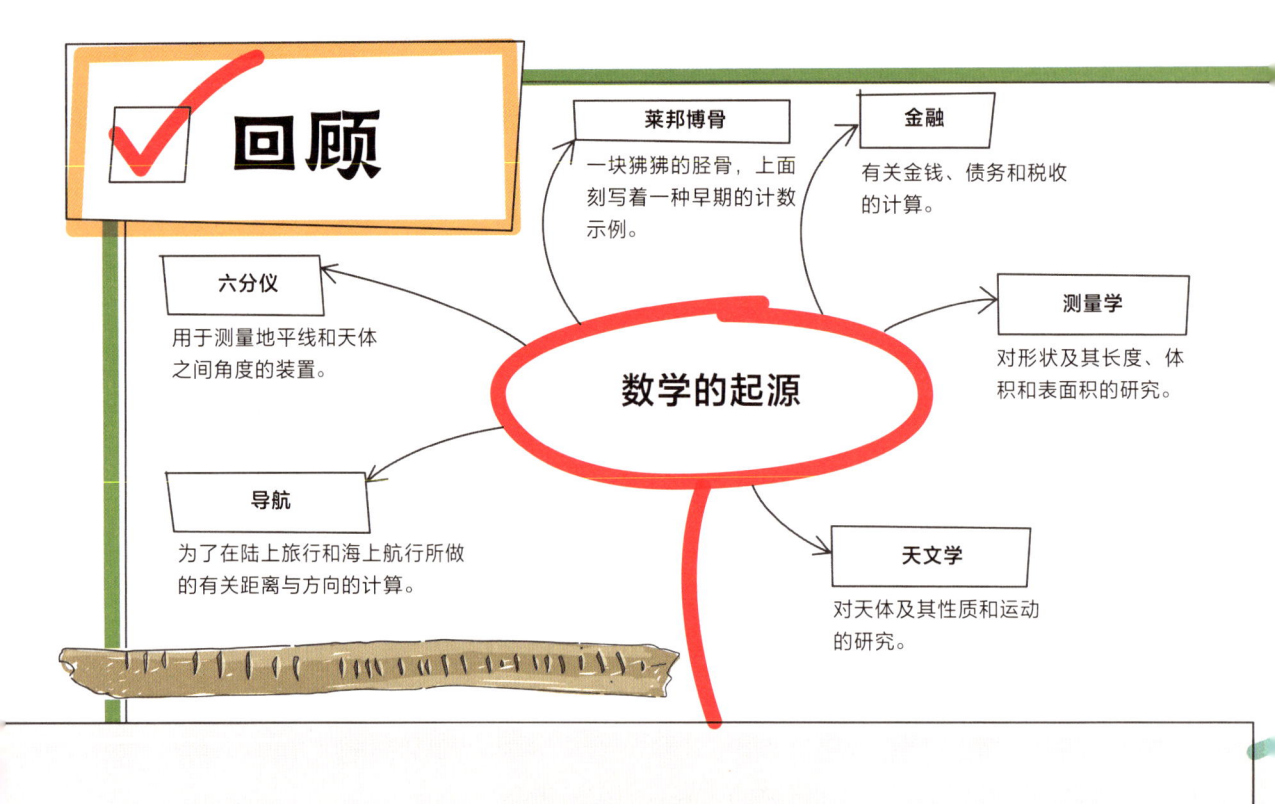

数学简史

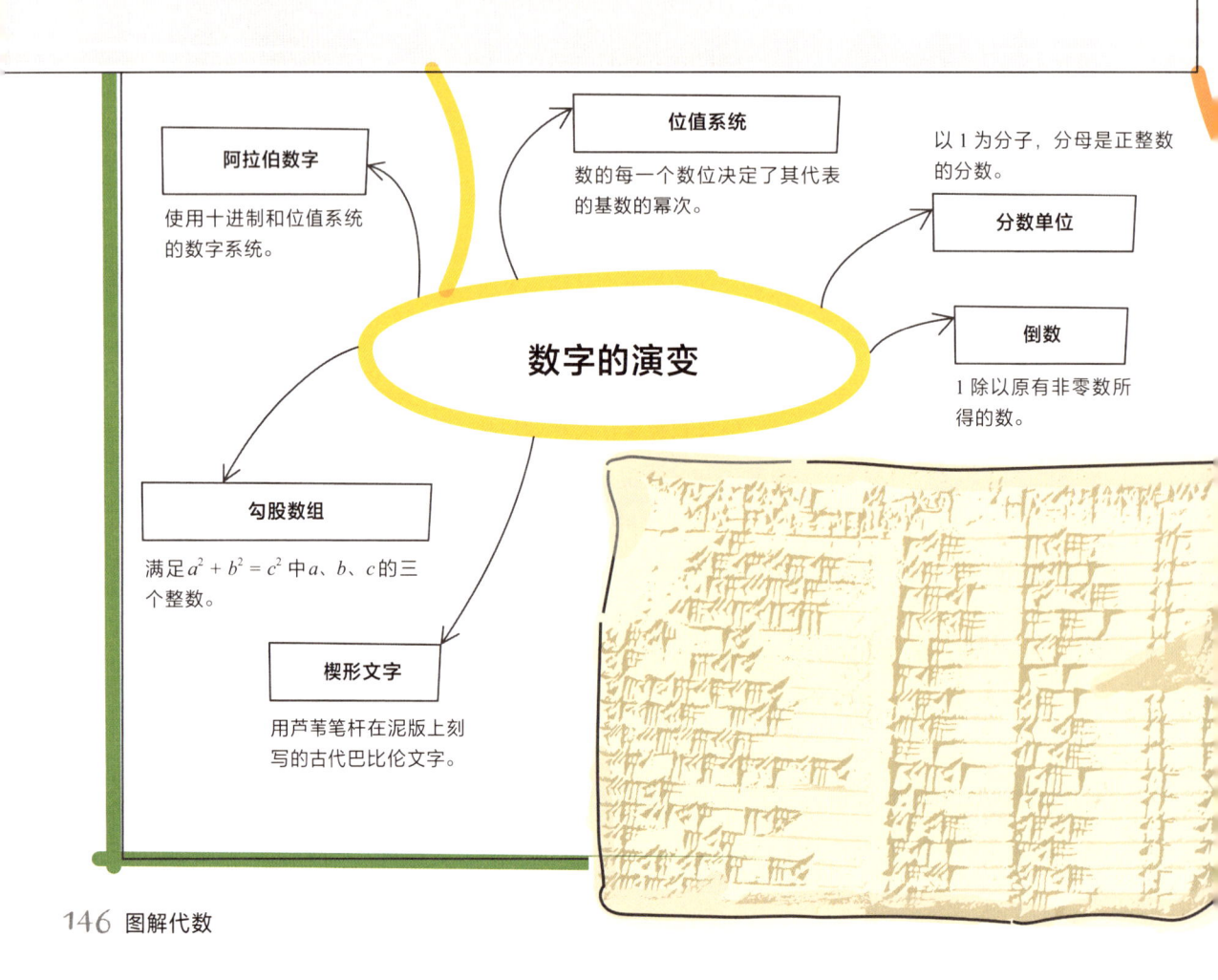

数学的起源

莱邦博骨
一块狒狒的胫骨,上面刻写着一种早期的计数示例。

金融
有关金钱、债务和税收的计算。

测量学
对形状及其长度、体积和表面积的研究。

天文学
对天体及其性质和运动的研究。

六分仪
用于测量地平线和天体之间角度的装置。

导航
为了在陆上旅行和海上航行所做的有关距离与方向的计算。

数字的演变

阿拉伯数字
使用十进制和位值系统的数字系统。

位值系统
数的每一个数位决定了其代表的基数的幂次。

以 1 为分子,分母是正整数的分数。

分数单位

倒数
1 除以原有非零数所得的数。

勾股数组
满足 $a^2 + b^2 = c^2$ 中 a、b、c 的三个整数。

楔形文字
用芦苇笔杆在泥版上刻写的古代巴比伦文字。

146 图解代数

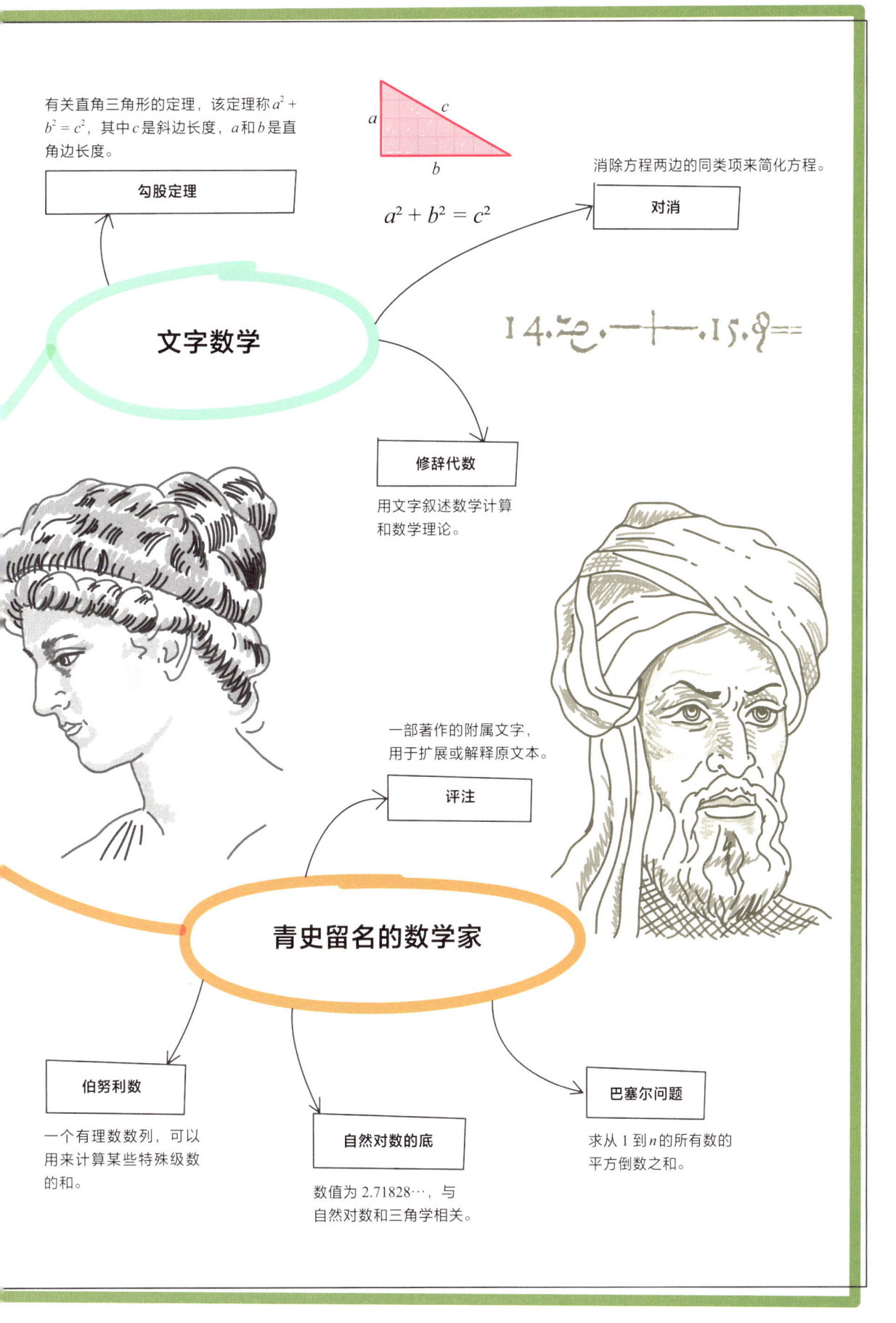

有关直角三角形的定理，该定理称 $a^2 + b^2 = c^2$，其中 c 是斜边长度，a 和 b 是直角边长度。

勾股定理

$$a^2 + b^2 = c^2$$

消除方程两边的同类项来简化方程。

对消

文字数学

修辞代数

用文字叙述数学计算和数学理论。

一部著作的附属文字，用于扩展或解释原文本。

评注

青史留名的数学家

伯努利数

一个有理数数列，可以用来计算某些特殊级数的和。

自然对数的底

数值为 2.71828⋯，与自然对数和三角学相关。

巴塞尔问题

求从 1 到 n 的所有数的平方倒数之和。

第 8 章 数学简史 147

第 9 章

建模

数学是一种强大的工具，我们可以用它描述周围的世界——从飞行物的运动方式，到天气与动物种群等复杂系统的相互作用模式。在工程、医学和整个科学领域中，人们用数学来描述与预测事物的行为。数学模型对理解世界至关重要，它们有多种形式：从单一的等式到庞大的相互作用系统。

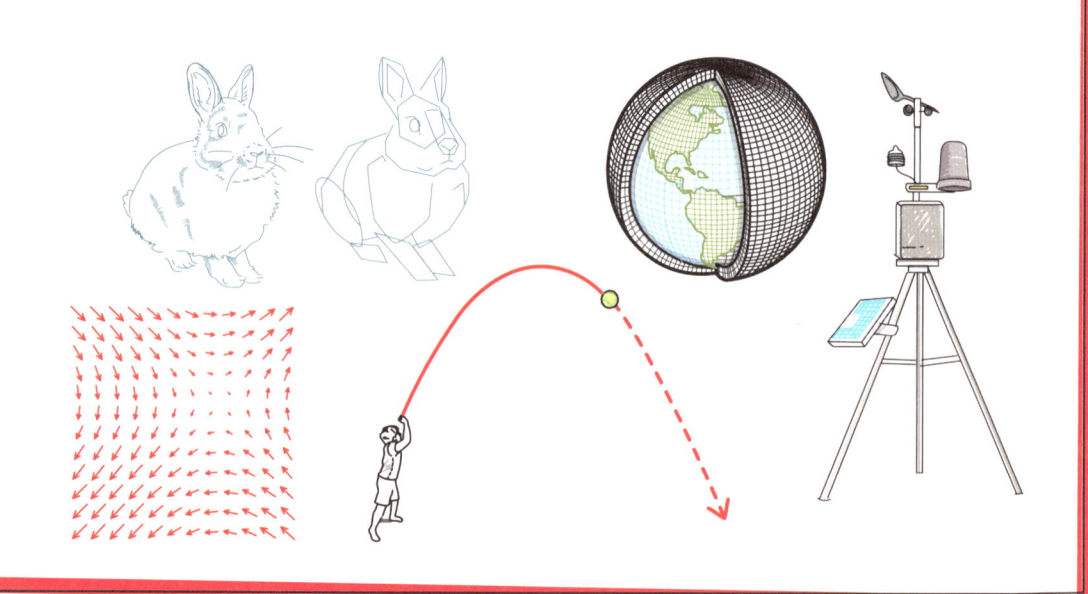

什么是数学模型？

应用数学是利用数学思想与结构来研究现实世界的对象与系统的过程。我们用数学函数来构建数学模型：它们描述事物的行为方式，目的是模拟或接近真实系统的工作方式。

在现实世界中，许多事物都是复杂的互动系统的一部分，这意味着，理解它们的行为或预测其未来的状态可能十分困难。**数学模型**需要简化其模拟的系统：或者忽略那些影响太小可以不纳入考量的因素，或者从开始就对系统的工作方式做出假设来创建模型。

以模拟在田野中生活的野兔种群为例。种群增长的速度取决于它们的繁殖速度，而减少的速度或许取决于捕食者猞猁的数量。野兔能够获取的食物量也会影响种群的大小。

第 9 章　建模　151

我们可以构建一个考虑了所有这些因素的模型，用以描述野兔种群的变化率。我们可以用变量 a 代表繁殖率，b 为当前食物供应能够维持的野兔数量，c 为野兔被猞猁捕食的速率。

如果用 H' 代表野兔种群的变化、H 表示野兔的数量，L 表示猞猁的数量，我们可以得出以下等式：

$$H' = aH\left(1 - \frac{H}{b}\right) - cLH$$

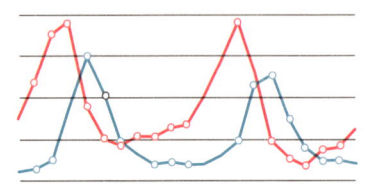

这是有关种群的一个数学模型的一部分，叫作"洛特卡－沃尔泰拉方程"，是由数学家艾尔弗雷德·J. 洛特卡和维托·沃尔泰拉在 1910—1930 年提出的。这些方程还包括一个有关猞猁种群如何变化的模型，让我们得以绘制野兔和猞猁种群随时间的变化情况。

洛特卡－沃尔泰拉模型

尽管这个模型可能很有用，但许多很重要的细节却暂付阙如。例如，它没有明确地将猞猁或者野兔的自然寿命计算在内。疾病、寒冷天气或栖息地被破坏等其他因素也可能影响实际种群的数量。

但是，如果将这些因素作为变量加进去，会使模型变得复杂得多，而在某些现实情况中，可能产生影响的变量数以千计。模型越复杂，运用起来就越困难，因为你需要输入大量数据，使用许多相互影响的方程来跟踪某个事物是如何影响其他一切的。

究其本质，建模是要在以下二者之间找到平衡：其一是足够复杂，以提供有意义结果的模型；其二是足够简单，使模型能够在不需要大量算力的情况下计算输出。建模永远是这两者之间的妥协。用统计学家乔治·博克斯的话来说就是："一切模型都是错误的，但有些是有用的。"

> 一切模型都是错误的，但有些是有用的。

152　图解代数

为现实世界的系统建模

自人类开始研究数学以来，我们一直在用它描述和理解周围的事物——从用简单的计数来描述对象的数量，到随数学本身的进步而用其描述更复杂的物理现象。计算机模型依靠机器处理数据并做出预测，它的发展使其成为理解现实世界的有力工具。

行星的运动

历史上曾有几种不同的数学模型，试图描述行星在空间中的运动。一些早期的假设认为地球是太空内的一个不动点，其他一切都围绕地球旋转，但数学家兼天文学家尼古拉·哥白尼提出了一个更准确的模型，让太阳成了太阳系的中心。

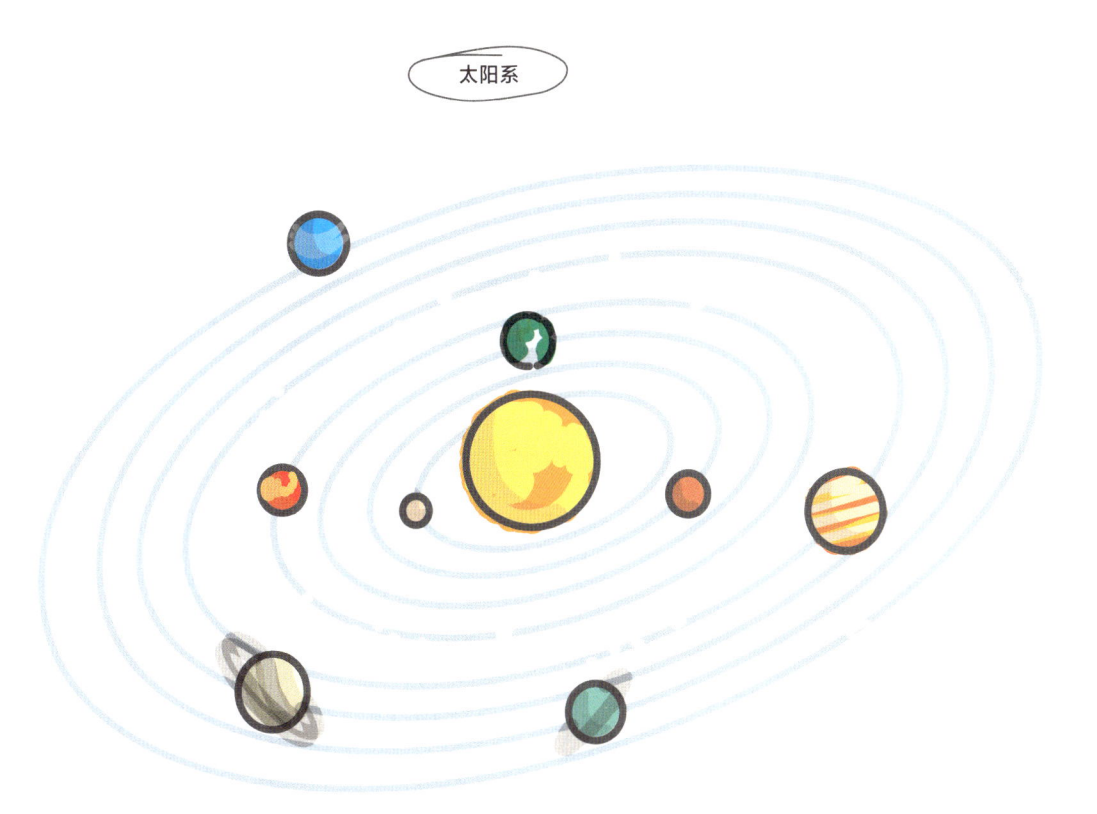

太阳系

第 9 章 建模 153

像行星这样的天体会受引力吸引。正如我们被地球的引力拉向地球表面一样，行星之间也会相互吸引。我们可以用牛顿的万有引力公式来描述这种关系：

$$F = \frac{Gm_1m_2}{r^2}$$

其中m_1和m_2分别为两颗行星的质量；r为它们之间的距离；G为引力常量，其值为6.674×10^{-11} m³/（kg·s²）。这两颗行星会在相互吸引时感受到力（F）。我们还有公式用于计算行星绕太阳运行的时间，以及天体在受引力作用时的速度。

这些公式让数学家得以模拟天体在太空中的运动方式，并预测它们未来的运动，即使有其他大型物体影响它们的运动也不在话下。

天气预报

从温度、风速到湿度、降水和气压，天气预报需要考虑大量因素。通过地面气象站、气象气球和气象卫星测量和收集的数据，会被输入用于预测未来天气变化的模型。

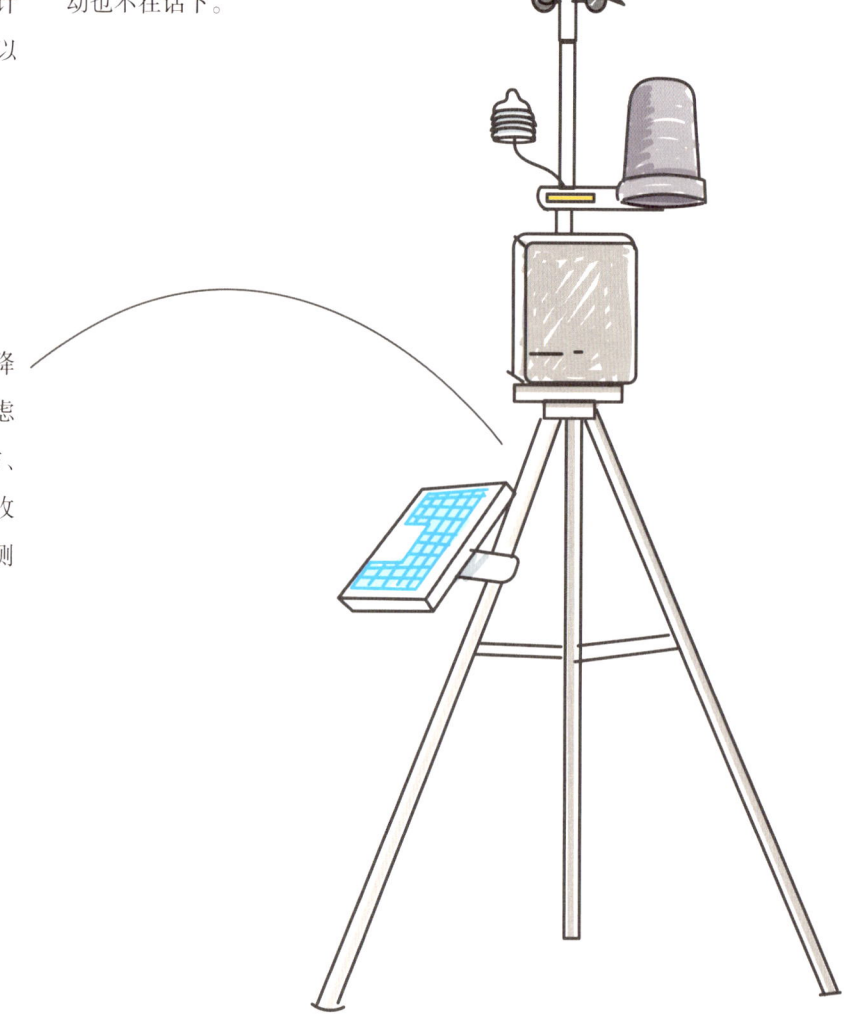

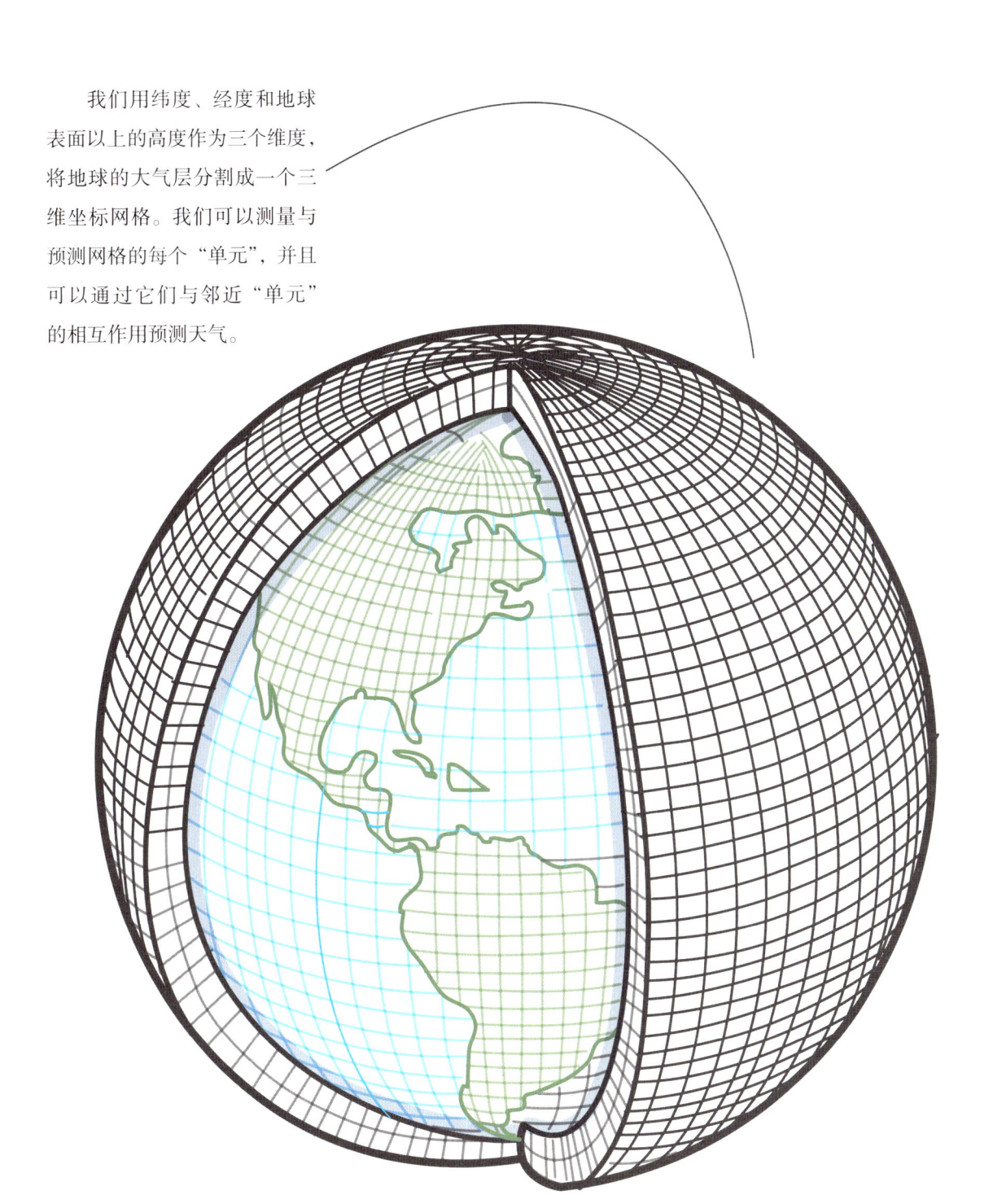

我们用纬度、经度和地球表面以上的高度作为三个维度，将地球的大气层分割成一个三维坐标网格。我们可以测量与预测网格的每个"单元"，并且可以通过它们与邻近"单元"的相互作用预测天气。

该模型还考虑了各个地区的陆地形状与高度，以及来自太阳的热辐射。

气象学家利用这些数学模型预测短期与长期的天气，目前可以准确预测的是未来大约6天的天气，长期预测的准确性可能较低。模型可以是全球性的，即尝试绘制整个世界的天气状况；也可以是区域性的，即仅关注较小的区域。

这些模型所做的一切计算都只是预测，我们无法确定天气是否会完全按照预期发展！

预测通常带有一个概率，说明我们对预测成功的信心高低。例如，60%的降水概率说明下雨的可能性高于不下雨的可能性，但天气系统极为复杂，想做到准确预测困难重重。

第 9 章 建模 155

流体力学

流体力学的研究对象是流体（液体和气体）的运动，这些流体由原子或分子等微小的物质单元组成。尽管这些粒子在微观尺度上的相互作用决定了流体的行为，但数学家通常使用有关整个系统的质量和能量必须遵循的规则，将流体作为整体对象建模。

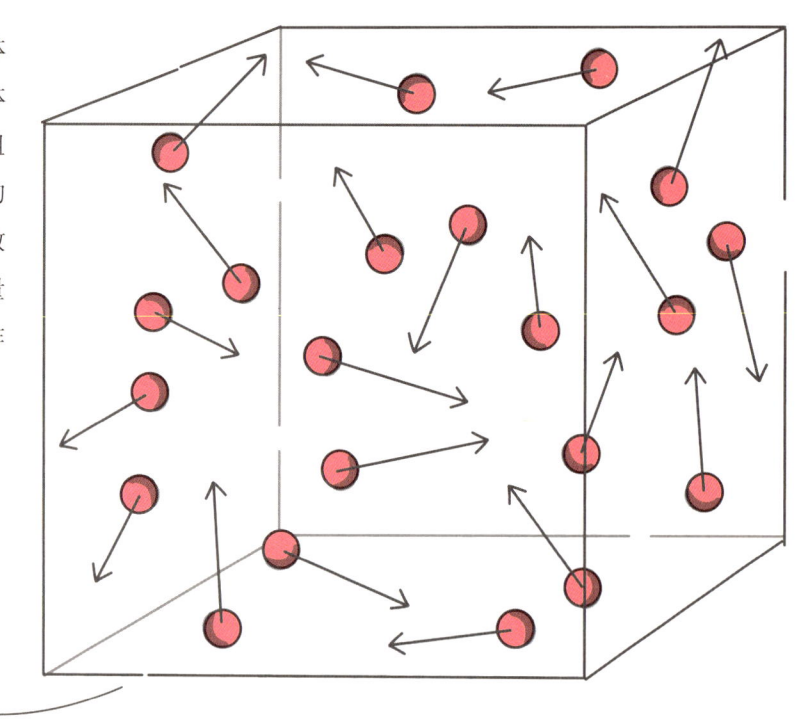

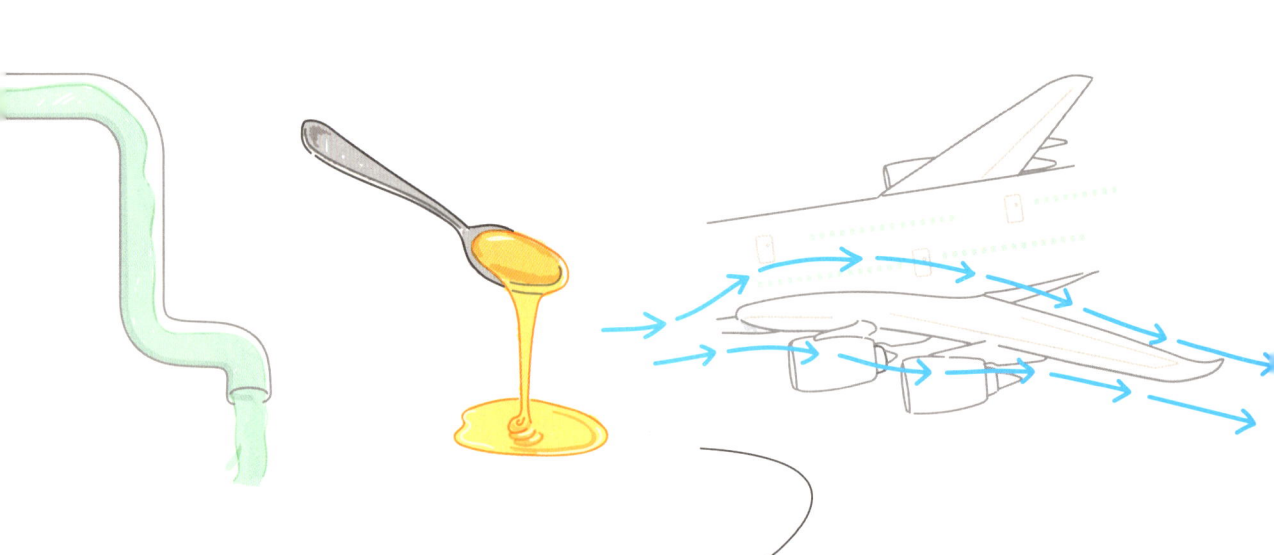

用于模拟流体的方程综合考虑了流体的流速、压力、密度和温度信息，以及这些量随时间的变化情况。可以使用相同的方程来模拟水在管道中的运动、更黏稠的液体（如血液或蜂蜜）的运动，以及空气在飞机机翼上方的流动。

与许多数学模型一样，这些模型通过测量变化率（某个量变化的快慢）来研究系统随时间的演变。

这一切是通过**微积分**实现的，它让我们得以将位置和温度等测量值与其随时间变化的方式加以比较，并构建与这些量相关的方程。像纳维-斯托克斯方程这样的**微分方程**使我们能够模拟牛顿流体，即具有恒定黏度的流体的行为。

费米问题

恩里科·费米是一位研究核反应堆和原子弹的物理学家。他曾在观看一次原子弹试爆时，通过观察一张纸被吹动的距离估算爆炸的威力，这一著名的方法因此得名"费米问题"。

尽管数学家喜欢测量物体并为其计数，但我们也得承认世上有些量无法精确计算。想象一下，你能计算世界上有多少粒沙子或者多少只蚂蚁吗？

费米问题是一种让我们能够粗略估算某个数值大小的技术。估算结果不一定与精确值完全一致，但对理解数量级来说已经足够。我们首先需要确定所需的信息，并对这些值做粗略估计以用于计算。

例如，如果想估算一个浴缸能装下多少颗棉花软糖，我们可以先粗略估计一颗棉花软糖的尺寸——每边大概长几厘米。然后估算浴缸的长度、宽度和深度——长度可能与一个人的平均身高相同，宽度可能是一个人的肩宽外加一点余量？

这些数值不会完全准确，但用于估算足矣。然后我们可以计算出浴缸的容积和一颗棉花糖的体积，随后将两者相除得到估算值。

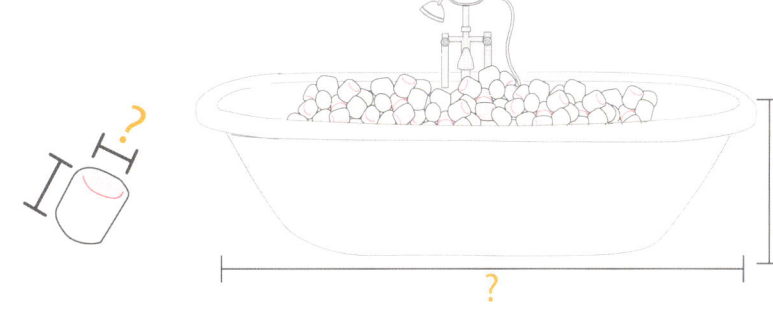

科技公司经常用费米问题作为招聘测试的题目，如要求应聘者估算一个人一生心跳的次数、帝国大厦的重量，或者一架喷气式飞机能装下多少头牛……以此评估他们对世界的常识、判断数量的能力与快速思考的能力。

尽管你对较小数量的估算可能不准确，有些可能高估，有些可能低估，但这些误差常常会相互抵消，让费米问题的结果出奇准确，而且通常在数量级上是正确的。尽管在许多情况下，我们永远无法知道答案是否完全准确，因为根本无法测量！

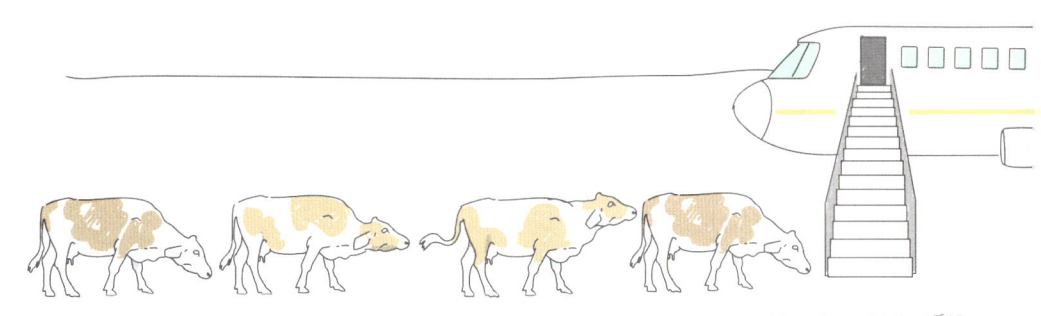

第 9 章 建模

向量与向量场

在模拟液体或气体的运动,或者引力场、磁场这类系统时,我们经常使用一种叫作"向量场"的结构。向量场由许多单独的向量组成,可以描述力、速度等物理量在整个区域内的方向和大小分布。

向量

向量可以被视为空间内带箭头的线段,从具有给定坐标的特定点开始,沿直线移动到箭头的顶端,即另一个具有指定坐标的点。

(2, 3)
(0, 1)

也可以简单地将向量视为一个箭头,它沿着我们能够测量的每个方向移动给定的距离,而不关注其起点。通常,我们将向量写成括号内的一"摞"数字。

这些图中显示的向量在二维空间内作用:上面的数字表示向量水平移动的距离,下面的数字表示向量垂直移动的距离。例如,向量 $\binom{3}{1}$ 描述了向右移动 3 个单位并向上移动 1 个单位的运动。

$\binom{2}{2}$

向量可以存在于任意数量的维度内,并且经常在物理学中用于模拟力和运动。例如,运动物体的**速度向量**可以告诉你物体的速度及运动方向,这可以存储为一个向量。

与许多其他数学结构一样,我们可以通过加法将向量组合起来。做加法时,我们将向量上面与下面的数字分别相加。

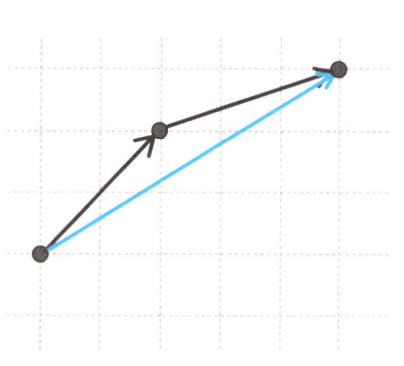

$$\binom{2}{2} + \binom{3}{1} = \binom{5}{3}$$

158　图解代数

我们还可以让一个向量与一个实数（**标量**）相乘，获得一个方向与原始向量相同或相反，但长度不同的向量。我们需要将向量的每个分量与标量相乘，或者可以将新向量视为原向量长度的绝对倍值。

我们还有一些定义向量乘法的方法，包括**向量积**和**标量积**。每种方法都提供了比较两个向量的不同方式，而且在工程和计算机图形学中都有广泛的应用。向量积可以让我们检查两个向量是否平行：如果平行，它们的向量积为零。标量积可以让我们找到两个向量之间的角度。

$$\binom{2}{1}$$

$$\binom{2}{1} \times 2 = \binom{4}{2}$$

向量场

向量场是一个空间，空间中的每个点都附有一个向量。我们可以将向量场想象为一个覆盖着短毛发的表面，每根毛发都有自己的方向。

可以用向量场描述空气和液体的流动，其中每个向量描述单个粒子的速度和方向。我们还可以用向量场来模拟引力场和磁场，二者显现的向量场类似于你在磁铁上撒铁屑时看到的样子。

研究向量场让我们得以理解磁场或气流这类复杂的系统。我们可以用微积分测量场中各个力的相互作用方式，并研究流体材料中的流动。有关流体力学的更多内容，见第 156 页。

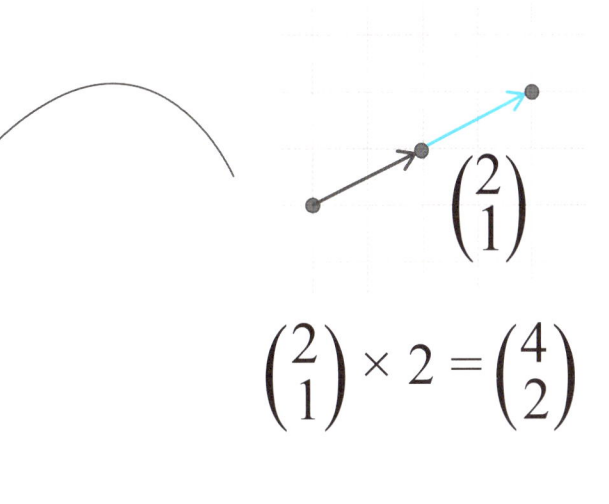

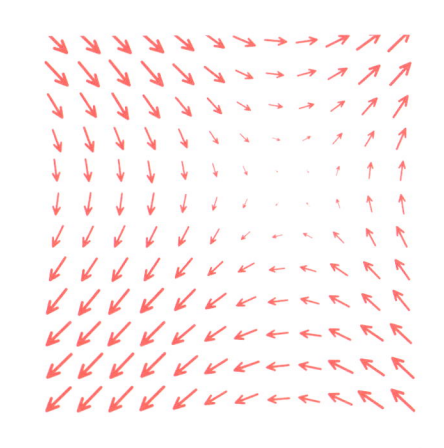

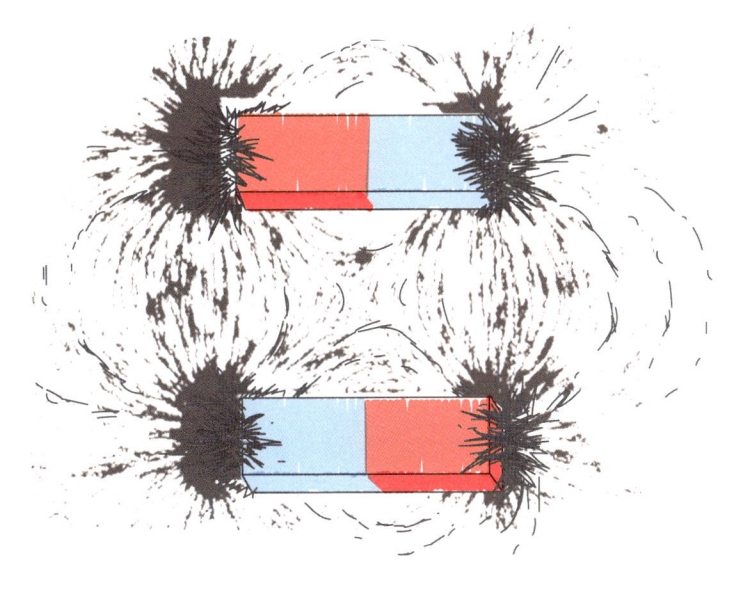

一个叫作"毛球定理"的数学结果涉及向量场，描述了在表面每个点上附有向量的二维球面必须遵守哪些规则。这就像人类的头发一样，你不可能在每个点上都把头发梳平。

该定理告诉我们，在二维球面上，任何连续的切向量场（每个点的向量均与球面相切）必然存在至少一个零点（向量为零的点）。在人类覆盖着头颅（大致为球体）的头发上，这叫作"发旋"，即头发在头顶向上竖起，周围的头发形成一个可见的旋涡。

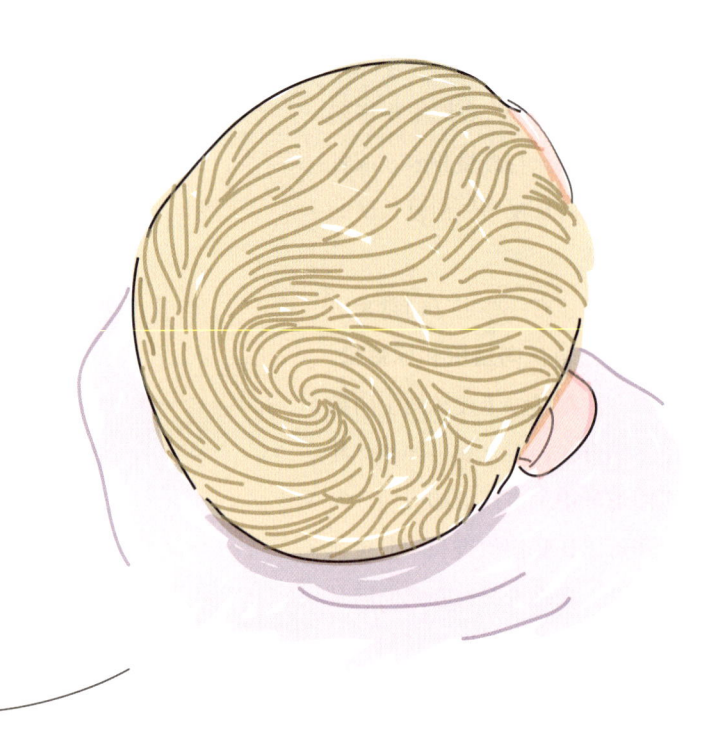

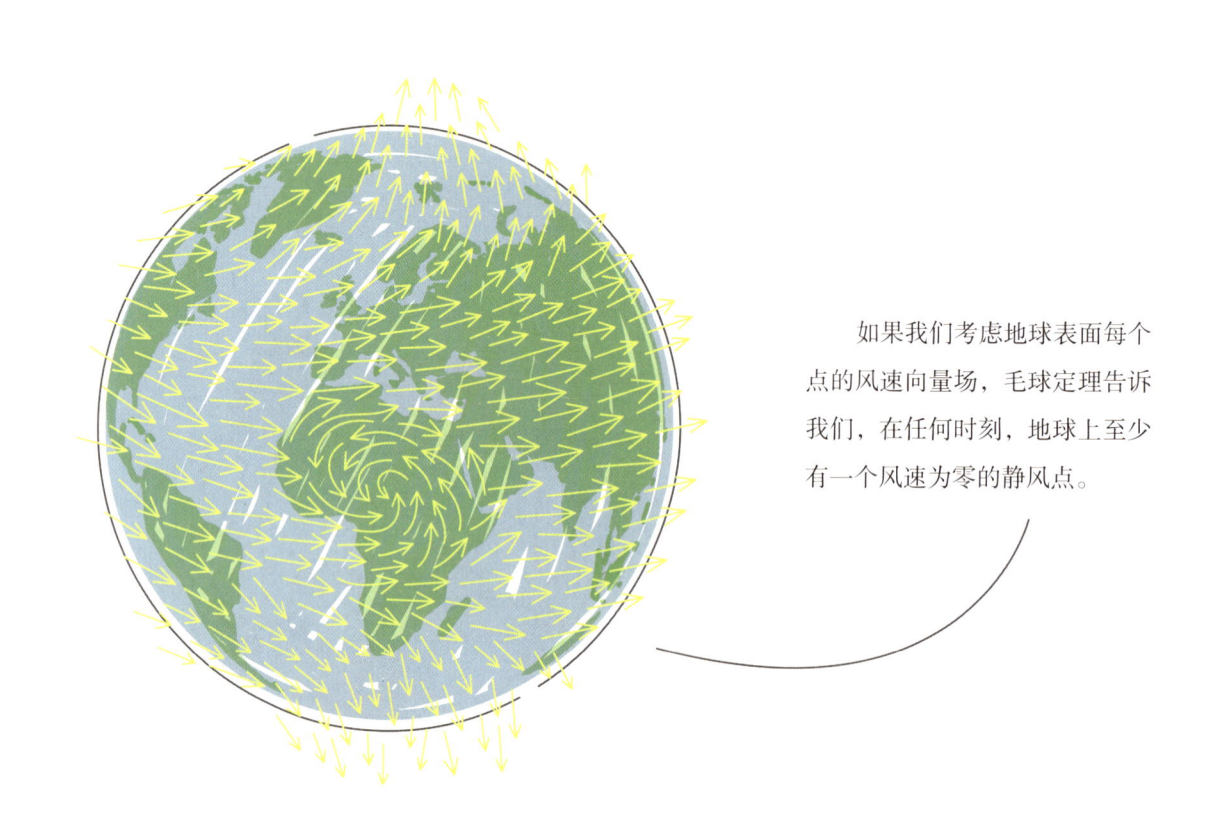

如果我们考虑地球表面每个点的风速向量场，毛球定理告诉我们，在任何时刻，地球上至少有一个风速为零的静风点。

抛体运动

在现实世界中有一个简单的系统模型，即物体在空气中的运动。无论物体掉落、被抛掷、用发动机推进还是被从炮口发射，我们都可以构建方程，描述它将如何移动及落在哪里。

虽然许多现实世界系统的建模很复杂，但移动物体的建模相对简单。对足够小的对象，我们可以忽略**空气阻力**等因素的影响。虽然这些因素可能在现实中影响对象的运动方式，但这种影响足够小，不会影响我们的模型。

下落物体

一个下落的物体会在重力的作用下加速。我们称这种加速度为**重力加速度**，在地球上的值为 9.8 m/s^2。也就是说，如果某物以特定速度垂直下落，则在 1 秒后，其下落速度将比初始速度快 9.8 m/s。

这意味着，如果知道一个下落物体的初始高度，我们可以估计它在给定秒数后的下落速度。如果它以 0 m/s 的速度被释放，经过 t 秒后，它的速度将为 $9.8 \times t \text{ m/s}$。

实际上，如果一个物体足够大，在下落足够长的时间后，空气阻力会彻底阻止它继续加速。这时速度最大，叫作"终端速度"，当重力作用力与空气阻力达到平衡时，就会实现该状态。

抛掷物体

如果将一个物体沿着一个向上倾斜的角度抛出，它的运动可以用一个二次函数来描述。如果你观察物体在空中的运动，就会发现，它的运动轨迹看上去像二次函数的弧线图象（见第 85 页）。

这是因为，当物体开始上升时，重力会减慢它的速度，直到其不再上升。然后物体的高度开始下降，遵循与前述下落物体相同的模式——开始缓慢，逐渐加快。

回想一下，速度向量既描述速度又描述方向。在水平方向上，被抛掷的物体将以恒定的速度移动，但它的垂直速度最初是向上的，逐步减速为零，然后开始以越来越快的速度向下移动。结果形成一条二次曲线，叫作"抛物线"。

运动物体更复杂的模型需要考虑空气阻力。例如，飞机在空中的运动受到升力（来自通过机翼的空气）、重力（来自地球）、推力（来自发动机）和阻力（空气阻力）的作用。如果飞机以恒定速度运动，所有这些力都会保持平衡。

复杂的模型也需要考虑自旋这样的力；如果物体沿着表面滑动，摩擦力也会影响它的运动。所有这些都可以用数学建模，即用方程来计算物体在每一时刻的位置和速度。

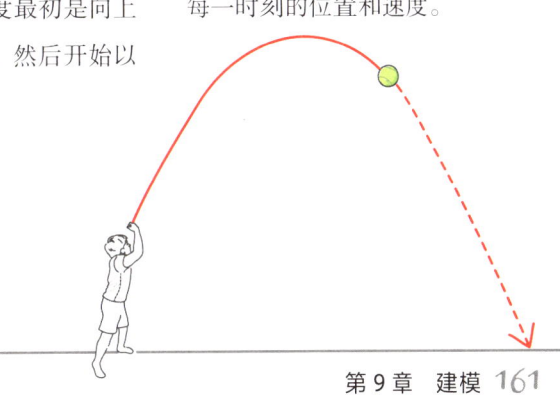

金融数学

数学在金融领域应用甚广。会计师、精算师、交易员和银行家会使用各种数学方法确保资金流动的顺畅。

会计师需要计算和跟踪企业的收入和支出，即获得与付出的资金，并准确地持续记录、协助预算和计划。

收入	支出
销售	材料
利息	工资
认购	管理费用

投资银行家经常进行股票交易，买卖某家公司一定比例的股份。随着股票价值的涨跌，交易者可以通过在合适的时机买卖而获利。

外汇交易者买卖外汇。外汇与股票类似，会根据不同国家的经济表现而升值或贬值。

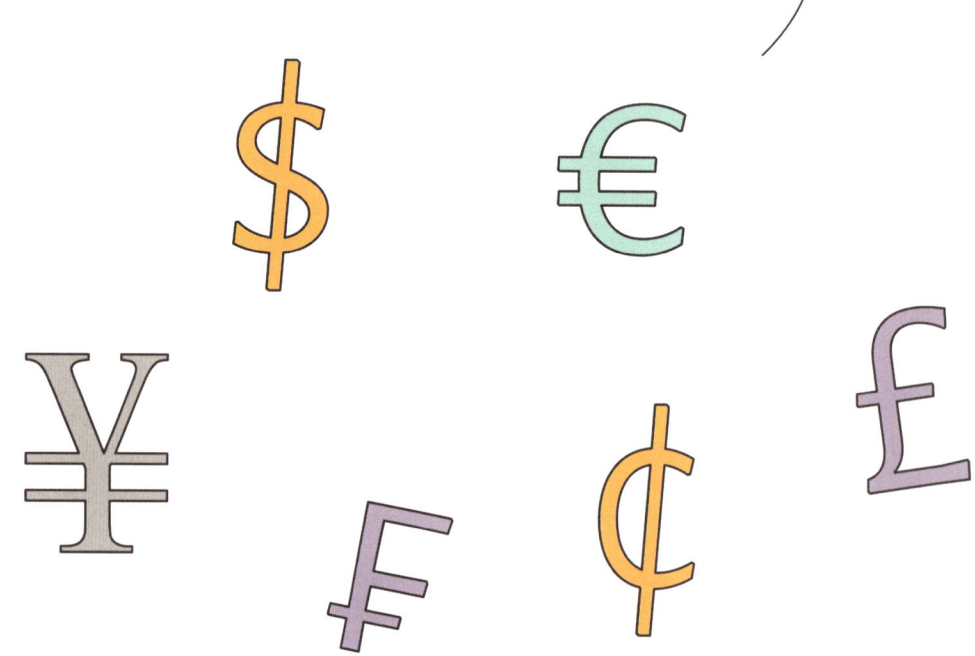

银行向客户提供贷款（如抵押贷款），让人们得以借钱完成购房等大额购买，然后分期逐步偿还贷款。银行会收取利息，这意味着你除了归还本金，还需要支付额外的费用，这笔费用是按照借款金额的百分比计算的。

利息会定期计算，例如每年计息一次。在某些国家，你还需要为已添加到贷款中的利息支付利息。例如，如果你以每年 5% 的利率借了 10 万美元，一年后你将欠银行 10.5 万美元（10 万美元的 5% 是 5 000 美元），再过一年，你将额外欠银行 5 250 美元（10.5 万美元的 5%），总计 110 250 美元。

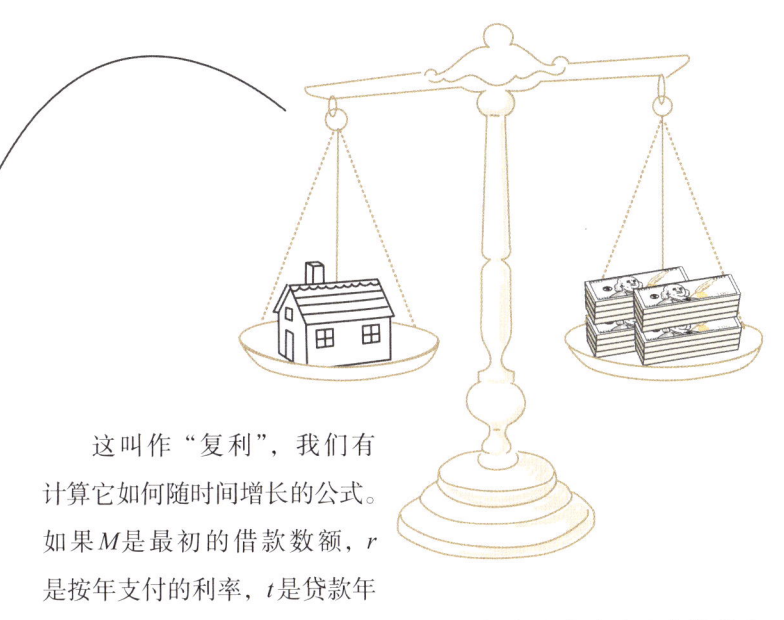

这叫作"复利"，我们有计算它如何随时间增长的公式。如果 M 是最初的借款数额，r 是按年支付的利率，t 是贷款年数，同时假定你在此期间未偿还任何贷款，则你的欠款数：

$$M \times (1+r)^t$$

银行也会为客户在储蓄账户中存入的钱支付利息，存款会以类似的方式增加，但存款利率通常低于银行收取的贷款利率。

人们可以将钱存入养老基金，雇主也会为员工缴纳一部分。基金可以做投资以赚取更多利润，利润将由养老金持有人和运营基金的交易员或公司分享。当养老金持有人退休时，他们可以取出这笔钱用于退休生活。

精算学可以利用数学方法和金融工具评估经济活动的风险——评估某项投资是否会盈利或亏损，或者某处房产是否会被盗或损坏。精算师受雇于保险公司，用于确定保险费用，而人们支付保险费用以保护其财产或收入。精算师也受雇于金融公司，评估投资将会承担多大的风险。

第 9 章 建模 163

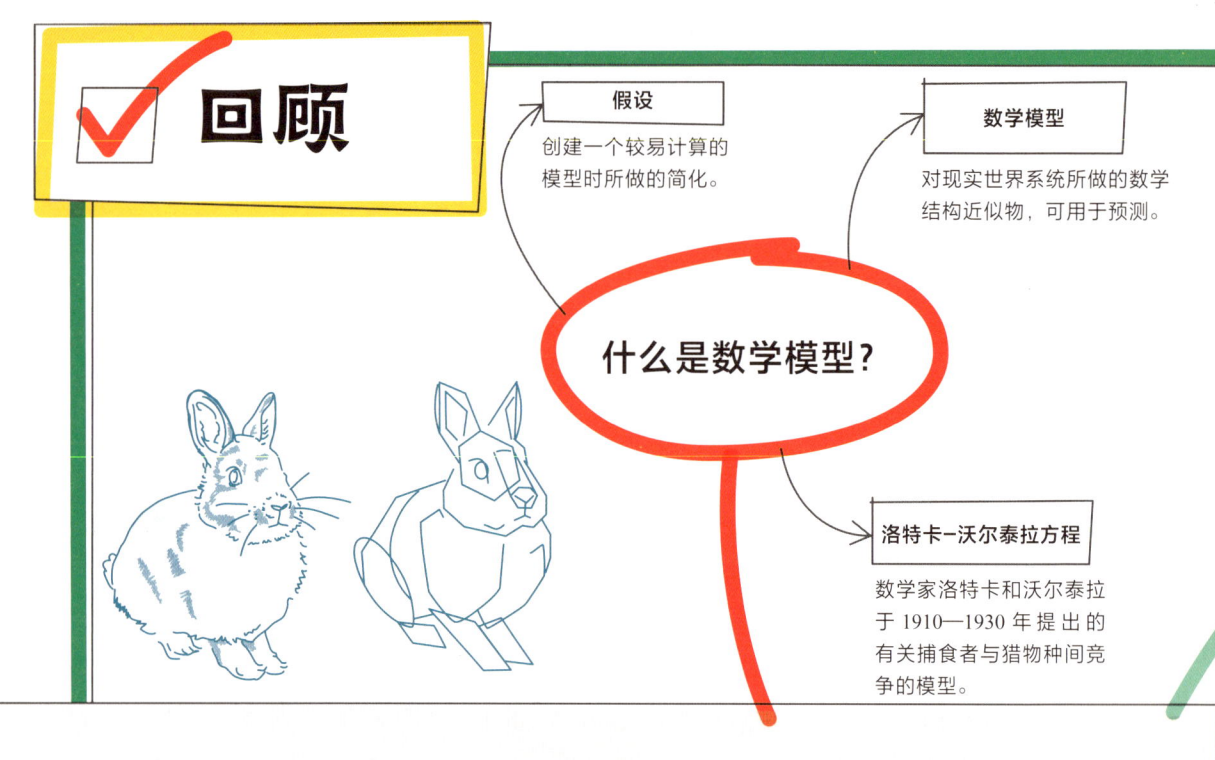

✓ 回顾

假设
创建一个较易计算的模型时所做的简化。

数学模型
对现实世界系统所做的数学结构近似物,可用于预测。

什么是数学模型?

洛特卡-沃尔泰拉方程
数学家洛特卡和沃尔泰拉于 1910—1930 年提出的有关捕食者与猎物种间竞争的模型。

建模

收入与支出
一个企业流入与流出的资金金额。

外汇交易
买卖不同的货币。

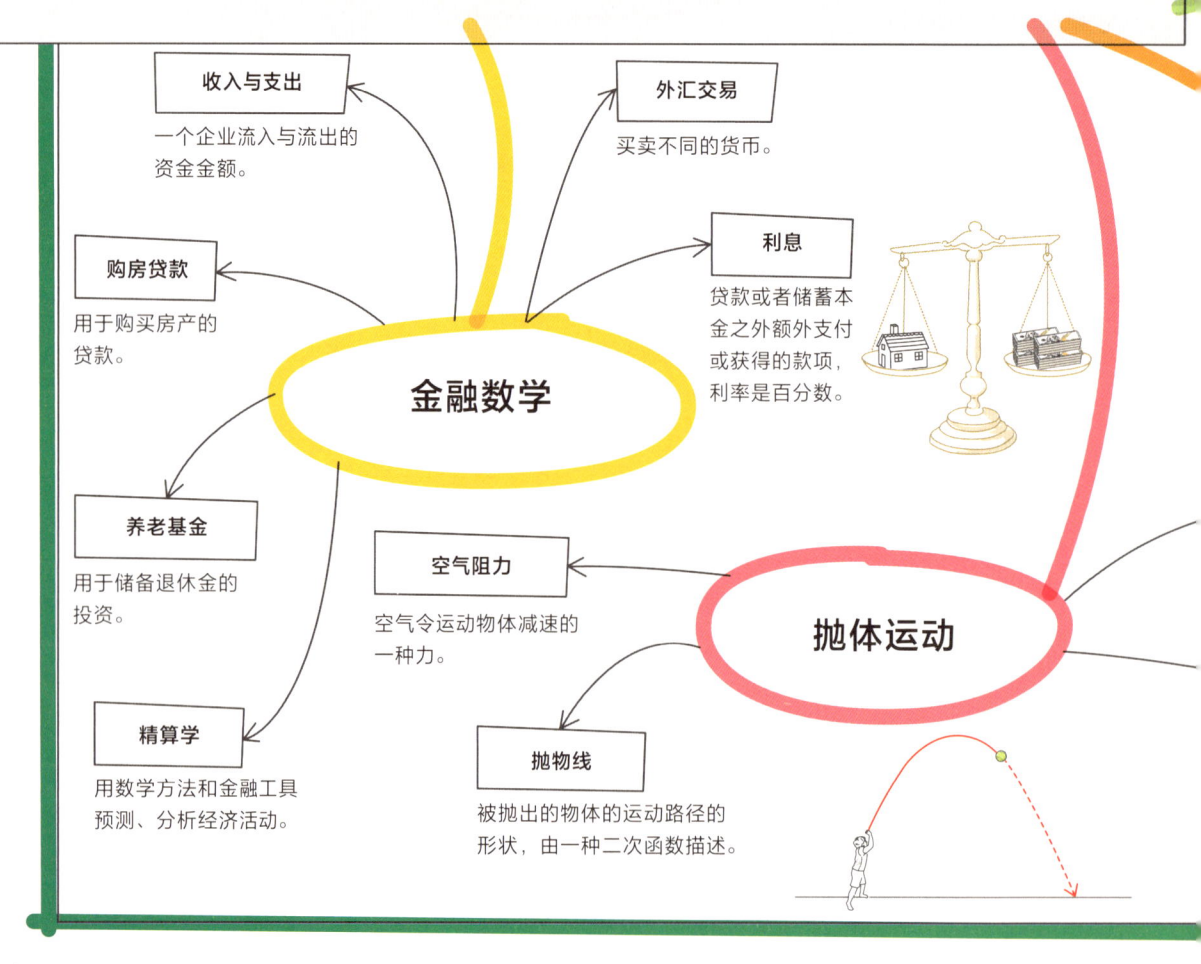

购房贷款
用于购买房产的贷款。

利息
贷款或者储蓄本金之外额外支付或获得的款项,利率是百分数。

金融数学

养老基金
用于储备退休金的投资。

空气阻力
空气令运动物体减速的一种力。

抛体运动

精算学
用数学方法和金融工具预测、分析经济活动。

抛物线
被抛出的物体的运动路径的形状,由一种二次函数描述。

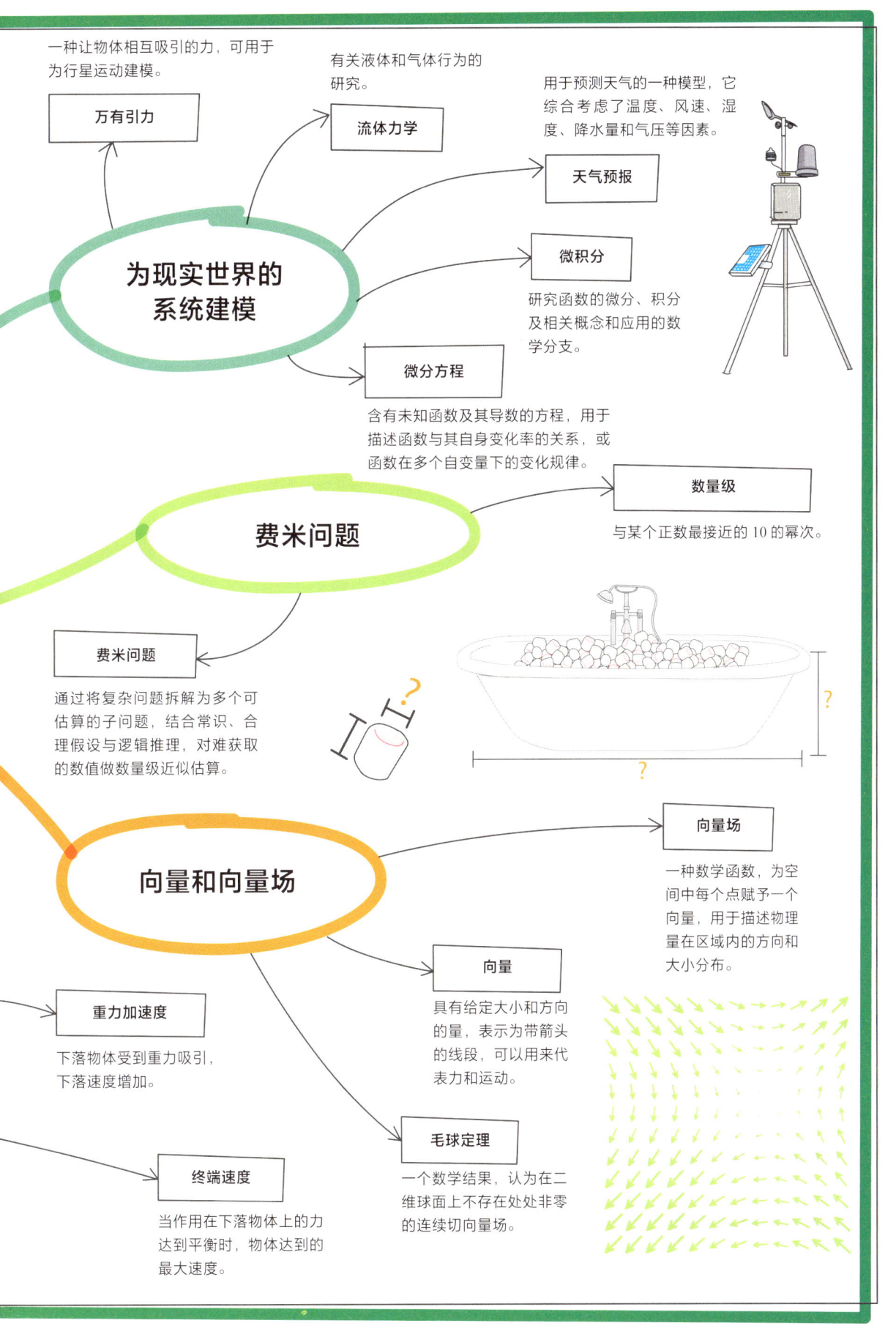

一种让物体相互吸引的力，可用于为行星运动建模。

有关液体和气体行为的研究。

用于预测天气的一种模型，它综合考虑了温度、风速、湿度、降水量和气压等因素。

万有引力

流体力学

天气预报

微积分

研究函数的微分、积分及相关概念和应用的数学分支。

为现实世界的系统建模

微分方程

含有未知函数及其导数的方程，用于描述函数与其自身变化率的关系，或函数在多个自变量下的变化规律。

数量级

与某个正数最接近的 10 的幂次。

费米问题

费米问题

通过将复杂问题拆解为多个可估算的子问题，结合常识、合理假设与逻辑推理，对难获取的数值做数量级近似估算。

向量和向量场

向量场

一种数学函数，为空间中每个点赋予一个向量，用于描述物理量在区域内的方向和大小分布。

重力加速度

下落物体受到重力吸引，下落速度增加。

向量

具有给定大小和方向的量，表示为带箭头的线段，可以用来代表力和运动。

毛球定理

一个数学结果，认为在二维球面上不存在处处非零的连续切向量场。

终端速度

当作用在下落物体上的力达到平衡时，物体达到的最大速度。

第 9 章　建模　165

第 10 章

动力学

我们想要用数学建模的许多现实世界系统都会随时间发生变化。动力学是探索这类系统的一种方法：如果某个系统遵守一组能用公式描述的特定规则，我们即可反复应用这些公式，观察系统随时间的演变。理解这些系统的行为，让我们不仅得以预测现实世界，还能发现一些出乎意料的结果。

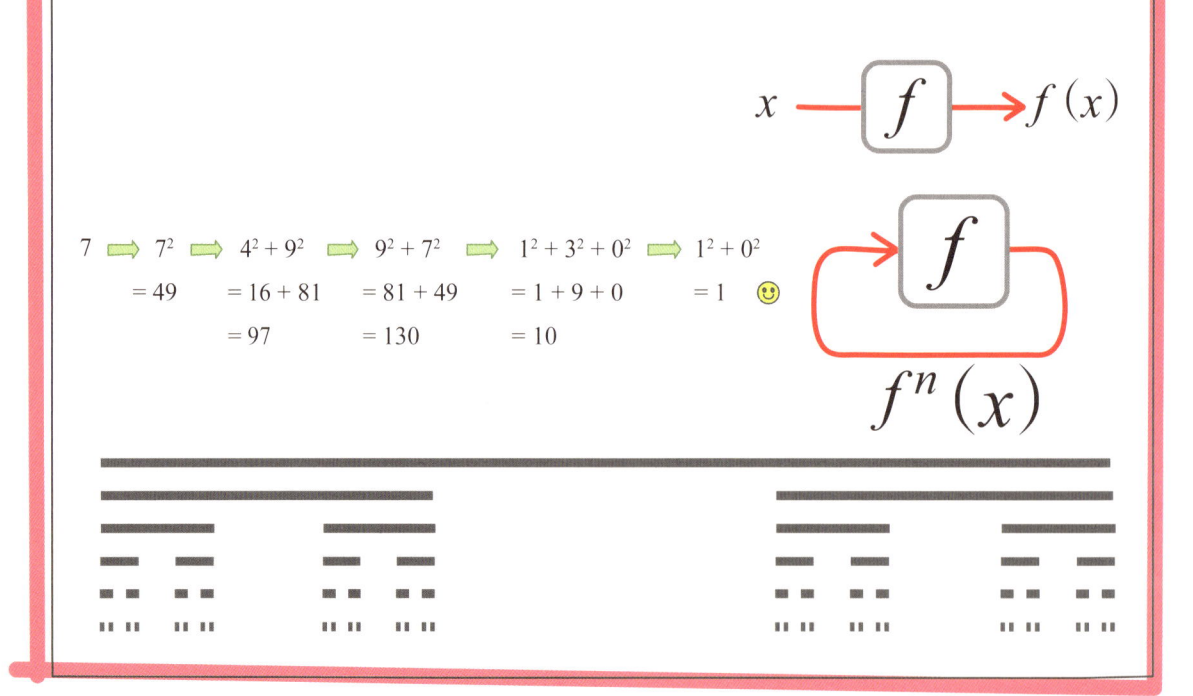

$x \longrightarrow \boxed{f} \longrightarrow f(x)$

$7 \implies 7^2 \implies 4^2 + 9^2 \implies 9^2 + 7^2 \implies 1^2 + 3^2 + 0^2 \implies 1^2 + 0^2$
$ = 49 = 16 + 81 = 81 + 49 = 1 + 9 + 0 = 1$ ☺
$ = 97 = 130 = 10$

$f^n(x)$

动力系统

动力系统是指遵循一组固定规则来描述系统如何随时间变化的系统。我们可以用动力系统模拟特定情况，对它们的研究，让我们能够在其行为中找出有趣的模式。

动力系统的基本概念始于一个状态空间和一个演化规则。演化规则可以是一个函数，特别是那种接受的输入与产生的输出是同一类型的函数。于是，我们可以给函数一个输入值，然后将输出值反馈到同一个函数中，反复执行任意次。

将函数 f 应用于初始输入 x 得到输出 $f(x)$；将 f 作为新的输入引入 $f(x)$ 得到输出 $f(f(x))$，也可以写作 $f^2(x)$。我们可以根据需要多次应用该函数，并使用符号 $f^n(x)$ 表示应用函数 n 次的结果，这就是函数 f 的 n 次**迭代**。

这些系统是**确定性**的，也就是说，给定一组特定的起始条件，在函数被反复应用的情况下，我们可以准确地确定整个系统将如何随时间变化。如果函数描述了一个基于较小的迭代步骤的现实世界系统，我们可以用它预测整个系统随时间的变化。

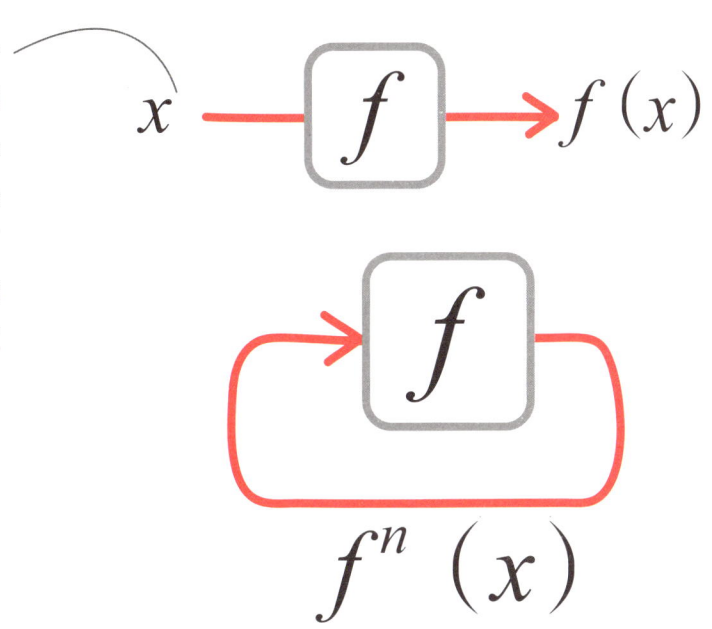

我们可以用简单的数的规则构建简单的动力系统。例如我们在第43页看到的那样，快乐数是由一个函数定义的，该函数取某数各位数字的平方并将它们相加以获得新数。给定一个起点，我们可以重复应用这个函数，观察它的变化。

我们从 13 开始，得到 10，然后到 1；如果从 7 开始，就会得到 49、97，然后到 130，以此类推。根据观察到的函数行为，我们可以将每个可能的起点数划分为"快乐数"或"不快乐数"。我们将在第 171 页更详细地讨论这一点。

$13 \Rightarrow 1^2 + 3^2 = 1 + 9 = 10 \Rightarrow 1^2 + 0^2 = 1$ ☺

$7 \Rightarrow 7^2 \Rightarrow 4^2 + 9^2 \Rightarrow 9^2 + 7^2 \Rightarrow 1^2 + 3^2 + 0^2 \Rightarrow 1^2 + 0^2$
$\quad = 49 \quad = 16 + 81 \quad = 81 + 49 \quad = 1 + 9 + 0 \quad = 1$ ☺
$\quad\quad\quad\quad = 97 \quad\quad = 130 \quad\quad = 10$

第 10 章　动力学　169

更普遍地说，动力系统的状态由多个变量构成，而且可以是模拟现实世界过程（如流体力学，见第156页）的复杂系统的一部分。定义系统的函数可以是简单的单输入、单输出数值函数，也可以使用多个变量，或者是涉及变化率的微分方程。

研究动力系统有助于我们更好地理解现实世界的系统，而且让我们得以运行计算机模拟来预测未来。我们还可以利用动力系统深刻地了解混沌系统（见第174页）等数学概念，并在科学和工程的许多领域内应用。

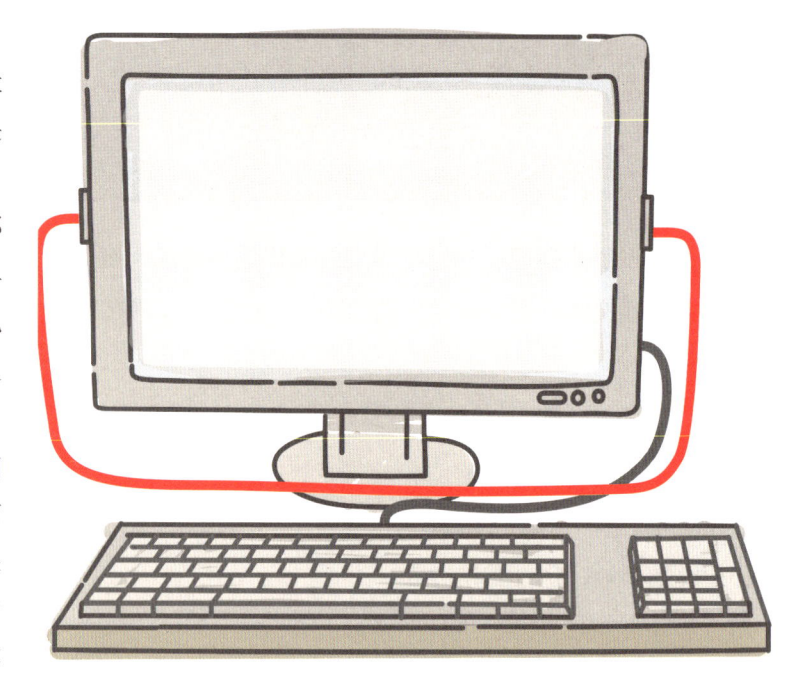

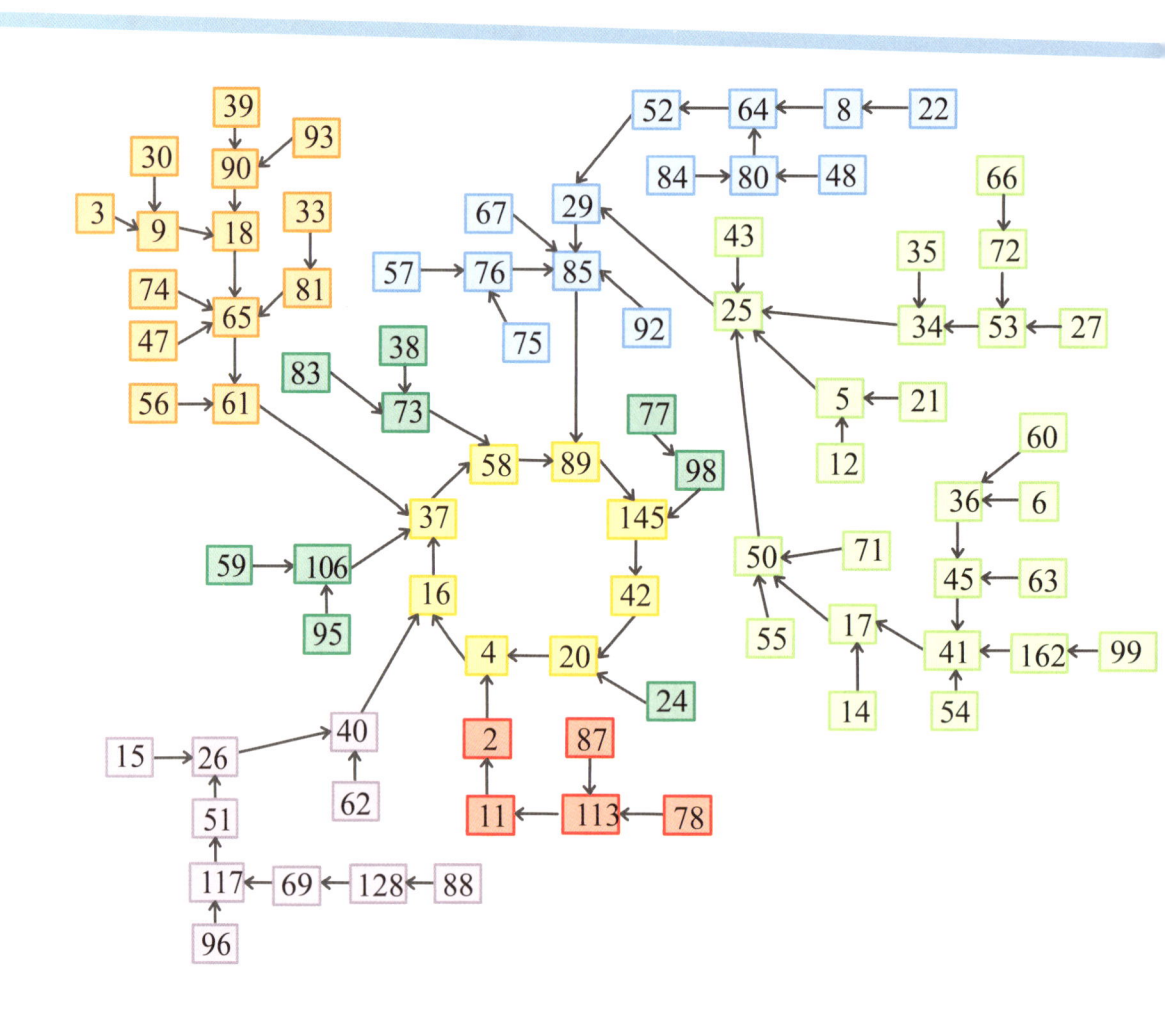

170 图解代数

不动点与轨道

理解动力系统的一个重要方面，是计算带有有趣特性的特定输入值。某些值在用作输入时会导致不寻常的行为；当我们希望更广泛地认识系统时，这些值（点）意义重大。

请回想快乐数的定义（见第 43 页）：我们计算某数的各位数字的平方和，并重复这一过程，跟踪数所走的路径。我们看到，一些数的路径最终会到达 1，而另一些数会在包含 4 的循环中不能自拔。

如果想要可视化这一点，我们可以绘制一份有向图（见第 75 页），用箭头显示数字行进的方向。

在这个系统中，有一个输入的表现明显不同，即数字 1。如果将其平方并求和，我们永远只会得到 $1^2 = 1$。因此 1 是该系统的一个**不动点**，因为在迭代系统时，它的值一直不变，写作 $f(x) = x$。

这个系统中还有一个点的循环，即 4 → 16 → 37 → 58 → 89 → 145 → 42 → 20，然后回到 4（如第 170 页图中黄色部分所示）。如果我们输入 4，执行 7 次函数，则会回到 4，这就是 $f^7(x) = 4$。这叫作"周期轨道"，对轨道中所有点都有 $f^7(x) = x$。

对代表现实世界系统的动力系统，周期轨道可以描述重复的动作，比如行星相互绕行的轨道，或者弹簧系统的振荡运动。

预周期点是那些导致进入周期循环的点。例如，如果从 56 开始，我们会到 61，再到 37，而 37 在循环中，因此我们会被困在循环内。

第 10 章 动力学

逻辑斯谛映射

另一个动力系统的例子是逻辑斯谛映射,其定义为:

$$f(x) = 2x(1-x)$$

这一函数定义在 0 到 1 的区间上,因此其自变量和函数值都在此范围内。如果我们想要找出不动点,则可以计算 $f(x)=x$:

$$2x(1-x) = x$$
$$2x - 2x^2 = x$$
两边同时减去 x,得
$$x - 2x^2 = 0$$
$$x(1-2x) = 0$$

当 $x = 0$ 或 $1 - 2x = 0$ 时,这将成立,后者在 $x = 1/2$ 时成立。这两个点都是不动点,也就是说将这两个值中的任何一个代入函数 $2x(1-x)$ 中,函数都会返回相同的值:$f(0) = 0$ 和 $f(1/2) = 1/2$。

如果选择一个初始输入值,它非常接近,但不在这两个不动点上,我们则会观察到一些有趣的现象。在重复应用函数时,接近 1/2 的点输出的值会越来越接近 1/2 处的不动点,直到最终达到这一点。

x	0.5	0.45	0.6
$f(x)$	0.5	0.495	0.48
$f^2(x)$	0.5	0.49995	0.4992
$f^3(x)$	0.5	0.499999995	0.49999872

然而,如果从接近但不等于 0 的不动点开始,函数实际上会让我们越来越接近 1/2 处的不动点,而不是接近 0。

我们称 1/2 处的不动点为**吸引不动点**,因为对附近的初始值,重复应用函数会使其更接近它;相反,0 处的不动点是**排斥不动点**,因为它没有吸引力。

x	0	0.05	0.1
$f(x)$	0	0.095	0.18
$f^2(x)$	0	0.17195	0.2952
$f^3(x)$	0	0.284766395	0.41611392
$f^4(x)$	0	0.4073489906	0.4859262512
$f^5(x)$	0	0.4828315809	0.4996038592
$f^6(x)$	0	0.4994104908	0.4999996861

排斥不动点就像山顶上的球,如果球正好放在点上,它会保持不动;如果球稍微偏离中心,它就会滚下山坡。

可以把吸引不动点想象为洞底的球,如果略微偏离中心,球还是会回到原来的位置。

图解动力学

除了通过研究函数获得很多有关系统如何随时间变化的信息，数学家通常也对在改变函数时会发生什么，以及这将如何影响整个系统感兴趣。

我们在上一节了解了逻辑斯谛映射$f(x)=2x(1-x)$。它实际上属于一个函数族，可以通过将函数中的2替换为一个可以改变的数来定义，这个数被称为"参数"。参数与x这类变量不同，因为改变参数的值会得到一个不同的函数，其行为可能与族中的其他函数不同。

逻辑斯谛映射的一般表达式是：

$$f(x)=rx(1-x)$$

可以改变r的值以定义不同的映射（上一节是$r=2$的情况）。这个映射可以用来模拟人口动态，其中r代表**繁殖率**。我们在第151~152页看到过具有多个参数的种群模型，这里是其简化版本。

$r = 0.5$

我们得到$f(x)=0.5x(1-x)$。设$0.5x(1-x)=x$，通过解方程找到不动点，得到$x=0$处有一个吸引不动点，$x=-1$处有一个排斥不动点。

$r = 2$

我们得到$f(x)=2x(1-x)$。正如在上一节看到的那样，$x=0$处有一个排斥不动点，$x=1/2$处有一个吸引不动点。

$r = 2.5 = \dfrac{5}{2}$

我们得到$f(x)=\dfrac{5}{2}x(1-x)$。解方程，得到$x=0$（排斥不动点）和$x=\dfrac{3}{5}$（吸引不动点）。

$r = 3.2$

我们得到$f(x)=3.2x(1-x)$。解方程$f(x)=x$，得到一个在$x=0$的排斥不动点，另一个不动点在$x\approx 0.6875$。

除了不动点，有关r值，还有其他一些点也很特别。如果我们使用输入值$x\approx 0.513045$，则会发生如下情况：

x	0.513045
$f(x)$	0.799455
$f^2(x)$	0.513045
$f^3(x)$	0.799455
$f^4(x)$	0.513045
$f^5(x)$	0.799455
$f^6(x)$	0.513045

$x\approx 0.513045$和$x\approx 0.799455$两个点形成了这个特定映射的周期轨道，如果从其中任何一个点开始执行函数，函数值将在二者之间来回跳动。

改变参数 r 会改变逻辑斯谛映射的行为，不同的逻辑斯谛映射实例之间有明显差异，比如在 $x = 0$ 处的不动点从吸引变为排斥的变化发生在 $r = 0.5$ 到 $r = 2$ 之间的某个位置；还有周期轨道的出现，发生在 $r = 2.5$ 到 $r = 3.2$ 之间的某个位置。这类变化叫作"分岔"。

我们使用分岔图观察与理解这些变化。这是一种显示函数不动点和周期点随参数变化而变化的图表。它只显示吸引不动点，因为这些点更易找到。

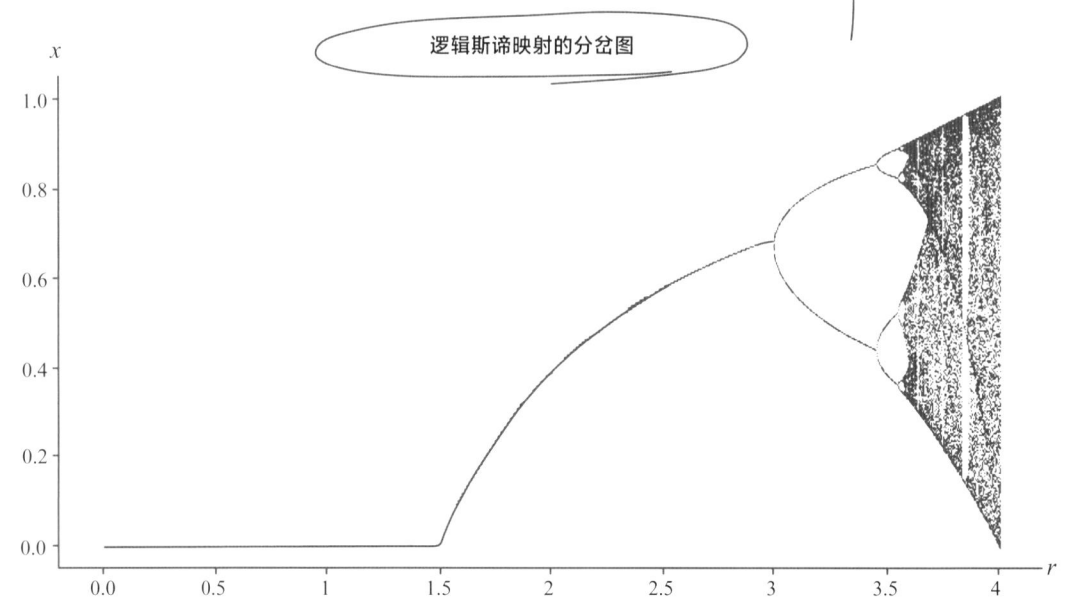

逻辑斯谛映射的分岔图

我们可以从吸引不动点 $x = 0$ 开始观察。在大约 $r = 1.5$ 处，吸引不动点开始移动并逐渐增加，直至达到 $r = 3$，此时它分裂为一个周期为 2 的轨道。如上图所示，当 $r = 3.2$ 时，点 $x \approx 0.513045$ 和 $x \approx 0.799455$ 形成一个周期轨道。这个轨道在大约 $r = 3.4$ 时再次分裂成一个周期为 4 的轨道，然后从大约 $r = 3.5$ 开始，动力学行为变得更为复杂。

这是一个**混沌系统**的例子。通常，"混沌"这个词意味着无法预测的事物；但在此处，未来总是可以预测的，因为系统是确定性的。

从数学意义上说，混沌意味着如果略微改变输入值，输出值可能发生很大的变化。在这一混沌区域中，存在所有可能周期的重叠周期轨道。改变输入值，很可能意味着 x 值将属于一个不同的周期轨道，这会加大预测微小变化的结果的难度，从而导致数学意义上的混沌。

分形与动力学

分形是数学中的奇观，它融合了无限的神秘、复杂的美感及通过图解抽象概念带来的理解。分形可以用多种方式定义，但它们具有一些共同特性。

与动力系统十分类似，许多分形也是以相同的简单步骤反复重复来定义的。如果我们想要生成一个简单的分形，可以从等边三角形开始。将等边三角形分割为 4 个较小的等边三角形并移除中间的倒三角形，余下的 3 个部分看上去都与原始的三角形相似。

于是，我们可以在更小的尺度上重复这个过程，将每个较小的等边三角形再分割成 4 个并移除中间的部分。不断重复这一过程，最终会得到一个叫作"谢尔宾斯基三角形"的分形。

这种形状具有许多分形共有的特性：

（1）自相似性：形状包含自身较小的副本。就三角形来说，每个部分的构造都与整体相同。

（2）任意尺度的结构：对许多形状来说，如果将它们的一小部分放大，可能会变得无特征且缺少细节。但分形形状则不然。你可以无限放大分形形状，总能找到一些有趣的结构。

谢尔宾斯基三角形还具有一些引人注目的特性：原始三角形是一个具有给定面积的实体形状，如果计算创建分形过程中移除的所有部分的面积，会发现它们的总和等于整个三角形的面积，这意味着分形的面积为零。但通过类似的计算，我们可以证明，分形中围绕所有孔洞的边缘的周长是无限的。因此，绘制其轮廓需要无限多的铅笔，但给它着色却完全不需要颜料。

之所以会出现这些有趣的特性，是因为我们无限重复同样的步骤。在谢尔宾斯基三角形的例子中，我们移除的是中间的三角形。如果我们在 10 步或 100 步后停止，对象将不是分形，也不会具有这些性质。

第 10 章　动力学　175

一维版本的分形结构是**康托尔集**，它从一条线段开始，移除中间的 1/3，然后对余下的每一段重复移除中间的 1/3，以此类推。最终得到的是一组无限多的点，其总长度为零，因为移除的区间总长等于原始线段的长度。

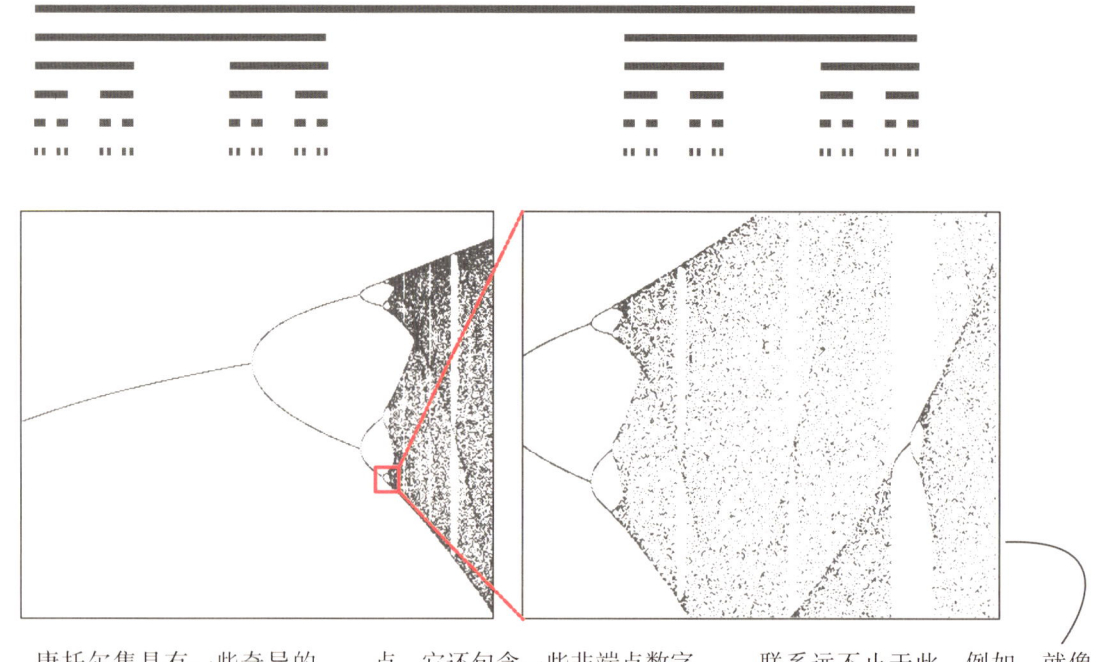

康托尔集具有一些奇异的性质。它包含着所有被移除区间的端点，例如 1/3 和 7/9，而且在集合中任意两点间，我们总能找到另一个也属于集合的点。它还包含一些非端点数字，例如我们可以证明，点 1/4 永远不会被移除。

创建分形的过程类似动力系统中的重复步骤，但其中的联系远不止于此。例如，就像我们在逻辑斯谛映射中看到的那样，分岔图的混沌区域具有类似分形的特性：图中包含的较小区域反映了同样的结构。

茹利亚集

在研究动力系统时，我们经常考虑在多次迭代某个函数的输入时会发生什么，这叫作系统的**长期行为**。

尽管不动点会保持不变，但部分初始数值经过迭代会发散到无穷大，这些初始值的集合叫作"无穷大吸引域"。

例如，如果函数是 $f(x) = 2x$，则对任何输入重复执行该函数，会使输出值迅速增长，因此无穷大吸引域是整个输入集。

我们定义一个函数的茹利亚集为无穷大吸引域与其补集之间的分形边界。茹利亚集内部和外部的点表现出不同类型的行为，而茹利亚集通常具有分形特性。

可以通过以下函数定义一个叫作"帐篷映射"的动力系统：当输入值小于1/2时，函数为$f(x)=3x$；而当输入值大于1/2时，函数为$f(x)=3(1-x)$。对这个映射来说，系统的长期行为具有类似康托尔集的分形特性。如果从一个不在康托尔集中的点开始，比如0.6，则值会不断增大（无论正向还是负向）。

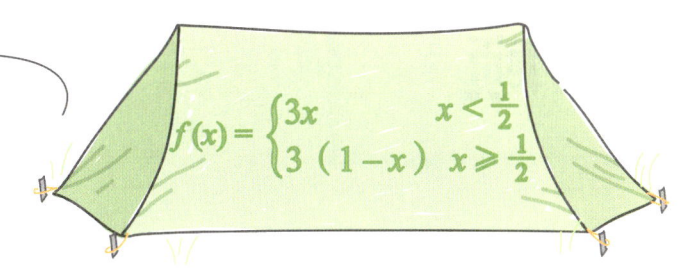

$$f(x)=\begin{cases}3x & x<\frac{1}{2}\\ 3(1-x) & x\geq\frac{1}{2}\end{cases}$$

然而，从康托尔集中的点开始的值会一直较小，且会加入周期轨道或达到不动点。

二维函数

因为类似逻辑斯谛映射的帐篷映射是一个一维函数，其输入位于实线上，所以它的茹利亚集只是该实线的一个子集。

我们也可以定义二维函数。这些函数从二维集合中取得输入，例如复平面（见第15页）。在函数族$f(z)=z^2+c$（c是一个复参数，z是复输入）中，其茹利亚集则会根据c值的不同而有所不同。

当$c=0$时，茹利亚集是一个圆。任何在圆内起始的z值都会一直比较小，但在圆外起始的值将永远增大。

若$c\neq 0$，比如$c=0.2+0.2i$，茹利亚集会围绕边缘形成一个有趣的分形曲线。

对其他较小的c值，茹利亚集的形状会有所不同。某些c值会产生周期轨道各不相同的函数，那些不会向无穷远处逃逸的点位于这些美丽结构的内部，在不同的组分之间移动。

$c=-0.13+0.75i$（周期三轨道）

$c=-1+0.03i$（周期二轨道）

$c=-0.62+0.42i$（周期七轨道）

✓ 回顾

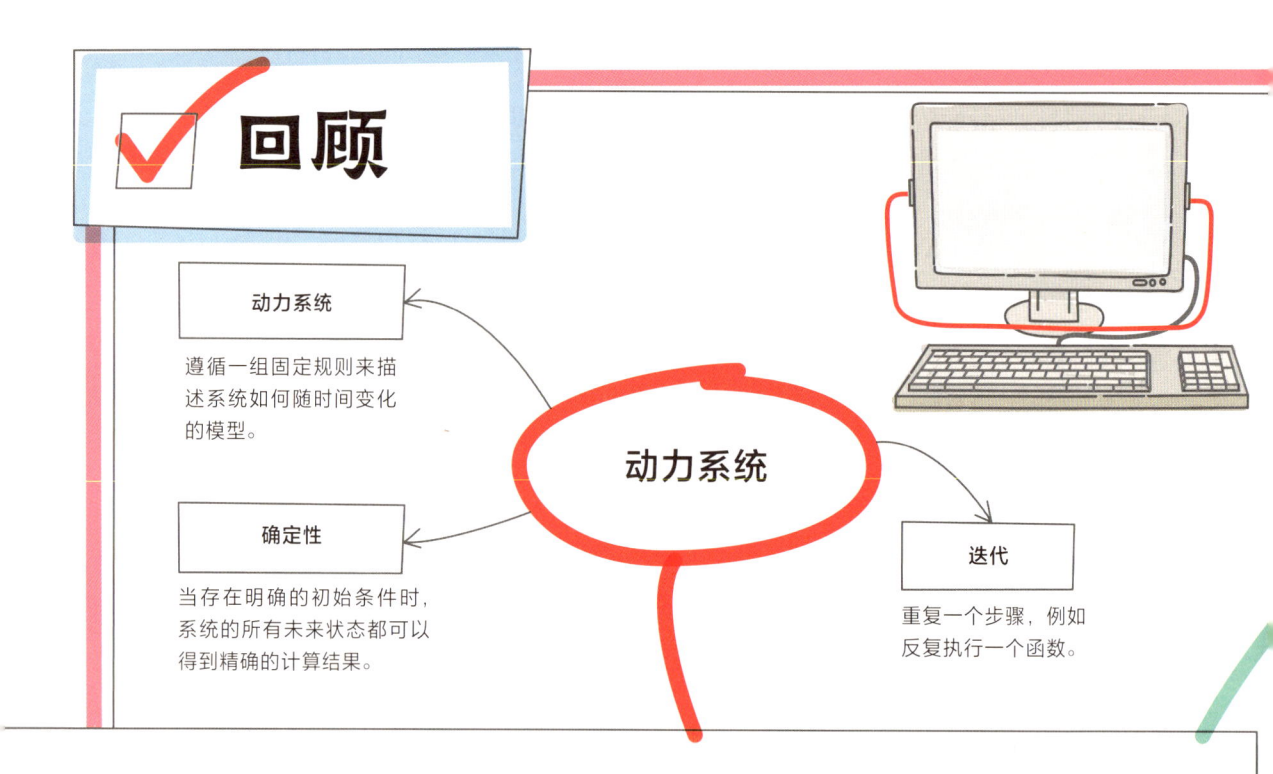

动力学

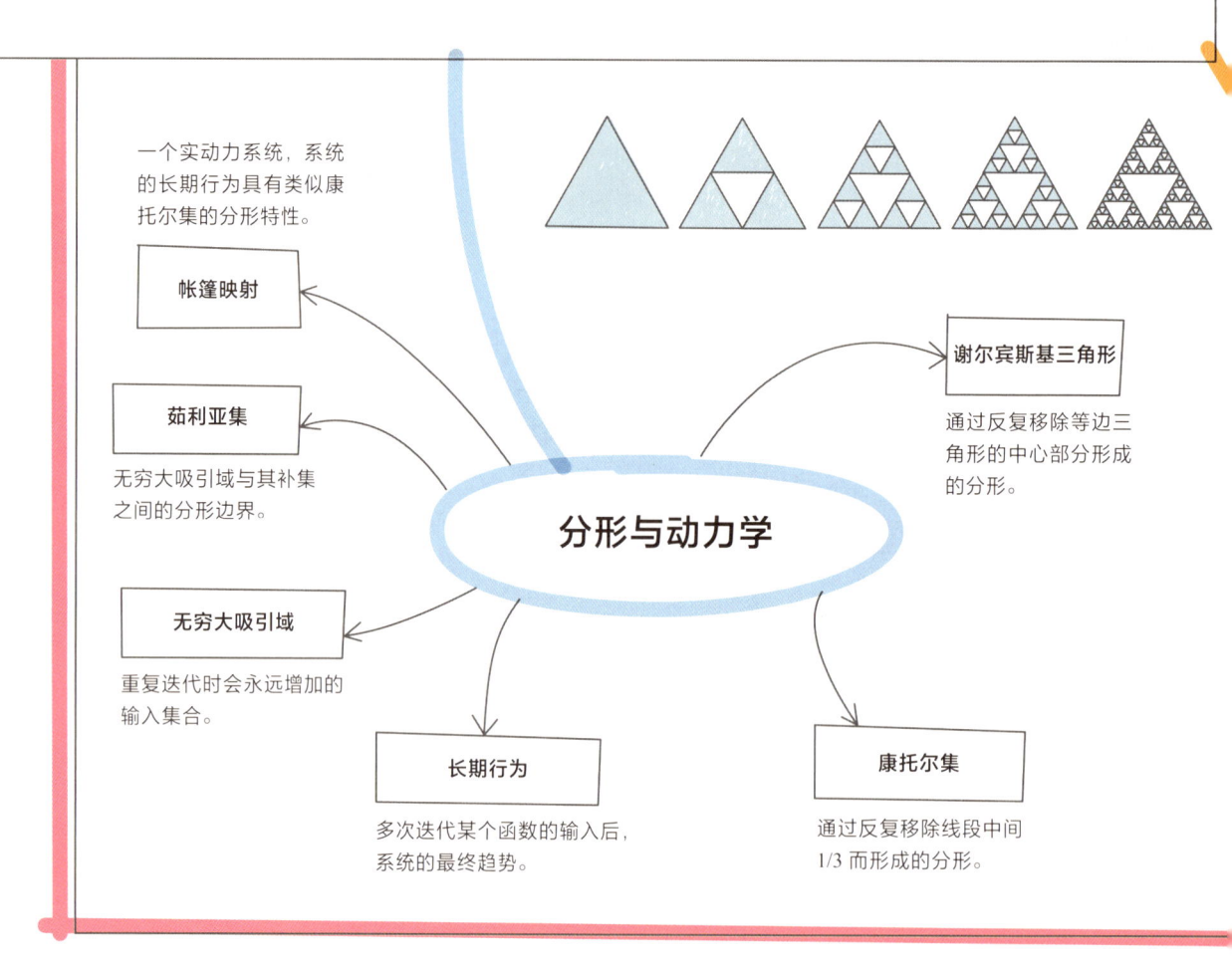

动力系统

动力系统
遵循一组固定规则来描述系统如何随时间变化的模型。

确定性
当存在明确的初始条件时，系统的所有未来状态都可以得到精确的计算结果。

迭代
重复一个步骤，例如反复执行一个函数。

分形与动力学

一个实动力系统，系统的长期行为具有类似康托尔集的分形特性。

帐篷映射

茹利亚集
无穷大吸引域与其补集之间的分形边界。

无穷大吸引域
重复迭代时会永远增加的输入集合。

谢尔宾斯基三角形
通过反复移除等边三角形的中心部分形成的分形。

长期行为
多次迭代某个函数的输入后，系统的最终趋势。

康托尔集
通过反复移除线段中间 1/3 而形成的分形。

178 图解代数

将函数反复应用于一个不动点附近的值时，所得值更加接近不动点的值。

在动力系统中迭代时不发生变化的点。

吸引不动点

不动点

不动点与轨道

周期轨道

一组点的集合，系统迭代时在这些点之间循环移动。

预周期点

经过迭代会进入周期循环的点。

排斥不动点

不吸引的不动点。

分岔图

用来直观显示作为参数变量的分岔的图。

图解动力学

繁殖率

在模拟种群的映射中表示繁殖速率的参数。

混沌系统

微小的输入变化能够引起巨大的输出变化的系统。

分岔

当参数改变时，函数行为发生的显著变化。

参数

函数中的值，可以通过改变它创建一系列不同的函数。

第 10 章 动力学 179

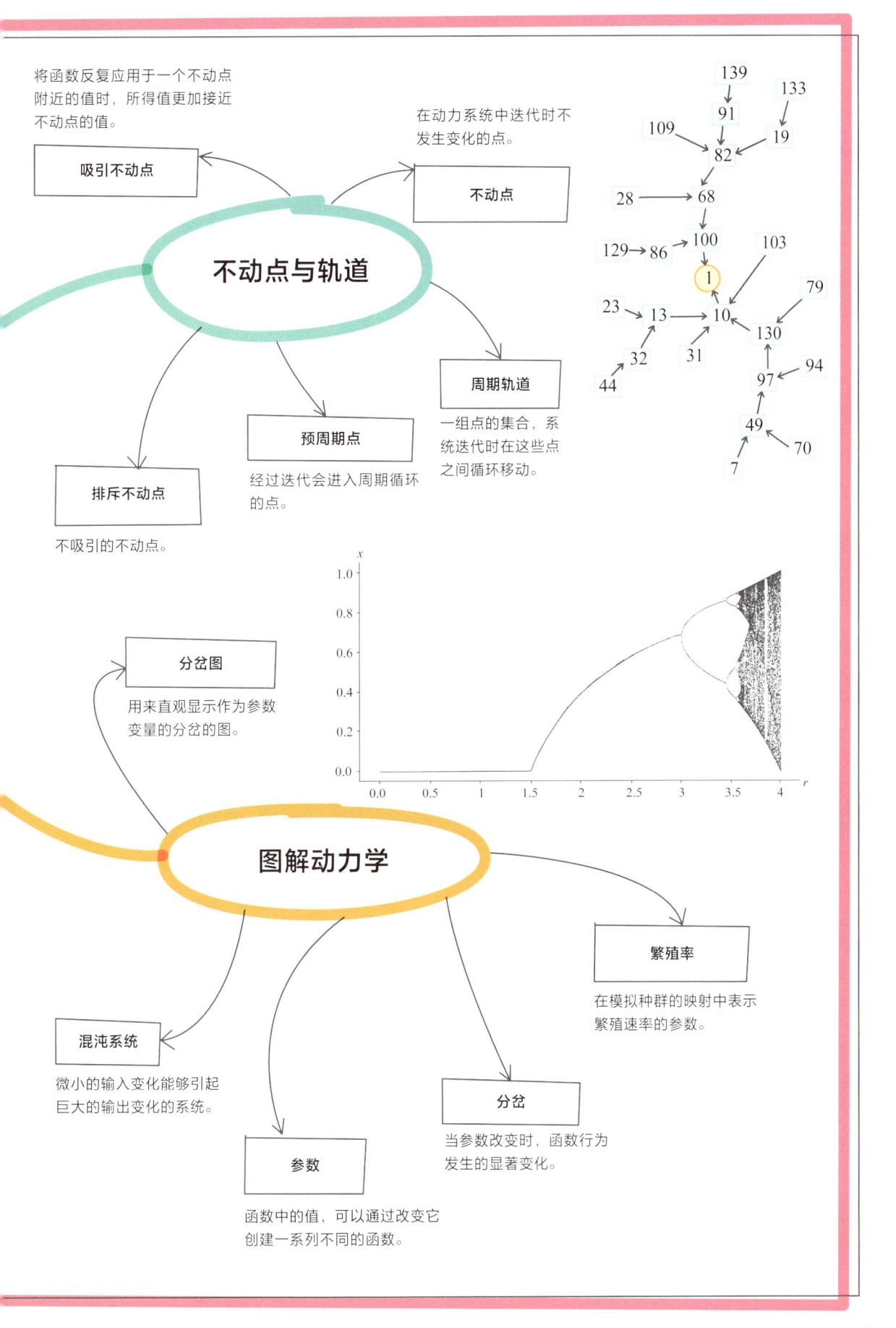

第11章

离散数学

在数学中，"离散"一词用于表示某件事情以分离、不连续的部分或步骤出现，并且只能取一组固定值中的一个，比如整数。这就与连续的事物形成了区别，因为后者可以位于实数线上的任何点，如高度或时间。离散数学包括对数、集合、逻辑、组合数学和图论的研究，它在解决某些类型的问题时极有用处。

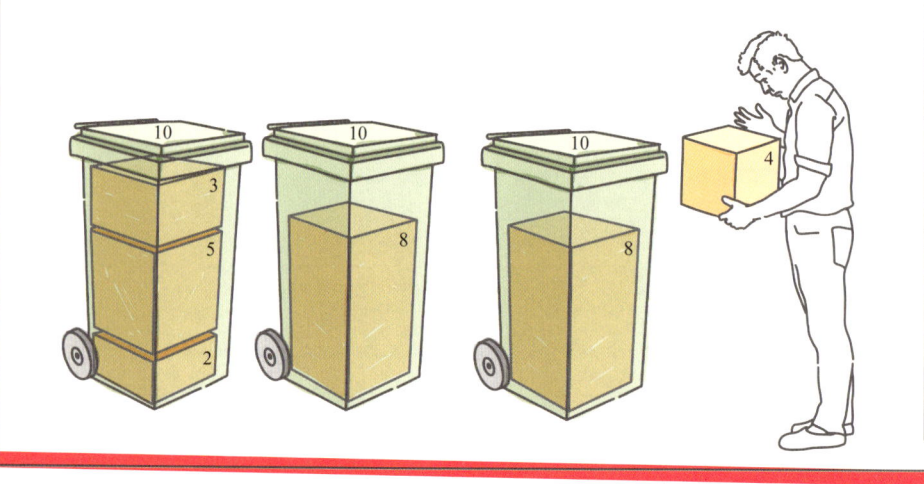

什么是离散数学？

离散数学涵盖数学的多个分支，其共性是描述由分离、不连续的不同部分组成的事物。无论是在整数与组合它们的方法上，或者是在集合和图论等结构上，我们都可以用不同的方式将它们用于建模和描述问题，以及设计系统来传递信息。

在数学中，我们用"连续"描述具有不间断的渐进曲线的函数，也用它描述可以在实数线上任意取值的变量，如物体的重量、流体的运动或者两点间的距离。

反之，**离散变量**描述的则是任何可以用整数计数或描述的变量，如仓库中的库存数量或者网络中节点之间的连接。它们对可以用离散术语描述的现实世界的建模很有用处，而且数量惊人的系统和情景都有这种性质。

例如，**信息论**研究的是我们如何使用像二进制这样的代码（见第 16 页）及巧妙的数学手段存储与交流信息，比如检查数字和纠错，确保信号不会在传输过程中崩溃。

条形码和二维码采用数学手段，用以确保它们传达的信息是正确的。例如，在条形码中，最后一位数字是校验和，可以通过其他数字的相加来计算。对标准的 13 位条形码，我们取奇数位数字（第 1 位数字、第 3 位数字，等等）的和，加上偶数位数字和的 3 倍。总数应该是 10 的倍数，而最后一位数字（在下面的例子中是 2）就是用来确保这一点的。

离散数学还包括集合论（见第 127 页）、组合学（见第 184 页）、图论（见第 72 页）和数学逻辑（见第 119~120 页）。

$$(0+2+4+6+8+0+2)+3\times(1+3+5+7+9+1)=100$$

第 11 章 离散数学 **183**

组合学

组合学是离散数学的一个重要分支，它研究组合和重新排列有限或可数离散对象的可能方法的数量。组合学可以用于模拟有关安排和组合对象的现实世界情景，如计算机科学的许多领域；也可用于语言、调度和系统设计的研究。

排列是重新排序一组对象的方式。现在，假定我们有 4 个对象需要排序。

我们可以选择 4 个对象中的任何一个作为第一个。一旦选择了第一个对象，下一个选择则有 3 个选项，然后是 2 个选项，最后的对象只有唯一的选项。

选择的总数是 4×3×2×1 = 24 种可能的排列。我们用**阶乘** 4！表示这个运算。"4 的阶乘"是指 4 乘小于它的每一个正整数所得的结果，即 4 个对象重新排列的方式的数量。

有关排列的更多数学知识，见第 196~197 页。

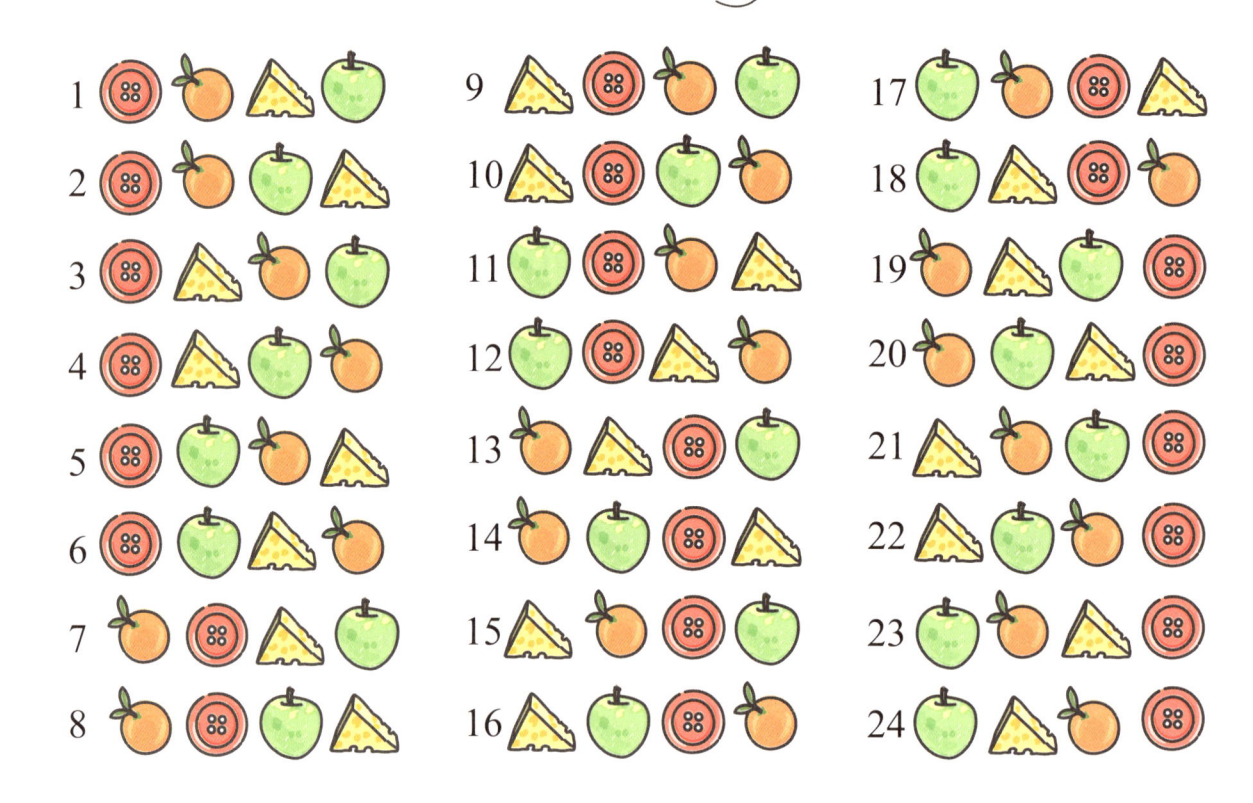

组合是从给定子集中选择一组对象的方法。例如，如果要从 5 个对象中选择 3 个，可以从 5 个对象中任选一个作为第一个，选择第二个时有 4 个选项，选第三个时有 3 个选项，于是从 5 个对象中选择 3 个就有 5×4×3 = 60 种方法。

但是，这样做会将以不同次序排列的相同对象视为不同的选择。如果想要找到唯一组合的数量，则需要将这个数除以重新排列这三个对象的方法数量，因为它们会以所有可能的顺序出现在列表中。60 ÷ 3! = 10，即从 5 个对象中选择 3 个的方法数。

这两种方法可以单独或联合使用，比如计算纸牌游戏中可能的发牌次数，或者在给定选项菜单时三明治组合的数量，在工业、调度和计算中也有广泛应用。

1	2	3
1	2	4
1	2	5
1	3	4
1	3	5
1	4	5
2	3	4
2	3	5
2	4	5
3	4	5

第 11 章 离散数学

最优化问题

数学方法对寻找某事物的最佳版本非常有用，即寻找最有效的方法（使用最少的时间和资源）或能为公司产生最大利润的方法。最优化问题要求我们令变量最大化或最小化，并找到最优的可能解决方案。

简单来说，最优化就是找到某物可能达到的最优值。如果你有一组描述系统的方程，比如工厂生产产品所需的材料成本和数量，就可以通过求解这些方程算出工厂的最高生产率。

通常，这类问题在本质上是离散性的。例如，给定20块1米长的栅栏板，要用它们围成栅栏，你能围出的最大地块面积是多少？

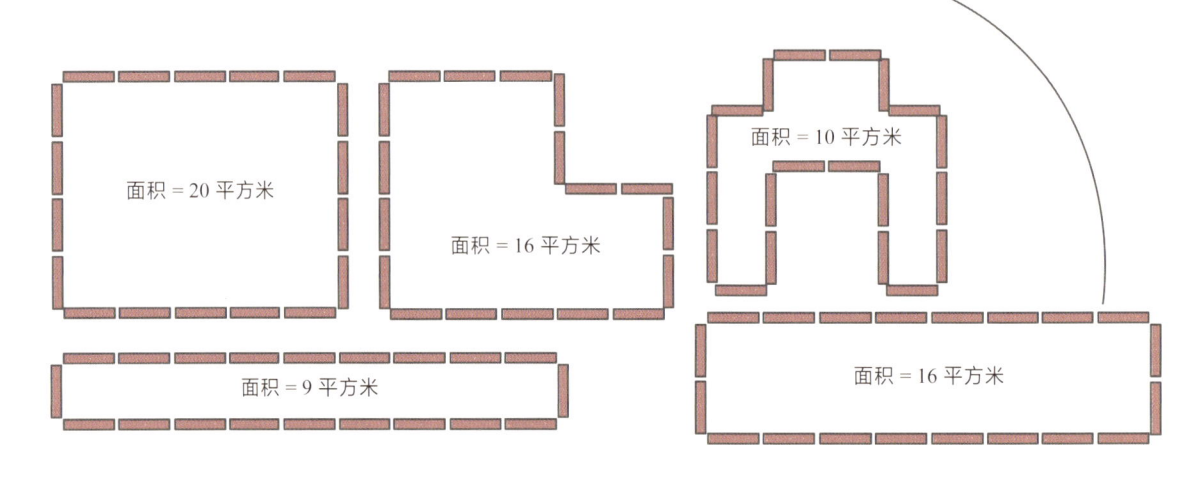

面积 = 20 平方米

面积 = 16 平方米

面积 = 10 平方米

面积 = 9 平方米

面积 = 16 平方米

最优化问题常常在图（见第72页）上出现。例如，可以用图表示一个交通网络，显示不同城市间的距离（以飞行小时数表示）。一个你可能会试图解答的特定问题叫作"旅行商问题"：如果你是一个销售员，需要遍访所有城市销售产品，你可以走哪些路径到达所有城市并返回起点？你能否找到一条短于给定最大长度的路线？

通常，这个问题很难解决，尤其当网络的规模变大时，需要检查和比较的可能路线数量也迅速增加，有许多需要考虑的可能性。

运筹学是数学的一个分支，它利用最优化理论、概率统计和数学建模解决现实世界的决策问题，尤其是工业和工程领域的决策问题。

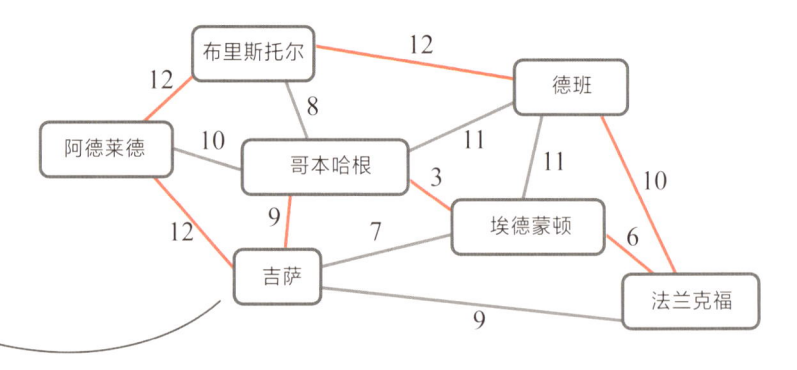

阿德莱德 ➡ 布里斯托尔 ➡ 哥本哈根 ➡ 德班 ➡ 埃德蒙顿 ➡ 法兰克福 ➡ 吉萨 ➡ 阿德莱德 = 69 个小时
阿德莱德 ➡ 哥本哈根 ➡ 布里斯托尔 ➡ 德班 ➡ 埃德蒙顿 ➡ 法兰克福 ➡ 吉萨 ➡ 阿德莱德 = 68 个小时
阿德莱德 ➡ 吉萨 ➡ 哥本哈根 ➡ 埃德蒙顿 ➡ 法兰克福 ➡ 德班 ➡ 布里斯托尔 ➡ 阿德莱德 = 64 个小时

装箱问题

装箱问题是将一组物体装入给定空间的挑战，是一个使用最优化理论解决离散数学问题的典型例子。除了在现实情景中的明显用途，这些问题还有其他更具概念性的应用。

假设我们有一大批高度不同的盒子，要将它们放入一组手推箱里。盒子的总体积小于手推箱的总容积，却可能无法全部装入。即使可以全部装入，找到可行的排列方式也可能要大费周章。

我们可以随机放置盒子，但可能会在手推箱顶部留下一个空间，虽然空间不算小，但无法再放一个盒子。

一个有效的解决方法是**最差适应算法**。我们将盒子以尺寸递减的顺序排列，然后依次将每个盒子放入剩余空间最多的手推箱里。

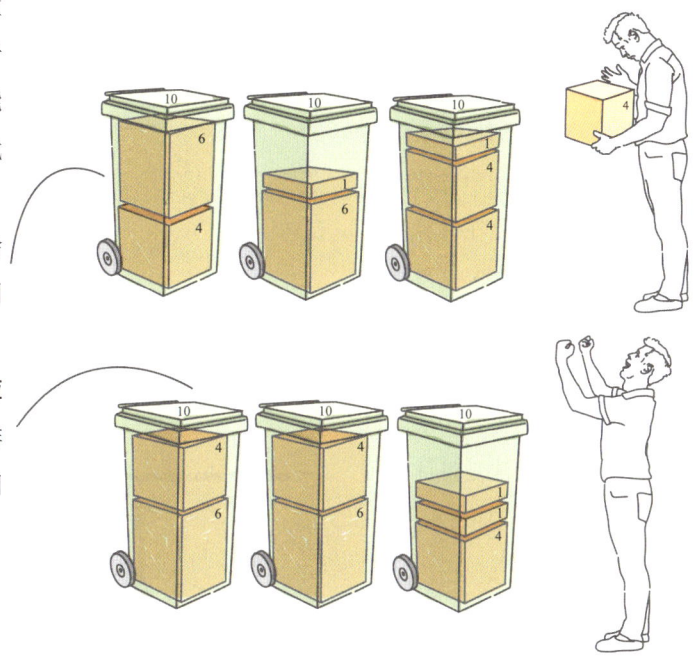

背包问题

另一类装箱问题叫作"背包问题"，是寻找一种将给定大小的物品放入给定容量的背包中的方法。我们也可以为每一项物品赋予实用性甚至货币价值。现在已经有一些算法，可以找到适合装入背包的最珍贵物品组合，并使背包的剩余空间达到最小。

通常，"高度"或者"大小"可以是你装包的任何物品的合理测度，例如在有重量限制的手提箱中的物品重量，或者数据项所需的计算机存储量。

同样的方法可以用于规划行程，其中任务的"大小"是时间的长度。有效利用时间的一种方式是首先安排耗时较长的任务。你可能已经在不知不觉中使用了这类优化技术！

计算复杂性

算法或指令集的计算复杂性是衡量执行它所需资源的标准。对计算机算法，需要衡量的是单次计算的数量与所需内存。我们研究算法的复杂性，才能提高效率。

我们经常使用算法来解决问题，特别是在数学领域，其中最简单的方法是在计算机上遍历所有可能的情况。考虑这些算法的效率非常重要，而效率与它们的复杂性有关。

请思考将两个数相乘的过程。一种标准方法是将计算写为一组竖式，如右侧所示。

$$\begin{array}{r} 24 \\ \times\ 1_16 \\ \hline 144 \\ +\ 240 \\ \hline 384 \end{array}$$

要计算 24×16，首先需要计算 24×6，计算是逐个数位进行的：4×6 = 24，在个位写 4，并将 2 进位到下一列。然后，2×6 = 12，加上第一列的进位得到 14，写在已有的 4 左边。

在下一行，在个位写一个 0（因为 16 中的 1 实际上是 10，也可省略不写），然后计算 1×4 与 1×2，得到 240。

最后，我们将 144 与 240 相加，同样通过逐列加法与进位完成。

计算机需要分别执行这些步骤。在两个两位数相乘时，我们总共执行了 4 次一位数乘法运算，还有 4 次加法运算（如果最终的加法列中有更多的数字需要进位和相加，则次数可能更多）。我们还需要存储计算中的中间值与进位数字，这将占用多达 8 位数字的内存。

对计算机可以执行的各种类型的计算来说，涉及的复杂性各不相同。单次计算的数量会随输入的增大而增长。两个三位数相乘，我们可能需要做 9 次乘法和最多 13 次加法。

对大小为n的输入,一个算法或许需要5n、n^2,甚至10^n步。这些复杂性可以用n的多项式函数(见第85页)描述,如5n或n^2是在**多项式时间**内执行的。

数学中一个尚未解决的重大问题叫作"P vs NP问题",它考虑的是解决问题和验证其解决方案是否为真之间的区别。请回想一下旅行商问题(见第186页):对一个包含n座城市的网络,可能有n!条可能的路线——这比n的多项式增长得更快,说明我们很难在多项式时间内找到解决方案。但如果你已经有了一个解决方案,则验证你的路线是否比给定的最大长度更短是相对较快的。

P vs NP问题的设问是:是否存在一种方法,使得在多项式时间内能够验证的问题,也能够在多项式时间内解决。我们觉得不存在这种方法,但需要确证这一点,这能让我们从根本上理解复杂性。而且,找到该问题的答案将赢得克雷数学研究所100万美元的奖金。这个问题是该研究所在2000年宣布的千禧年大奖难题之一,这些难题都是数学中重要的未解问题。目前,7个问题中有一个已经被解决了,想要得奖,必须从速!

城市数	可能的路线数
4	24
6	720
10	3 628 800

第11章 离散数学

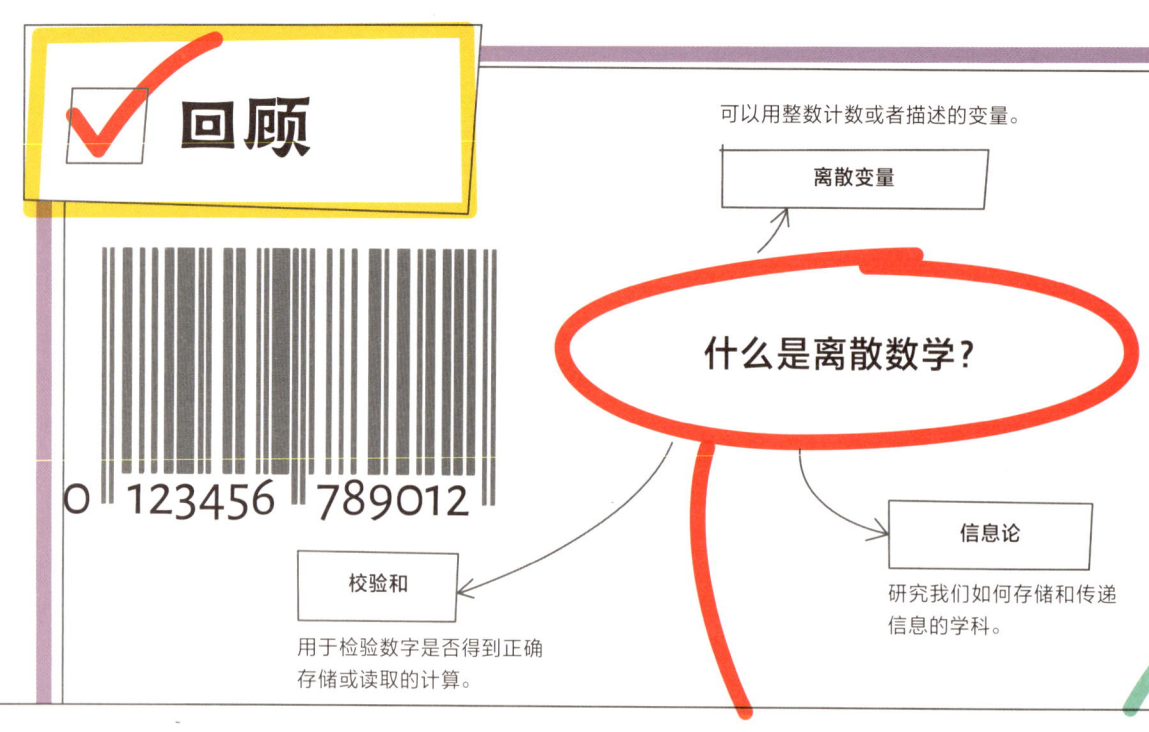

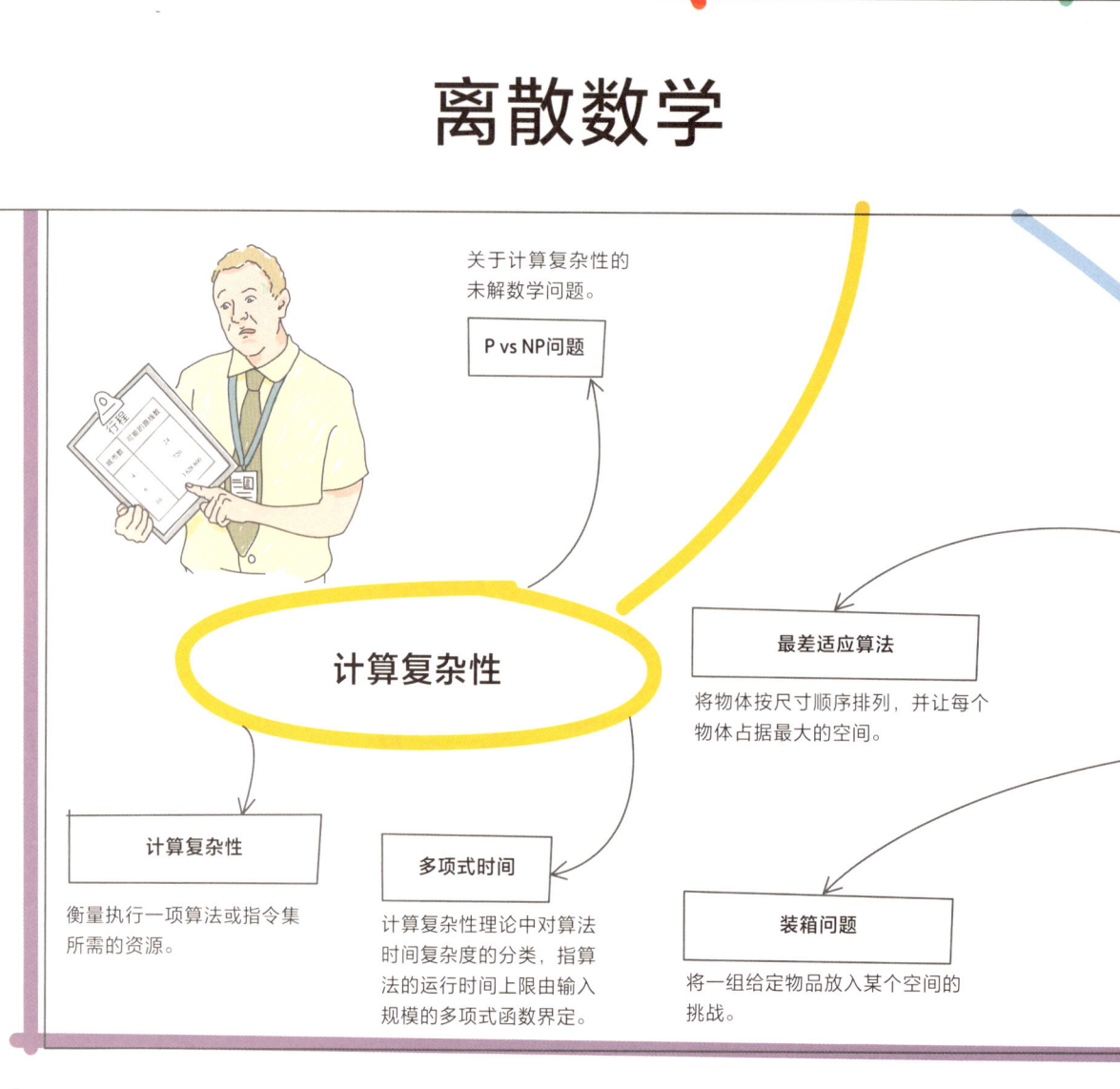

回顾 ✓

离散数学

什么是离散数学？

离散变量
可以用整数计数或者描述的变量。

信息论
研究我们如何存储和传递信息的学科。

校验和
用于检验数字是否得到正确存储或读取的计算。

计算复杂性

P vs NP问题
关于计算复杂性的未解数学问题。

最差适应算法
将物体按尺寸顺序排列，并让每个物体占据最大的空间。

计算复杂性
衡量执行一项算法或指令集所需的资源。

多项式时间
计算复杂性理论中对算法时间复杂度的分类，指算法的运行时间上限由输入规模的多项式函数界定。

装箱问题
将一组给定物品放入某个空间的挑战。

撤销原排列的操作。

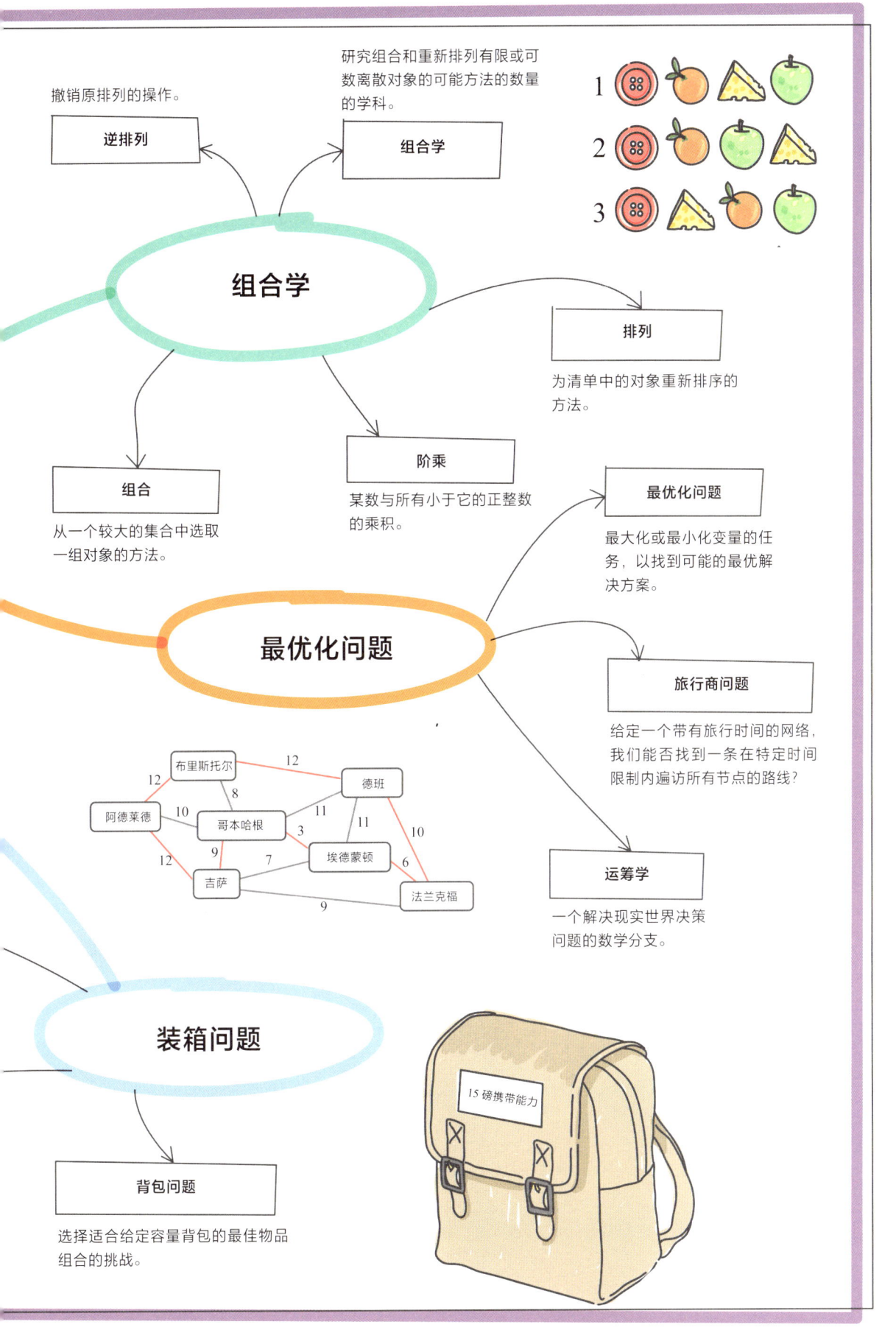

逆排列

研究组合和重新排列有限或可数离散对象的可能方法的数量的学科。

组合学

组合学

排列

为清单中的对象重新排序的方法。

组合

从一个较大的集合中选取一组对象的方法。

阶乘

某数与所有小于它的正整数的乘积。

最优化问题

最大化或最小化变量的任务，以找到可能的最优解决方案。

最优化问题

旅行商问题

给定一个带有旅行时间的网络，我们能否找到一条在特定时间限制内遍访所有节点的路线？

运筹学

一个解决现实世界决策问题的数学分支。

装箱问题

背包问题

选择适合给定容量背包的最佳物品组合的挑战。

第 11 章　离散数学　191

第 12 章

抽象结构

在数学中，"代数"一词用以指代我们在书中读到的带有未知变量的方程类型。此外，代数也用以指代其他数学分支，这些分支涉及更复杂、更抽象的数学结构。线性代数将常规方程推广到了更大的系统；抽象代数则包括群这类结构，它们与排列和取模运算相关。

$$\begin{pmatrix} 1234 \\ 2143 \end{pmatrix} \circ \begin{pmatrix} 1234 \\ 2314 \end{pmatrix} = \begin{pmatrix} 1234 \\ 3241 \end{pmatrix}$$

$$\begin{pmatrix} 123456 \\ 436215 \end{pmatrix} = (142365)$$

线性代数

我们已经看到，代数涉及描述数和变量间关系的方程。如果只考虑一次方程，即那些未知数次数为 1 的方程，我们就可以将它们组合起来，创建描述某些结构的系统。

方程组是描述同一系统的若干个方程。一次方程是可以描述直线的方程，如 $y = 2x + 4$。线性代数的研究对象之一就是一次方程组。

$$\begin{cases} 10x + 2y + 3z = 0 \\ 8x - 4y + 13z = 4 \\ x + 3y - z = 2 \end{cases}$$

假定一家商店以 2 美元的价格出售木琴，以 5 美元的价格出售悠悠球。设 x 和 y 分别为已售出的木琴和悠悠球的数量。如果商店总共售出了 55 件商品，且总销售额为 206 美元，则有 $x + y = 55$ 和 $2x + 5y = 206$。解出这一方程组，即可得出每种商品售出的数量。

方程组可能被用来描述系统中数量间的多重关系、需要最优化的问题（见第 186 页），或者是计算机模型的一部分。

为了效率更高地处理这些类型的方程，我们可以使用**矩阵**，即按行和列排列的复数或实数集合。

$$\begin{bmatrix} 10 & 2 & 3 \\ 8 & -4 & 13 \\ 1 & 3 & -1 \end{bmatrix}$$

我们在第 158 页了解了向量，它们是只有一列的矩阵特例。我们可以做向量加法与向量和标量的乘法，也可以用同样的方式组合矩阵。我们还可以让矩阵与向量相乘，形成矩阵方程，如下所示。

$$\begin{bmatrix} 10 & 2 & 3 \\ 8 & -4 & 13 \\ 1 & 3 & -1 \end{bmatrix} \begin{bmatrix} x \\ y \\ z \end{bmatrix} = \begin{bmatrix} 0 \\ 4 \\ 2 \end{bmatrix}$$

这一矩阵方程描述了前述方程组。如果我们取矩阵中一行的数，并将它们与向量中的变量 (x, y, z) 相乘，将给出（举例来说）$10x + 2y + 3z$，它必须等于右侧向量中的相应条目，即 0。大小适当的矩阵也可以相乘，方法为矩阵的每一行与另一个矩阵的每一列相乘。

方阵即行数和列数相同的矩阵，我们在某些条件下可以对它们求逆，得到**逆矩阵**。逆矩阵与原矩阵相乘，给出单位矩阵，即从左上到右下对角线上的元素为 1、其余元素为 0 的矩阵。给定大小的可逆矩阵构成一个群（见第 198 页）。

$$\begin{bmatrix} 1 & 0 & 0 \\ 0 & 1 & 0 \\ 0 & 0 & 1 \end{bmatrix}$$

第 12 章 抽象结构

排列

正如我们在第 184 页看到的那样，排列是对一组对象重新排序的方式。但在抽象代数中，排列本身可以被视为对象，并通过组合形成其他排列，构建出一个优雅的数学结构。

给定一组 n 个对象，我们已知如何计算重新排序它们的不同方式的数目，即等于 $n!$。对包含 3 个对象的组，有 $3! = 6$ 种可能的排序方式，我们可以把它们按照不同的顺序画出来加以展示。

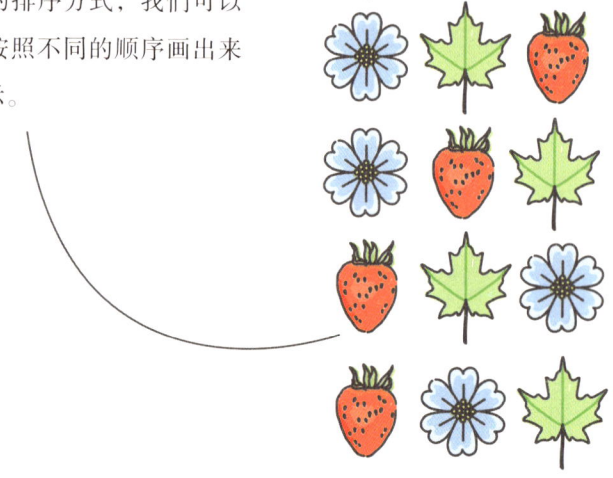

如果想要以更精确的数学方式记录这些排列，可将原始顺序写在顶行，然后将每个数的新位置顺序写在下方，如下所示。

$$\begin{pmatrix} 1\,2\,3 \\ 1\,2\,3 \end{pmatrix} \quad \begin{pmatrix} 1\,2\,3 \\ 1\,3\,2 \end{pmatrix} \quad \begin{pmatrix} 1\,2\,3 \\ 2\,1\,3 \end{pmatrix} \quad \begin{pmatrix} 1\,2\,3 \\ 2\,3\,1 \end{pmatrix} \quad \begin{pmatrix} 1\,2\,3 \\ 3\,1\,2 \end{pmatrix} \quad \begin{pmatrix} 1\,2\,3 \\ 3\,2\,1 \end{pmatrix}$$

1 保留在原位，
2 与 3 交换位置

$$e \qquad (2\,3) \qquad (1\,2) \qquad (1\,2\,3) \qquad (1\,3\,2) \qquad (1\,3)$$

恒等排列——没有任何移动

2 与 3 交换位置

1 与 2 交换位置

1 至 2 位，
2 至 3 位，
3 至 1 位

1 至 3 位，
3 至 2 位，
2 至 1 位

1 与 3 交换位置

与其将整个对象列表写两次，不如使用更为简洁的方式写出排列情况，以此指出哪些元素有运动、向哪里运动，而不必提及位置不变的元素。

这被称为"循环记法"，因为括号内包含一个循环的元素序列。例如，一个 6 元素的排列可能是 (1 2)(3 5 4)，在这个排列中，1 和 2 交换位置，然后 3 → 5（"3 移动到 5"）、5 → 4、4 → 3，6 保持原位。在我们的两行记号中，这表示为：$\begin{pmatrix} 1\,2\,3\,4\,5\,6 \\ 2\,1\,5\,3\,4\,6 \end{pmatrix}$

如果想要组合两个排列，就需要做**复合运算**。我们可以认为这种运算是先按一个排列将对象移动到新位置，然后对结果应用另一个排列。

例如，如果我有一个交换 1 与 2 的排列，然后是另一个将 2 移动到 3 的排列，则在整体排列中，1 将移动到 3。

$$\begin{pmatrix} 1 & 2 & 3 & 4 \\ 2 & 1 & 4 & 3 \end{pmatrix} \circ \begin{pmatrix} 1 & 2 & 3 & 4 \\ 2 & 3 & 1 & 4 \end{pmatrix} = \begin{pmatrix} 1 & 2 & 3 & 4 \\ 3 & 2 & 4 & 1 \end{pmatrix}$$

我们首先执行左边的排列。我们可以追踪一个经过两次排列的元素：$1 \to 2$，然后 $2 \to 3$，因此在结果中是 $1 \to 3$。同样地，有 $2 \to 1$，然后 $1 \to 2$，所以整体上 2 将保留在原位

我们只能对作用于同一组对象的排列做复合运算，而且可以将复合运算视为类似加法或乘法的运算。符号 "∘" 通常用于表示排列的复合运算。

如果一个排列让所有对象在一个长循环中移动，则称其为**循环**。

如果两个对象交换位置，其他所有对象保持不变，我们称该排列为**对换**，且可通过组合对换生成其他排列。

$$\begin{pmatrix} 1 & 2 & 3 & 4 & 5 & 6 \\ 4 & 3 & 6 & 2 & 1 & 5 \end{pmatrix} = (142365)$$

在这个循环排列中，循环为 $1 \to 4 \to 2 \to 3 \to 6 \to 5 \to 1$

$$\begin{pmatrix} 1 & 2 & 3 & 4 & 5 \\ 1 & 3 & 2 & 5 & 4 \end{pmatrix} = (23)(45)$$

在这个排列中，2 与 3 对换，4 与 5 对换

排列的逆是其反向运算，即将所有对象移回初始位置的运算。如果我们把一个排列和它的逆组合，会得到恒等排列。

$$\begin{pmatrix} 1 & 2 & 3 \\ 2 & 3 & 1 \end{pmatrix} \circ \begin{pmatrix} 1 & 2 & 3 \\ 3 & 1 & 2 \end{pmatrix} = \begin{pmatrix} 1 & 2 & 3 \\ 1 & 2 & 3 \end{pmatrix}$$

每一个对换及单位矩阵的逆都是其自身：对换应用两次恢复原状，单位矩阵恒等不变。循环的逆则是将其元素顺序反向排列。

第 12 章　抽象结构　**197**

群

理解数如何通过加法结合，是我们在开始学习数学时就要接触的内容。有许多以相同方式运作的结构，群就是其中之一。群是最普遍且有用的抽象结构之一。

群是由一组叫作"元素"的对象及一个总是产生原集合中已有元素的组合运算构成的。群可以是一组通过加法结合的数、一组通过复合运算结合的排列，或者一个形状的对称性。它通过先执行一个运算，再执行另一个运算（比如旋转和反射）来结合。

$$2 + 3 = 5 \qquad \begin{pmatrix} 1 & 2 & 3 & 4 \\ 2 & 1 & 4 & 3 \end{pmatrix} \circ \begin{pmatrix} 1 & 2 & 3 & 4 \\ 2 & 3 & 1 & 4 \end{pmatrix} = \begin{pmatrix} 1 & 2 & 3 & 4 \\ 3 & 2 & 4 & 1 \end{pmatrix}$$

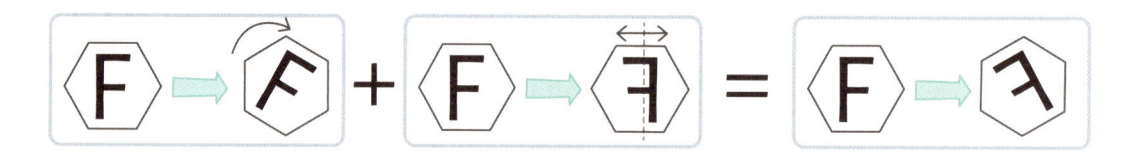

要成为群，我们需要：

- 一个**单位元**：它们与群中的其他元素结合时不会出现改变，可以是 0（在加法中）或者恒等排列。
- 每个元素必须有唯一的**逆元**，当与其自身结合时会返回单位元。例如，4 的加法逆元是 –4。
- 结合群元素的运算必须符合结合律（见第 27 页）。

当我们结合群中的元素时，运算可能是可**交换**的，即以相反的顺序让相同的两个元素结合会得到同样的结果。这对像加法这样的数群是成立的，如 2 + 4 = 4 + 2；但对排列来说则不成立，因为相同的两个排列以不同的顺序结合会得出不同的结果。

$$\begin{pmatrix} 1 & 2 & 3 \\ 1 & 3 & 2 \end{pmatrix} \circ \begin{pmatrix} 1 & 2 & 3 \\ 3 & 1 & 2 \end{pmatrix} = \begin{pmatrix} 1 & 2 & 3 \\ 3 & 2 & 1 \end{pmatrix}$$

$$\begin{pmatrix} 1 & 2 & 3 \\ 3 & 1 & 2 \end{pmatrix} \circ \begin{pmatrix} 1 & 2 & 3 \\ 1 & 3 & 2 \end{pmatrix} = \begin{pmatrix} 1 & 2 & 3 \\ 2 & 1 & 3 \end{pmatrix}$$

如果想要将群的结构可视化，我们可以使用**Cayley表**（凯莱表），以数学家阿瑟·凯莱的名字命名。这种表可以直观地展示群中元素间的运算关系。在Cayley表中，每个顶点代表群中的一个元素，边表示通过群运算将一个元素映射到另一个元素的关系。

	e	（1 2）
e	e	（1 2）
（1 2）	（1 2）	e

两个元素的排列群的Cayley表非常小，只有两个排列（记为e的恒等排列，以及交换1和2的排列）。如果把（1 2）交换与自身结合，则会得到e。

在一个三角形的对称群中有6个元素：3个旋转和3个反射。Cayley表展示了它们是如何结合的。

群可以在许多情况下描述一组事物以结构化结合的可能方式。一个著名的例子是魔方，这是一种在20世纪70年代发明的益智玩具，通过旋转魔方可以改变块和颜色的排列。

如果我们考虑魔方上可能的移动集合，并通过一个接一个地执行移动来结合移动，这个结构会是一个有 43 252 003 274 489 856 000 个元素的群！

取模运算

我们习惯于用实数线上的数计算，有时只使用整数。正如我们已经看到的，数其实是一个群，让群内两个元素结合的运算是标准算术运算，比如加法。但是，如果我们在一个较小的数集上做相同的运算会如何呢？

取模运算（运算符号是mod）使用整数的一个有限子集执行标准的加法和乘法，来创建一个算术的微型版本。你在其中计算的所有数都来自一个小集合，得到的答案同样如此。我们通过使用模数来实现这一点。模数是一个点，当我们到达这个点时，数会循环回到起点。

例如，如果我用的模数是5，我会从1开始计数，然后是2、3、4，就和正常计数一样；但当数到5时，由于我正在"模5"下工作，于是便回到0。所以，4之后是0，然后是1。

这就如同钟面上环绕成圆圈的数一样。如果你在24小时制和12小时制之间做过时间转换，你会习惯于模12的运作，并且知道15:00就是下午3点；每天午夜，时间将从11:59翻转到0:00。

…40123401234012340 1

可以认为，在取模运算中的计算，是通过从数中减去尽可能多的模数的倍数来摆脱模数；或者，甚至可以假定你正在除以那个数，而只关注余数。例如，57模10就是7，因为每次达到10时，我们都会回到0。同样，44模11是0，45模11是1。这也类似将45除以11，然后写下余数。当使用模数时，我们用同余符号（≡），举例来说，我们要表达的不是57 = 7，而是在说57在模10下等价于7。

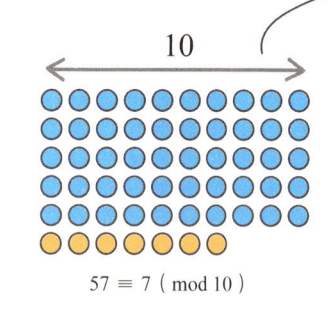

57 ≡ 7（mod 10）

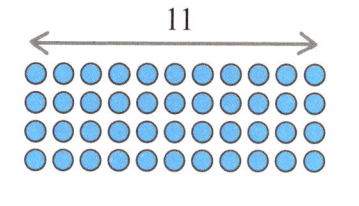

44 ≡ 0（mod 11）

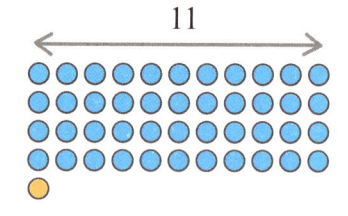

45 ≡ 1（mod 11）

使用任何数的模数，就相当于我们只会看到一个有限的数集，包含从0到比我们的模数小1的数。如果我们使用加法运算，这些数将形成一个群，群中任意两个数相加（模群的大小）将给出群中的另一个数。例如，模11，7 + 8 ≡ 4（因为15模11是4）。对加法来说，每个元素都会有一个良定义的逆元，单位元是0。

在取模运算的乘法下，一组数不一定形成一个群。尽管我们仍然可以定义取模运算的乘法，但一个数不一定有逆元。通常来讲，数 n 在乘法下的逆元是 $\frac{1}{n}$（因为 $n \times \frac{1}{n} = 1$，乘法的单位元），但这不是我们在这里的选项之一。有些元素可以有逆元。例如，如果我们在模 9 下运算，则 $2 \times 5 = 10 \equiv 1 \pmod{9}$，所以 2 是 5 的逆元。但这并不是永远有效，元素 3 就没有逆元，因为 3 的倍数在模 9 下都是 0、3 或 6，永远不会为 1。

模9	1	2	3	4	5	6	7	8
1	1	2	3	4	5	6	7	8
2	2	4	6	8	1	3	5	7
3	3	6	0	3	6	0	3	6
4	4	8	3	7	2	6	1	5
5	5	1	6	2	7	3	8	4
6	6	3	0	6	3	0	6	3
7	7	5	3	1	8	6	4	2
8	8	7	6	5	4	3	2	1

模 9 乘法：一些元素有逆元，但其他的则没有。2 有逆元 5，但 6 没有逆元

但如果模数是一个素数，则所有元素在乘法和加法下都会有逆元，于是我们就得到了一个域。域是一种代数结构，类似群，但我们在域中可以使用两种不同的运算来结合数，这些运算总是以与加法和乘法相同的方式协同工作。

如果取模运算是在一个素数大小的集合上执行的，这些运算将永远是良定义的，两者都会有逆元，而且以与数的乘法和加法相同的方式互动（见第 27~28 页）。

在数的情况下，每种运算都会有一个不同的单位元，乘法是 1，加法是 0。

无限的有理数集合也会形成一个域，因为在加法和乘法下，该集合中的所有元素都有逆元。（只有 0 例外，它没有乘法逆元。）

回顾

线性代数

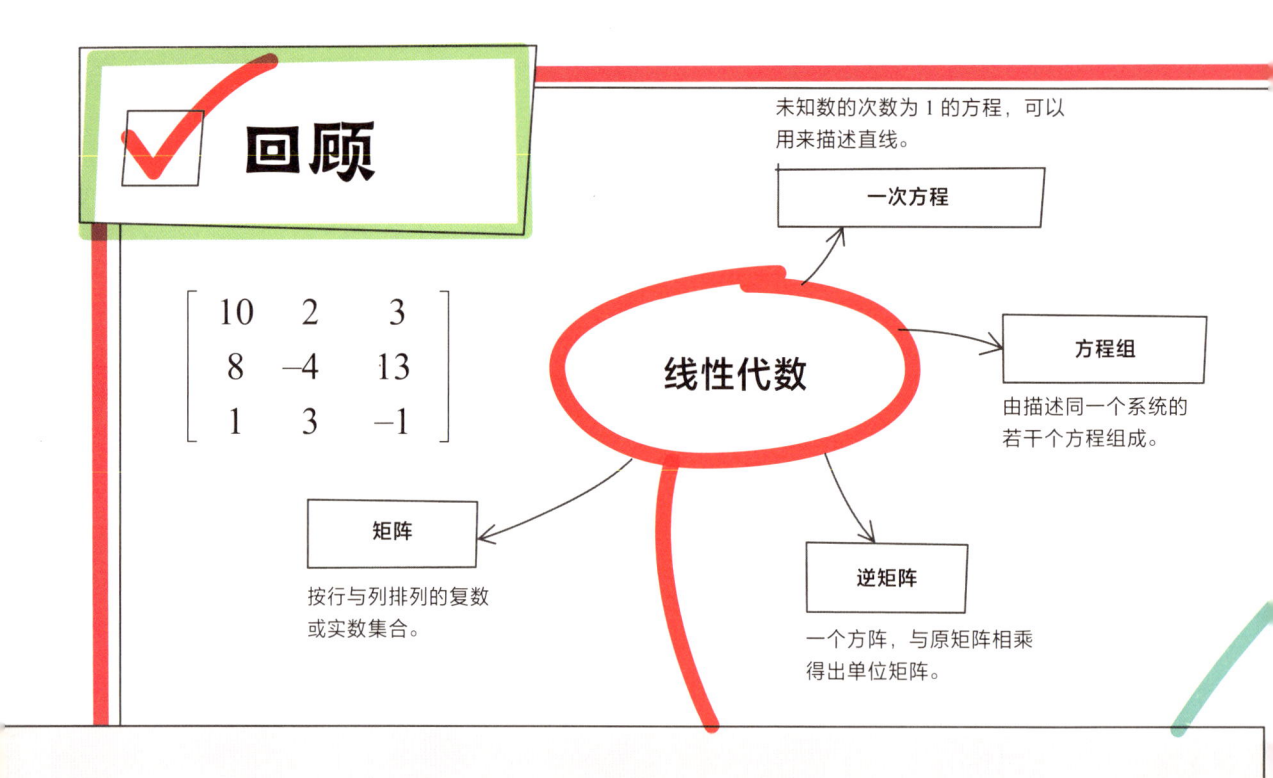

$$\begin{bmatrix} 10 & 2 & 3 \\ 8 & -4 & 13 \\ 1 & 3 & -1 \end{bmatrix}$$

一次方程
未知数的次数为 1 的方程，可以用来描述直线。

方程组
由描述同一个系统的若干个方程组成。

逆矩阵
一个方阵，与原矩阵相乘得出单位矩阵。

矩阵
按行与列排列的复数或实数集合。

抽象结构

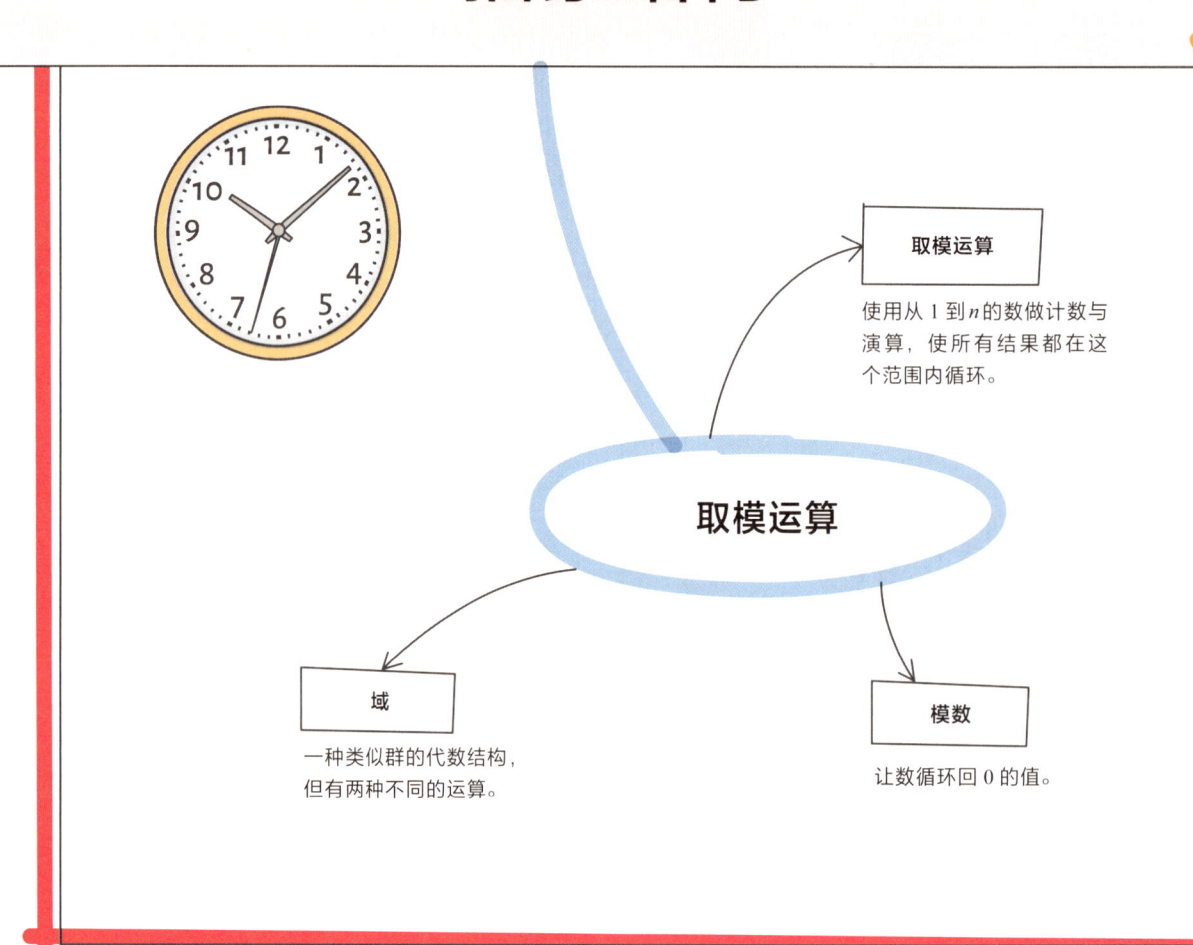

取模运算

取模运算
使用从 1 到 n 的数做计数与演算，使所有结果都在这个范围内循环。

域
一种类似群的代数结构，但有两种不同的运算。

模数
让数循环回 0 的值。

$$\begin{pmatrix}1&2&3\\2&3&1\end{pmatrix}\circ\begin{pmatrix}1&2&3\\3&1&2\end{pmatrix}=\begin{pmatrix}1&2&3\\1&2&3\end{pmatrix}$$

让所有元素移回原位的排列。

逆排列

排列

恒等排列

没有任何移动的排列。

循环记法

一种表示排列的方法，通过将排列分解为若干不相交的循环，描述元素在循环中的位置轮换。

对换

仅交换两个不同元素的位置，其余元素保持原位。

排列

为一组对象重新排序的方法。

复合运算

通过先执行一个排列，再执行另一个排列来组合两个排列。

循环

每个对象都在一个大循环中运动的排列。

交换

顺序可变的运算。

群

元素

群中的一个对象。

群

满足封闭性、结合律、单位元和逆元四个基本规则的一个集合和一种运算。

恒等元

与任何其他元素组合都不会改变该元素的群元素。

逆元

一种元素，当它与自身结合时会返回单位元。

第 12 章　抽象结构　203

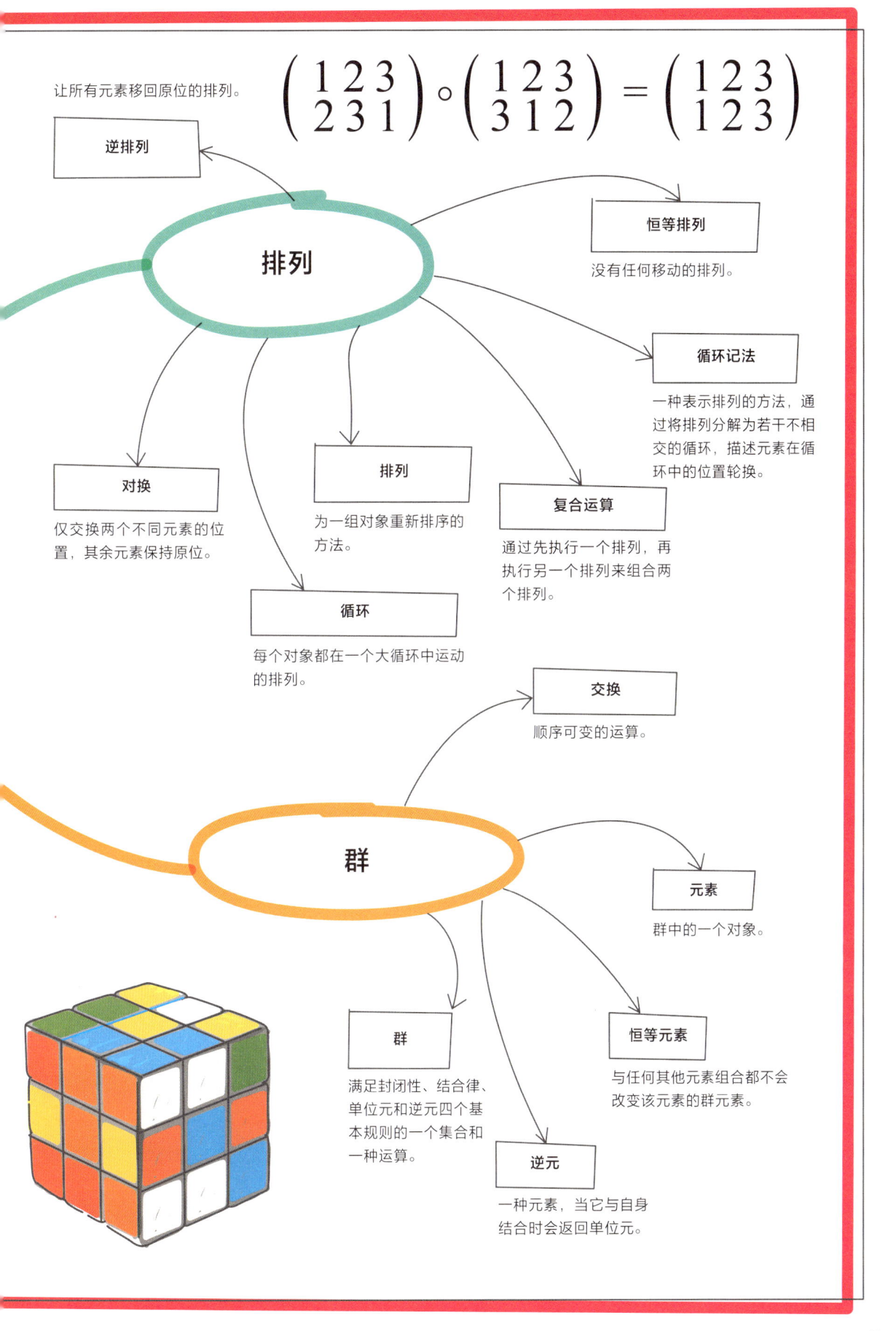

致谢

我一如既往地感谢保罗,在本书的创作过程中,他给了我很多支持与建议。非常感谢萨拉·斯基特绘制的出色插图,它们赋予了本书真正的活力。还要感谢彼得·罗利特对历史章节的有益建议,以及索菲·麦克莱恩对金融数学主题的建议。